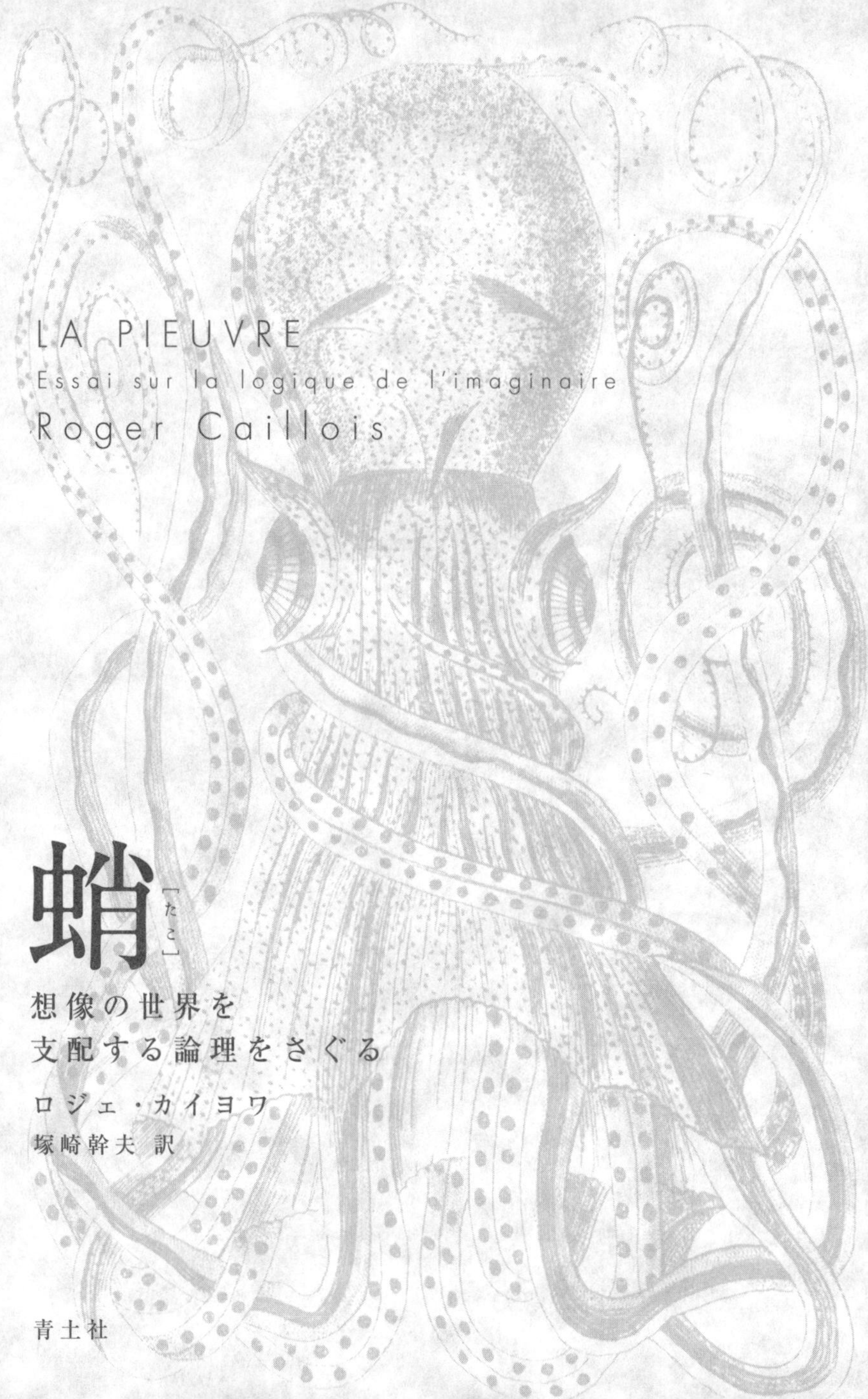

LA PIEUVRE

Essai sur la logique de l'imaginaire

Roger Caillois

蛸［たこ］

想像の世界を
支配する論理をさぐる

ロジェ・カイヨワ
塚崎幹夫 訳

青土社

日本版への序

蛸《たこ》についての小著が日本で出版されることを、私はとりわけうれしく思う。日本は蛸の国。実際、日本人がつくり出した蛸の一連のイメージは、同時に、独創的であり、味わいがあり、複雑で、かつ意味深いものである。これらのイメージで日本が世界における蛸の表現を豊かにした貢献は、いちじるしい。私はこの書物のなかで一章全体をこれらのイメージの研究にあてた。日本で蛸がどのように考えられてきたかは、私の議論のかなめの部分の一つとなっている。

とはいえ私の知識は限られたものであるから、おそらく私が集め得た印象や資料は、行き当たりばったりの域をあまり出ないものであろう。盲へビにおじずで、とんでもない思い違いをしているところもあるかもしれない。悪意はなかったということが、私にできる唯一の言い訳である。万一そういう行き過ぎがあった場合は、どうかお許しを願いたい。

人間に好意的で、賢くて、遊女たちのお守りになり、世話好きだが、同時にいたずらで、好色で、大酒のみという、日本人の蛸についてのイメージは、世界じゅうに類例がないものである。このような蛸が、日本では、伝説、文学、美術工芸品のなかに、街の看板や大衆的な漫画や民芸品の陶器の置物のなかにと同様に、巨匠の版画のなかに、ひろく見出される。たしかに、日本の蛸には歴史が存在する。とくに蛸と仏教との関係は掘り下げられる価値があると思われる。もし小著が、日本の学者たちによるこの点についての研究をうながすことができるとすれば、それだけでもう十分、この書物を書いた甲斐があったことになると私は考えている。

なお、この書物そのものは、蛸の多様な変身を研究したものである。長い年月のあいだに、民族や文明とともに、ときには文学の流儀や作家の空想に影響されながら、蛸のイメージはさまざまに変化してきた。この場合、つねに想像が現実にとってかわった。私にはそう思われた。明白な現実であっても、想像に容易にとってかわられた。想像はたくさんの幻影をつくり出した。ところで、これらの幻影のあいだには、特殊な統一が認められるのである。この見地から、フランスのロマン派の作家たち、ミシュレ、ヴィクトル＝ユゴー、ロートレアモン、そしてジュール＝ヴェルヌによる蛸の変化のありさまは、この分野で最も重要な価値をもつものであると思われる。神話的な、空想物語的なつくりごとが、経験の与える確かな知識を、やすやすとうち負かし、たちまち世界じゅうに広がっていった。この勝利のあっけなさには、いまも驚きを感じないではおれない。

このゆえに、想像の世界の論理と私が呼んでいるものを説明するのに、とくに好都合な例として蛸を選んだのである。この想像の世界の論理こそ、私が作家活動を始めたとき以来、私の探究の論理を構成するものとなっている。この蛸の研究は、この意味で、私のこれまでの作品に加わって、私の仕事の全体の基盤を強化するものである。私はこの研究が蛸という明確に定められた一点にかかわりをもちつつ、その背後にある私のつねに一貫した意図をも、明らかにしてくれることを願っている。

一九七四年六月十八日

ロジェ・カイヨワ

蛸　想像の世界を支配する論理をさぐる　目次

蛸　想像の世界を支配する論理をさぐる

＊（　）は原注、〔　〕は訳注の表示。

序　言

空想物語の動物と動物学の動物とを区分することの容易でない場合が少なくない。スフィンクス、キマイラ、ケンタウロス、イポグリフ[1]は、空想物語の動物であることが常にはっきりしていた。しかし一角獣のような動物は、長いあいだ自然科学の著作のなかで類別され、叙述されてきた。十七世紀に出た動物要覧、たとえば、初めラテン語で書かれ、一六七八年に英語に訳されてロンドンで出版された、ジョン－ジョンストンの『四足獣の世界』には、なお八種類の一角獣が区別され、それぞれに見合った挿絵がそえられている。実際に、一角と同じように、一角獣もありふれた動物だと考えられていたのである。さらに、一角の角《つの》が、一角獣の角として長いあいだ一般に通用していた。実在の動物と空想物語の動物とでさえこのように混同されているとしたら、遠い国から帰って来た旅行者たちが伝える、そこで見たという動物の習性や、大きさや、外観には、どんな尾ひれがついているか、わかりはしないということになる。

さて、脊椎動物、節足動物、軟体動物を問わず、それらが何か異常な特徴を示している場合、あるいはまた、突っ飛な別の既知のものとの何か思いがけない類似性を示している場合には、想像力が必ず優位に立って、観察を背後に押しやってしまう。たとえば、メンガタスズメ科のガの前胸の部分には、髑髏《どくろ》を連想させる模様がある。この模様のために、薄明時に飛ぶこのチョウは不幸をもたらすと信じられている。

ギアナやブラジル北部にいる、フルゴラ－ランテルナリア〔2〕は、トカゲの口のような形をした前額部の突起のゆえに、この地方のインディアンから恐れられている。この昆虫を見たり、あるいはこの昆虫がまわりを飛んだりした人は、死ぬというのである。

カマキリは、その前脚をそろえて折りたたんだ姿が、ひざまずいて祈っている人に似ている。また、自分に不安を与えている捕食者、あるいは自分がねらっているえさを、カマキリは頭をまわして、体は動かさず、目で追うことができる。これは、すべての昆虫のなかでカマキリにだけできることである。人間に似た印象を与えるこの特殊性のゆえにカマキリは、それがよく見られるところではどこででも、さまざまな迷信の対象に、さらに、偉大な神話の題材にさえもなっている。南アフリカでは、カマキリは、ホッテントット族、バントゥ族およびブッシュメン族の最高の神あるいは重要な超人的英雄となっている。この例は南アフリカの一地方的な創作物でないかという仮説を持ち出す人もいるかもしれない。しかし、ここではまったく問題にならない。すなわち、ある特別な環境に固有で、歴史あるいは伝説によって説明が可能であるような、特殊なものではけっしてない。カマキリは、非常に異なったいろいろな地方に広く分布し、しかもそこで非常に似通った反応を、それぞれ別個に生じさせているのだからである。

他方、マンドラゴラ〔3〕のほうは、人間に似た根の形のために求められて、ひどく荒らされてしまうことになった。フルゴラについては、さらに別の議論がつけ加わる。すなわち、いくつかの絵や書物でヨーロッパ人たちに知られると、フルゴラはたちまち彼らの関心をとらえ、フルゴラが光るという根強い伝説を生み出すことになった。「ランプ持ち《ランテルナリア》」というフルゴラの名前は、ここから由来しているが、まったく不当な横領物といえる。この方面での感受性が極度に鋭いヴィクトル－ユゴーは、この無害のセミを、地獄の暗黒の力の象徴として、すぐに利用している。『マルドロールの歌』のなかでロートレアモンも同じように昆虫と地獄の関係をほのめかしている。
異常だが、効力をもつことが明らかな一貫した客観的な傾向が、たしかに存在している。そうとしか考えられない。カマキリについての研究[4]を私が発表したのは、すでにむかしのことだが、このとき以来ずっと、私はこの問題に心を奪われつづけてきた。

多種多様なおびただしい生物のなかには、その外観だけで人間の想像力を驚かし、同時に刺激するものがいる。このことを認めるべきだというのが最初からの私の意見である。ときには習性が加わる場合もあるが、普通は外観だけで十分である。大まかな全体の様子、あるいは輪郭のどこか一ヵ所いわくありげな部分が――種痘がつくというのと同じ意味で――人間の想像力につき、これを揺り動かしさえすればよいのだからである。さらにまた、この現象が起こるのは、動物の場合だけに限らない。落雷した木の幹、透明な石、奇妙な形をした、あるいは共鳴する、あるいは振動する岩、ときには、何か常ならぬ眺めで強い印象を与える一つの風景全体、あるいはまた流星、日蝕・月蝕、あるいは彗星、じつをいえば、自然の法則に反するように見える自然界のあらゆるものは、普通、動物の場合と同じような結果を生む。もちろん、その持続性については、それぞれの事情に応じて差がある。しかしながら特殊な奇跡であっても、想像力を揺り動かさない場合には、その注目すべき種類の動物を恒久的な注意の対象として保っておくことも、人々に広く告げ知らせることもできないことは、はっきりしている。

前記のような自然界の事物のなかの最もよく知られたもののあいだでも、コウモリ、クジャク、ヘビ、クモ、カメなど多くのものは、とくに空想を呼びおこす力をもっている。漠然とした恐怖、あるいは何かいやでたまらない気持、またときには、ほとんど生理的な不快感をもよおさせるものもある。その結果、これらの動物のまわりには、それぞれいくらかの差はあるが、たくさんの複雑な空想物語がつくり出され、ふえていく。これらの動物は夢想の、少なくとも好奇心の中心であり、和《やわ》らげることのできない恐怖の源泉とさえなっていることがある。

蛸は、このような結晶作用を解明するのに最も有益な例を、提供するものであるように私には思われる。しかしながら自然科学以外の分野では、蛸を対象にした著作は、あまりないように見える。ヘンリー・リーが蛸に一書をささげたのはすでに古いむかしで、『たこ――悪魔の魚の虚構と真実』がロンドンで出版されたのは一八七五年である。これは、たこを愛した人によって書かれた書物である。彼は『海で働く人々』を読み、ところどころで激しい憤りを感じないではおれなかった。著者は、ヴィクトル・ユゴーがこの小説によって読者の注意を、おそらく彼自身の注意を、たこのほうに引きつけてくれたことに、感謝している。おかげでたこは、彼のお気に入りの動物となった。しかし彼は、ぜひとも事の真実を明らかにし、このフランスの詩人がもとになって流した、たこに対する中傷を晴らしてやりたいと願う。彼はブライトン水族館[5]に勤務し、蛸と親しい生活を送っていた。彼以上に蛸のことを知っている人はいなかった。蛸に対する彼は、サミュエル・ジョンソンに対するジェイムズ・ボズウェル[6]のような存在であった。この言い方にいくらか誇張がないではないが、彼はそう書かれてよい値打ちのある人であった。

一九五七年まで待って、ようやくもう一冊の書物が現われる。リーの書物と同様にロンドンで出版された、フランク・W・レインの『たこの王国』である。この書物は、同じ問題をほとんど同じ構想にしたがってふたたびとりあげている。あたかも、リーの論文を発展させ、これを最新の状態に書き改めることを、著者が意図していたかのように見えるほどである。彼はリーの論文にその後の科学の進歩の成果をとり入れ、また彼が四〇ヵ国において五〇〇〇通近い手紙を使っておこなったアンケートの結果をおぎなって、内容を豊かにしている。さらに彼は、その原稿を一〇〇人以上の、資格をそなえた文通者に送って、意見や批評を求めている。この書物の価値は、集められた資料にある。しかしながら、迷信や、旅行者たちの誇張した報告や、あるいは小説家たちの作り話が証言しているような、人間の想像のなかに蛸が占めている位置については、この書物はほとんど関心をはらっていない。『たこの王国』より一年前に、『ジ-アメリカン-イメイゴ』という専門雑誌に、「象徴の形態学——たこ」と題するジャック-シュニアの精神分析学の論文が掲載されている。この論文は、たこに関する考古学、肖像学、文学の資料をいくつか集めて、著者が、その患者の夢や妄想と比較したものである。想像が、こんどは、利用された素材においてだけでなく、理論の展開においても、大いに重視されている。その結果、この理論は、神話を解釈したというよりも、神話を新たにつくり出した感がある。

このような過去の反省を経て、いま私は、独自の野心をいだくにいたったのである。私はそれをこの書物に託した。すなわち、蛸のさまざまな像を描き出し、必要な場合には、それらがどの点で動物学の事実からはずれているかを明確にし、もし存在するなら、これらの像につねに共通して見られる要素を明示し、最後にその発展のあとを追って、それらがどんな変化をこうむってきたかを明るみに出してみたい。この変化は、その機会があれば、だれにでも立証できる。この際に最も重要なことは、このようにして、限定された一点に焦点をしぼって、想像の世界を支配する自然の傾向の存在をはっきり見きわめるよう試みることである。

お断わりしておくが、この研究においては、終始ただ本来の意味での蛸、すなわち、海に住むあの頭足類だけを問題にする。この蛸という語が現代のフランス語のなかで獲得してもっている隠喩的な意味には、ここでは触れない。この単語は、暗い、飽くことを知らぬ、残酷なあらゆる力を指示するのに使われている。いたるところに忍び込み、奴隷化し、不随にし、必要があれば暗殺し、その勢力を拡大するためには、いかなる大罪をも犯すことを辞さない、あらゆる力である。この語が発せられると、おびえている世界の人々の目の前に、魅惑する怪物が立ち現われる。経済の、産業の、あるいは革命の組織、スパイ網、白人婦女子の売買あるいは麻薬密売のための暴力団の結社。要するに、同時に神秘的で、犯罪的で、枝を複雑にのばしていると想像される集団であれば、何でもよい。この意味で蛸は、古代の修辞学で使われたヒュドラー[7]にとってかわって、その身代りの役を果たしているのである。触腕と吸盤は、ヘーラクレースに殺されたこのヘビの頭とうねりとよりも、おそらくいっそう恐ろしく見えたのであろう。E－ヴェラーランは『幻覚にとらえられた野原』および『触腕をもつ都会』という、対になる作品を書いている。蛸という語はどこにもはっきりと姿を現わしてはいないが（しかし、目的語的意味をもつ形容詞「触腕をもつ」は、十分に雄弁である）、これらの表題が蛸をほのめかしたものであることは明らかである。これら二つの作品によって彼は、民間でおこなわれている象徴体系を利用した新しい諷喩を、文学にとり入れた最初の責任者の一人となっている。この諷喩はいまでは、論戦にもフィクションにも、また物語にもポスターにも、広く使われている。

　しかしこの置き換えが一般化されうるためには、あらかじめ現実の動物そのものがこの役割を演ずるのに適したものになっていなくてはならなかったはずである。私は、幻覚の発生と勝利の道筋を追うことに専心した。この幻覚の大もとには、蛸の実際に異常な解剖的構造がある。この解剖的構造が原因になって蛸は次々と恐ろしい怪物につくりあげられていった。しかし、蛸が恐ろしい怪物だというのは、多くの点で不当なでっち上げである。というのは、十九世紀の中ごろまでは、蛸の特異な外見は、それと反対とまではいわないにしても、異なった意味に広く解釈されてきたし、また、世界の広大な地方ではいまもそうだからである。想像力の貢献が、私の目で見て、疑いをさしはさむ余地がないと思われる場合には、そのつど強調して指摘しておいた。この場合の想像力の働きの固有の論理、それだけでなく、さらに類似の機構の可能性をも、私は明らかにしようと試みた。この機構こそ詩を成立させている原動力でもある。以上のことから、野心的で大胆なエピローグが生まれることになった。私はそれをつけ加えることを恐れなかった。この私の悪癖は、いつまでたっても治ることはないようである。

一九七三年一月、パリで。

用語について

この動物を表わすフランス語の二つの単語、*poulpe*《プルプ》と*pieuvre*《ピウーヴル》を、私は区別をつけずに使っている。どちらもラテン語の*polypus*《ポリプース》〔1〕から派生した語である。ピウーヴルはもとは方言であったが、V・ユゴーによって一八八六年に初めてフランス語にとり入れられた。現在では、マダコ*Octopus vulgaris*《オクトプース ウルガリス》を示す一般的な名称になっている。プルプのほうは、地位の奇妙な逆転の結果、いまでは、この動物の地方的な俗称のなかに、ときおり姿を見せる程度になっている。もしぜひ区別が必要だとすれば、私としては、食用に供される日常的な面で考えられているこの動物を名づけるのにはプルプを、恐ろしいあるいは不吉なものとしてこれを示すのにはピウーヴルを使うことにしてはどうか、と考えている〔訳語は、プルプを「たこ」、ピウーヴルを「蛸」とする〕。その理由は、論述が進むにしたがっておいおい明らかになるはずである。

動物学では、「腕」と「触腕」を区別するのが通例になっている。腕とは、頭足類の、吸盤のついた、太い手足をさす。この腕は、コウイカ*sepia*の場合でもヤリイカ*loligo*の場合でも長くはない。触腕とは、腕よりも格段に長くのびた、補助的な二本の細いひもをいう。触腕をもつことが、これら十腕目に属する個体の特徴になっている。しかし、たこにあるのは、つかむ能力をもつすべて同じ種類の手足だけである。

それゆえに、たこに関しては、触腕という用語を、通常の辞書に書かれている意味で、すなわち腕の同義語として使用してもかまわないだろう、と私は考えた。

第一部　幻の発生

Ⅰ　古代地中海地方でのたこ

たこは古代ギリシアの最も古い時代から知られ、絵や彫刻に描かれている。[1]クノーソス、ミュケーナイ、ロドス、キュプロスの陶器の装飾においては、たこは、とくに選ばれた位置を占めている。最も多いのは、巧妙な幾何学にもとづいて、触腕をバラの形に配置した、対称的な、模様化されたたこである。この幾何学的傾向は時がたつにつれて強められていく。たこはほとんど抽象化されたものとなる。ミュケーナイIII期以後になると、吸盤は姿を消す。触腕は並はずれて長く引きのばされ、くねくねと曲げられて、最後には、もはや単なる唐草模様にすぎないものになってしまう。もっとも触腕は、最初から、調和のとれた初歩的な渦巻き線をそれぞれ描き出していた。クノーソスの商店の赤い斑岩製のはかりの分銅には、このようなたこのすぐれた彫刻がある。このおもり石のすべての面に、たこが浮彫りに刻んである。おそらく、重さをごまかす改造を防ぐためのものであろう。現在、カンディア博物館にあるグルニアのつぼの、立った姿の写実的な蛸は例外に属する。この蛸は、何か獲物をつかもうとするかのように、円《まる》い目を開き、触腕の輪を広げて、脅すような格好をしている。同様に、フレスコ壁画にも、つちで打って作った金の器の装飾にも、蛸の像が見られる。蛸を描いた盾もある（アキレウスの盾にも描かれたことがある）。蛸の刻印のある貨幣も多い。代表的なものとしてはタレントゥム、クロトン、シューラクーサイ、パェストゥム、エリトレアの貨幣をあげることができる。

海の世界を描き出した古代ローマのモザイクでは、イルカやトビウオのあいだに、ごく自然に蛸がまじっている。

何人かの人たちが試みたことであるが[2]、『オデュッセイアー』に出てくるスキュラは蛸であるとする説には無理がある。スキュラというのは、一二本の足と六つの頭をもち、それぞれの口にはいずれも「死の影がいっぱいに満ちた」三列の歯が生えているという海の怪物である。九つの頭をもつレルネーのヒュドラーもまた、たこではない。それにギリシア神話のなかには、ヘーラクレースから最後のベレロポンテースにいたるまで[3]、怪物退治の英雄がたくさんいるが、これらの英雄のだれかが立ち向かうに値するような怪物であるとは、たこはけっして考えられたことはない。同様に、精神分析学の以前にも、メドゥーサのヘビの髪を蛸の触腕であるとする理論が唱えられたことがある。しかしこれも、あまり本当らしくはない。

実際に、装飾のなかではつねに普通に見られるのに、神話や、さらに信仰や儀式においては、たこはまったく知られていない。出産の五日後におこなわれるアムピドロミア[4]のときだけが例外である。両親またはは身内のものが、この日に、産婦のところへたこを一匹持って行く。おそらく浄めのためであろう。同様に、アテーナイオスが引用しているクレアルコスによって、トレゼーヌでは、たこが（他の地方でのカイダコのように）神聖なものと見なされていたことが知られている。たこの漁は禁じられていた。事実、現在でも、たこの漁獲はわずかである。

しかしながら、古代ギリシア－ローマ人たちがもっていた、蛸の体の部分についての知識は、正確なものである。プリニウスは、『博物誌』のなかで（IX, XLVIII, 30）、蛸は恐怖を感じると色を変えると述べている。蛸は飢えると自分の腕を食うと一般に信じられているが、彼はこの俗信をとりあげて、それが根拠のない迷信であることを教えている。蛸の腕を食べているのはアナゴである。しかし、トカゲの尾のように、たこの腕がふたたび生えてくるということを、プリニウスは認めている。この啓発にもかかわらず、たこが自分を食うという伝説は、なくなるわけではない。それゆえにホラポロンにおいては、たこを描いた象形文字が自分の財産を浪費する放蕩者を表わす象徴記号になるのである。

たこは頭の良い動物だと見なされている。たこが大きな貝を食べるときの巧妙なやり口に、プリニウスはまったく感心している。貝が口をあけているときに、小石を殻のあいだにはさみ、閉じられないようにしてしまう。こうしておいて、たこはゆうゆうとこの貝の肉をたらふく食べるのである。

たこは自分のすみかを作るのに非常に大きな石を動かすことができると信じられている。レスボス島のポセイドーンの神殿に、途方もなく大きな石があった。伝説によれば、エナロスが海からひき上げて、大蛸の助けを得てそこまで運んできたものだ、ということになっている。

ルークルルスがバエティカの総督になったとき、彼に随行したトレビウス＝ニゲルは、たこの大きさを非常に誇張している。地中海には、全長が二メートルに達するものはめったにいないのに、である。彼は、ある報告のなかで、カルティアにいたたこの話をしている。この報告はプリニウスに大きな感銘を与えたようである。このたこは水から出て、塩づけにした肉や魚を貯蔵してある倉庫へ、いつも盗みに行っていた。盗まれないようにするために、普通にはないほどの高さの板囲いが作られた。しかしたこは、木の上にはいのぼって、これを乗り越えた。ある夜、犬が、このたこのにおいをかぎつけた。番人たちは、その大きさに驚いて、怪物を相手にしているのだと信じた。この怪物に勝つためには、何人もの男が大奮闘をしなければならなかった。(5) 彼らは三叉《みつまた》のやすで怪物を突き殺した。それはまったく巨大なものであった。頭は一五アムフォラの樽《たる》ほどもあった、等々。触腕ただ一本だけの太さでも、大人が両腕をのばさねばならぬほどであった。吸盤は金盥《かなだらい》のようで、一かめ分の容量があった。ルークルルスに献上されたこの動物の残骸の重さは七〇〇リーヴル[6]もあった。クラウディアーヌス‐アエリアヌスもこの話を伝えているが、彼はさらに、盗みをするもう一匹のたこにも特別の注意を喚起している。農民の収穫をこっそりかすめ取っていたたこで、ポッツウォリがその盗みの舞台であった[7]。アテーナイオスは、海を見捨ててオリーヴの実と油を食べに行った、また別のたこの話を書きとめている[8]。アエリアヌスは同様に、岩の上で日なたぼっこをしていたたこの話を引用している。ワシがこれを見つけて、ぞうさもない獲物だと考えた。ワシはひどい目にあう。蛸はワシを触腕でかかえ込むようにしてつかまえ、そのまま海の底へひきずり込んだのである[9]。

この同じトレビウス‐ニゲルこそ、蛸が人間を死にいたらせることがありうるという風説を流した最初の人でもある。蛸は人間を海の底にひきずり込み、吸盤を使ってその血を最後の一滴まで吸いとってしまうというような、最も残忍なやり方で死にいたらせるのだというのである。

しかしこの記述は、孤立した特殊なもので、古代ギリシア‐ローマ全体でいえば、たこが恐怖や嫌悪をもよおさせたということはなかったように見える。人々が注目したのは、たこが、海底の自分が休んでいる場所の色に体の色を一致させることであった。したがって、たこは慎重と分別の模範と考えられている。外国へ旅立つアムピロコスという名の息子に、この頭足類のおこないをまねて、渡っていった先の国々の習慣に合わせることを学ぶよう注意を与えた父親の話も伝えられている[10]。メガラのテオグニスも、同じ慎重さの必要を熱心に説いている。「多くの奥深い部分を隠したたこの知恵を学びたいものだ。たこは自分がとどまる場所の岩の色をとり入れる。その日その日に合わせた生き方をし、次の日には色を変えよ。意固地でいるよりは、周囲に合わせたほうがよい[11]」

クレタ島出土の水さし（BC 1500 年ころ。高さ 28 センチ）に描かれた蛸。

アテーナイオスが引用しているエウポリスの格言によれば、「公の業務にたずさわる者は、たこをまねて行動しなければならない」(12)とある。オッピアノスは、漁についての彼の教訓詩のなかで、このような擬態の二重の利益をより詳しく説明している。

「たこは体の色を変えて岩そっくりになり、腕を岩の上にぴったりくっつけている。この見事な変身術を知らない者はない。このようにして漁師や自分より大きな魚の目をごまかし、彼らからうまく身を隠す。相手が小さな魚のときは、たこはこの形、すなわち石に見せかけた形を捨て、ふたたびたこの、生きものの形にもどって姿を現わす。このように巧みに、たこは時に応じて外見を変え、死をまぬがれるのである」(13)

いいかえれば、同じ計略で、敵をあざむくとともに、自分の獲物を手に入れているのである。プルータルコスは蛸を精神力の模範だと述べている。しがみついているところから蛸を引き離すことは容易ではないからである。

抜け目のないたこというイメージが、キリスト教の時代になると、決定的な勝利を得ることになる。しかしながら、微妙なところが違う。この動物は岩の色に巧みに体の色を一致させる。かつては、それは敵からのがれるためであった。いまは、獲物をだますためである。非常に技巧的な同じ動物が継続して問題になっていることは確かである。もはやしかし、それを真似ることがすすめられるのではなくて、たこのわなに無邪気にかからないようにまえもって注意が与えられるのである。

手のとどく距離までひき寄せるために岩であるように見せかけているたこに恐れもなく近づく魚のように、思慮のない人間は、誘惑や罪に陥る、と聖アンブロシウスは警告している。身の破滅を招くものを、ちょうどよい時に見抜くことができないからである。正直な者をだますことは罪深いことである。しかもたこは、それを習慣にしている。このような論理にもとづいて、たこは、ついには悪魔そのもの、あるいは女を意味するものになってしまう。女はいつわりの楽しみで男を誘惑し、つづいて罪と地獄の罰と責苦のなかへ引きずり込んでいくものだからである。より一般的には、たこは、誘惑者、裏切り者、嘘つき、また同様に守銭奴の象徴となっている。犠牲者たちからはぎ取った富をためこんで喜ぶ守銭奴である。

四世紀になると、聖バジルが、その『異教徒の著作の効用についての講話』のなかで、たこをへつらい者として描く。たこが危険を感じさせない岩の色合いをまねてじっとしているときに、無用心に近づく魚のたとえを、こんどは彼が利用するのである。

もっとのちになると、ピエルス－ワレリアーヌスがホラポロン[14]の『聖刻文字』の注釈をして、たこの比喩をさらにふやしている。エジプトの司祭たちによれば、たことは、有益なものでも無益なものでも何でも盲目的にかかえこむ人のことである。たこ――自分の財産だけでなく、自分自身まで食いつくす浪費者。たこ――自分の成功を利用できない者。たこはまた、突然理由もなく怯える人をさすこともある。詩もまた、たこの象形文字で示される。詩は最初は快いが、つづいて激情と恐ろしい悪夢とによる錯乱を生じさせる。たこの肉も、初めは味覚を楽しませるが、消化不良と苦しい夢にうなされる原因になるからである。たこの頭のなかには最良のものと最悪のものが同居している。このゆえに、たこの頭が、とくに詩に比較されることになる。詩は、若者の魂を、恋の描写によって感動させるのだからである。同様に、キヅタのように、不変の愛を表わすこともある。たこは冬至まで、一年で最も寒い二ヵ月間、身を隠す[15]。この事実にもとづいている。

もっと地上的な卑俗な次元では、現実のたこがその肉のために、またウツボ漁のえさとして求められている。たこは貧乏人の栄養源と見なされている。年をとったたこの肉は革のように堅くなる。それを柔らかくするには、アシの茎でたたくとよい。「たこを柔らかくするように、だれかをたたく」という表現は、ここから生まれた。これはアリストパネースが『ダイダロス』のなかで使い、アテーナイオスによって伝えられているものである(16)。

ディオゲネースは生まのたこを、むきになって食べつづけて死んだという。彼は、火を使わずにすますことができるということを証明しようとしていた。「あなたたちのために、私は、自分の身を危険にさらしているのです」と、彼に思いとどまらせようとする人たちにいった。つまらない動機のためだが、彼は命をささげたのである。ペロピダースがテーバイの人たちの自由のために、アリストゲイトーンがアテーナイの人たちの自由のために、その命をささげたのとまったく同じようにである(17)。もちろん、プルータルコスはしりごみする。彼が好むのは最も輝かしい経歴なのだからである。

他方、たこの肉には催淫作用があると信じられている。たこは「愛の神の弓を張る(18)」、とアテーナイオスは断言している。多くの医者が、なかでもディオスコリデス、アエティウス、ディフィロス、ポール・エジネートが同じ意見を述べている。オッピアノスは『漁について』のなかで、たこはとくに好色で、淫らな性向をもっていると、公にあばいている。欲情の激しさがたこを破滅させる。

「たこの宿命的な結婚とその痛ましい死は、きびすを接して相ついで起こる。愛の終りが同時にその命の終りなのである。オスがメスから離れ、快楽にふけることをやめるのは、体力がなくなって離れざるをえなくなったときであり、疲労と極度の消耗によって砂の上に倒れてしまったときである。あとは、オスはそばを通るすべてのもののえさになって、食べられてしまう(19)」

同じ著者によれば、メスの運命もまた、うらやまれるほどのものではない。メスは産卵の苦しみで死ぬ。というのは、卵は、一つずつではなく、せまい出口から全部がいっしょにくっついて、ふさ状になって出てくるのだからである。要するに、抱きしめるためのこれほど多くの腕、吸うためのこれほど多くの口をもつ動物が、好色を連想させるということは、驚くべきことではない。時代や風土に関係なく、同じ証言はほかでもいくらでも見つかるからである。

　食べものと考えられたり淫らなものと見られたりはしているが、とにかく蛸が、ぞっとする危険なものと一般に受けとられていないことは明らかである。吸盤さえも恐れられてはいない。吸いついたのをゆるめさせるには、真水をかけてやるか、ひっくり返してやればよい、と考えられている。蛸はそうされると、力を失ってしまう。「この姿勢にされると、蛸の腕はだらりとのび、もはやしめつけはしない」とプリニウスは述べている。蛸のかむ力はコウイカより強いが、コウイカと同様に毒はない、とアエリアヌスはつけ加えている。

　地中海の向う岸における、アラブ人たちのたこについての信仰は、ギリシア－ラテンの世界の信仰をほとんど延長したものでしかない。たこが危険視されている事実はほとんどない。最も目立つことはおそらく、どちらかというと沈黙が、たこについては支配的なことであろう。たこに触れた学者や研究書はほとんど見あたらない。

　ヤヒッドとデミニは『さまざまな動物の書』、クアズヴィニは『被創造物の不思議』、イブヒヒは『アル－モストラトラフ』を書いているが、だれもたこのことを述べてはいない。たこを示すのに、どの辞書も困惑しているようにさえ見える。しかしながら、最も標準的な言葉と思われる *Akhtabut*《アクタブート》は、明らかにギリシア語の ὀκτάπους《オクトプース》 から派生したものである。チュニジアでは、*quarnita*《クアルニタ》 という単語が使われている。語源はアラビア語ではないようである。この単語は、隠喩によって、くっつくすべてのものを、ねばつきと悪意のニュアンスを含めて表現するのにも使われている。ドルビニの著書には、ほかの名前、*arfusis*《アルフシス》 と *sebbed*《セベッド》

もあげられている。

民間伝承の資料も乏しく、またあまり役立つものもない。サエルの水夫の家では、干したたこをいぶして、凶眼の魔除けのまじないに使っている。だれかの仕事をだめにしてやろうと思うときは、その男の家に干しだこをうずめる。若い娘が夫を見つけようとするのを邪魔するときも、同じことをおこなう。反対に、婚期のおくれている娘は、五月一日に、自分の家で、たこの触腕を全部切り取らねばならない。すなわち、たこの肉が最も堅くなり、最も食用に適さなくなるといわれている時期に、である。ねばりつく触腕をもっているゆえに、たこが「結びつける」力をもつと考えられてのものであることは、まったく明らかである。[20]

逆に、たこにある「くっつける」ものを断ち切ることによって、のろいから解かれる場合もある。しかしこれらは、類推にもとづく魔術の最もありふれた例に属する。いま考察している動物だけについていえる、特別のものではけっしてない。

地中海の他岸でと同じように、ここでもたこは食料品として一役を演じている。チュニジアでは、たこが、ギリシア正教徒たちの待降節のあいだの基本的な食物となっている。この期間中は肉と魚を食べることを、この信者たちも同じように禁じられているからである。たこを捕えるのに、つぼがよく使われている。つぼを海中に沈めておくと、たこが隠れ家を求めてはいってくるのである。チュニス駐在のイギリス領事の報告によれば、ケルケナ諸島では、一八七二年ごろ、たこ漁がほとんど近代工業的な規模にまで達していたという。住民たちは、シュロの枝を使って、三ないし四キロメートルにわたって、水たまりの迷宮をつくる。このなかに蛸が住みつく。この蛸を集めるのだが、それはおびただしい量にのぼる。たいていは漁のまえに売渡しが終わってしまっている。一度干されたのち、マルタ島やポルトガルへ輸出されることが多い[21]。想像力を刺激するのに、このような大量漁獲法があまり適したものでないことは、いうまでもない。

中世および近世になっても、ヨーロッパでは、注意をひくほどの態度の変化は何も起こらない。たこは、地中海地方の芸術のなかで装飾の自分の道を歩みつづけていく。たこが新たに登場するのは、とくに、最後の審判を描いたギリシア正教の壁画や彫刻のなかにおいてである。最後の審判のときの死者復活の際には、すべての海の魚と怪物たちは、自分たちが食った人間の体を返さなければならないことになっているからである。十八世紀になっても、たこは依然として、もっぱら装飾用の動物にとどまっている。パリのサン＝シュルピス教会の二つある聖水盤の一方の台座に、サンゴの小枝や藻《も》類の茂みといっしょに、ピガールはたこを彫刻している。ローマのナボナ広場の海神ネプトゥーヌスの立像の台の上にも、たこは同様に姿を見せている。

十七世紀の初めに現われた一冊の博学の書物のなかに、キリスト教西洋の、この動物についての知識の集大成を見ることができる。この博学の書物とは、ボローニャの教授ウリッセ－アルドロヴァンディ（一五二七―一六〇五年）の一三巻からなる大著『博物誌』のことである。その大部分は、著者の死後に、この町の上院の費用で出版された。一六〇六年に、「血液なき動物の子孫について」と題された部分が、このようにして世に出た。

第一巻は軟体動物を扱っている。最初が、たこである。たこは、重要さにおいても、品格においても、軟体動物の他のどの種類のものよりもはるかにまさっている、と書かれている。たこは体力、知力ともに他に抜きんでている。そのうえたこは、陸上にも水中にも住める、両方の性質をもっている。たこは泳ぐし、またでこぼこした地面の上でも移動する。たこは、ワシよりも、人間よりも強い。もし機会が与えられるならば、ライオンにも勝つことを示すに違いない。

アルドロヴァンディは、古代および彼と同時代の著者たちの書物にある、たこに関して見つけることのできた、ほとんどすべての記事を集めた。彼の書物から得られるこの動物についての知識は、驚くべきほど正確なものである。一五五四年にリヨンで出版された『魚類総覧』でギヨーム－ロンドレがとりあげている新種のものまで含まれている。このたこは、体がより丸く、触腕がより長い。またP－ブロンの『魚の博物誌』（一五五一年）も同様に利用している。

たこは、二折判の約三五ページにわたって詳述されている。内容はやや混乱した資料の寄せ集めから成り立っている。あらゆる観点からたこが考察されている。語源、変種（沿岸のたこは深海のたこよりも大きい）、分布（寒い海、とくに黒海にはいない）、食物（との上なく貪欲に魚、甲殻類、木の果実を、ときには人間をも食べる。油とイチジクを好み、必要な場合には自分自身を食うこともある）、移動、呼吸、捕獲法（オスは交尾のあと、メスは産卵のあと、衰弱がはげしい）、すみか、擬態（白を除くすべての色に変化できる）、習性（ピエルス－ワレリアーヌスによれば、たこは母親を殺すとされている。しかしこの信仰はメスのたこがたくさんの卵を産んだすぐあとに死ぬことに由来したものだ、とアルドロヴァンディは考えている）、反発しあうもの（カニとイセエビがたこをこわがり、かわりにたこのほうではアナゴとウツボを恐れる）、等々。

オッピアノスの詩『漁について』がいたるところで引用されている。古代の著者たち、とくにプリニウス、アエリアヌスも同じである。象徴学に関しては、ホラポロンの『聖刻文字』が利用されている。これは時代が下って、四世紀末の作品である。

歴史的事実、占い、ことわざ、古銭学、格言、警句も、同様にとりあげられている。

調理術も忘れられてはいない。たこはコショウとアロマットを入れて煮るとよい。肉を柔らかくするには、たたく。

たこの色の変化は、学者たちに、いろいろな問題をなげかける。これは、意識的なものであり、策略の結果なのであろうか。それとも、プルータルコスやブロンの説のように、機械的なもので、たこの体が透明であるということからくる必然的結果なのか。要するに、急激な恐怖がそれをひき起こすのか。

甘いブドウ酒で煮たたこは、産婦の子宮を清めるのに効果があると、アルドロヴァンディは医者として書きとめている。他方、たこは不妊を治すと信じられている。たこは簡単に子をはらむからである。たこは非常に多量の精子をつくるので、たこの肉には催淫作用があると考えた人たちも少なくない。古代ギリシア－ローマ人たちのなかには、たこを海の動物のなかで最も好色なものと見なしていた人もいると、著者はまた別の場所で述べている。このことについては、まえにも触れた。

読者は、この博識のボローニャ人の、ほとんど冷酷なほどに問題を調べ上げる学殖に感嘆する。彼が忘れたものは何もないように見える。しかしながら、同時代の一司教の見聞録だけは、彼の目からもれたように思われる。あるいは、おそらく彼のほうで故意に削除したのであろう。この見聞録は彼にはあまりに作り話的すぎるように見えたのかもしれないし、また彼の主題と関係がないと考えられたのかもしれない。

しかしそれにもかかわらずこの見聞録は、巨大な蛸という現代の神話の創造に、注目すべき役割を果たすものとなる。あるいは、少なくとも、並はずれた大きさと恐怖とをよび起こす雰囲気をつくりあげるものとなる。この雰囲気のなかで、蛸の現代の伝説がはぐくまれてきたのである。

II 「クラケン」から「超巨大だこ」へ

一五五五年に『北方の諸民族の歴史』という書物がローマで出版された。スウェーデン人の高位聖職者オラウス－マグヌスの著である。マグヌスはウプサラの大司教に任命されたが、スウェーデン王グスターフ－ヴァサがその王国で宗教改革を始めたために、任地へは行くことができなかった。

この書物のなかで[1]著者は、途方もなく大きな海の動物が存在することを認めている。船員たちはこれを島と間違えて、錨《いかり》を下ろす。体をあたためるため、食物を煮るために、そこで火をたきさえする。動物は、このとき、かまどから発する熱に反応を起こす。動物は海にもぐる。錨が運よくはずれなければ、船員も船もすべてを海が呑み込んでしまう。この怪物は恐ろしい姿をしている――「頭はすっかりとげでおおわれ、まわりにはとがった長い角《つの》が生えている。ひき抜いた木の根のような角である」

この部分を除けば、オラウス－マグヌスの本のなかに、たこを連想させるものは、正直にいって何もない。しかしながら彼は、この動物に並はずれた大きな目を与え、頭が体に比べて不釣合いに大きいことを力説する。おそらくこの亡命中の司教は、潜水夫ピシコロが岩のくぼみのあいだで見たという大蛸の話も聞いていたであろう。ピシコロは、十三世紀にフレデリック二世の命令で、メッシナ海峡の深みを調査した。しかし海に浮かぶ生きている島という彼が呼び起こすイメージは、むしろ聖書の「ヨブ記」に出てくる怪物、ベエモットあるいはレビヤタンから着想を得たものであるように見える。いずれにせよ、オラウス－マグヌスに続く二番煎《にばんせん》じ著述家たちによって受け継がれていくことになるのは、この動物の無限の大きさと鈍重な性質とである。

十七世紀には、デンマーク人バルトリヌスが、ある司教の物語を伝えている。この司教は船で旅をしていたが、島の近くで停泊させた。彼はそこに祭壇をつくり、ミサをおこなった。ところがこの島は、じつは一頭のクラケンであった。クラケンは、司教が儀式を終えて船にもどるのを待って、海にもぐっていったという。

同じ時代に、アイゼナッハの多才なドイツ人作家クリスチャン＝フランツ－パウリヌスは、一個連隊の軍隊がその背中の上で演習できるほどの巨大な怪物が、フィンランドとラプランドの海岸の沖合に、ときどき現われると書いている(2)。

クラケンとたこを同一であるとしたのは、もう一人の北欧の高位聖職者、ベルゲンの司教エリク－ポントッピダンの書物である。彼の『ノールウェイの博物誌』は、初めデンマーク語で出版されたが、数年後の一七五五年にロンドンで翻訳された。彼は自分の先行者の話を、ばかげているとまではいわないが、誇張されていると考えている。これは確かである。しかしそれは、あの海に浮かぶ島というのを、なぞの動物クラケンと同一化するためなのである。クラケンになると、大きさはたしかにより穏当になる。しかしそれでもなお、「大洋の底へ最も大きな軍艦でもたやすくひきずり込む(3)」力をもっている。クラケンは大だこなのである。その腕の太さは船のマストほどもある。クラケンはこの太い、たくさんの腕を使って、「途方もない大きさのかたまりである体を動かし、えさになるすべてのものを捕える」。クラケンは独特の匂いを発するが、これが魚をおびき寄せる。プリニウスは、ある種のたこを*Oxaena*〔4〕《オザエナ》と名づけたが、その原因になったのと同じ悪臭の、ひどい匂いである。また、同じ匂いを、トレビウス＝ニゲルの語る巨大蛸もまき散らしていた。

ポントッピダンは単に古代の著者たちの証言を信用しないだけではない。人を驚かすようなものであろうと、あるいは絵のように美しいものであろうと、作り話に満足するお人好しの作家には彼はなるまいとするのである。彼は自分で通報者をもち、その報告を確かめる。クラケンの全体の姿を見たという報告は稀れである。クラケンはほとんど遠くの沖にしか姿を見せないからである。しかしながら、ボーデンの枢機卿会の陪席者フリス師が、彼に個人的に語ったところによれば、一六八〇年に、一頭の経験の乏しい若いクラケンが、アルスタホウグの海岸へやって来たことがあったという。触腕を樹木の枝や岩の穴にからませたまではよかったが、そこから抜け出せなくなり、その場で腐敗し、付近一帯を悪臭で満たした。

これ以外に、クラケンが大きな害悪をひき起こしたことはけっしてない。偶然による場合は別である。たとえば、アゲルヒュースの司教区の、二人の漁師にふりかかった災難の場合がそうである。彼らの舟は、この怪物のうちの一頭の触腕にふれて、こなごなにされてしまったのだが、これはあくまでも偶然の事故である。彼らは舟の残骸の上に避難して、助かることができた。もっとも、クラケンの被害届の少ない理由のなかには、「命を奪われた者は、その事件を伝えることができなかった(5)」という事情もあるかもしれないと、著者は無邪気につけ加えている。

クラケンにかかわりあう機会が最も多かったのは、当然、漁に遠くまで出かけていく漁夫たちであった。クラケンがいるところには必ず魚が群れをなしているからである。クラケンはまるく、平らで、腕が逆立ち、夏の最も暑いときにしか姿を見せない。世界で最も大きな生物である。たくさんの証言がこの点ですべて一致している。

海底を測量する重りが、異常な浅瀬の存在を船員たちに知らせると、彼らは急いで船を危険な場所から遠ざけ、正常な水深がふたたび見つかるところまで走らせる、とポントッピダンは述べている。

「船がとまる。広々として途方もなく大きな動物が、沖に高く盛り上がるのが見られるのは、普通この時である。水の上に浮かび上がったこの動物の背中は、広い島のようで、はばが1/4マイルもあるように見える……。遠くにそびえるこのかたまりは、海草でおおわれた石と岩の山にそっくりである。丘やくぼみも見える。このくぼみのなかで魚がはね、山の側面まで達すると、そこから海へふたたびもどっていく。クラケンはさらに高く立ち上がっていくが、腕も同時にのびて、ついには、舷《げん》の高い船でもそれが届くかたまり全体がさらに盛り上がっていくにつれて、ものをひっかける鉤《かぎ》や腕のようなものが見えはじめる。クラケンはさらに高く立ち上がっていくが、腕も同時にのびて、ついには、舷《げん》の高い船でもそれが届くことはないと笑って見てはおれないほどの長さに達する。しばらくのあいだ、このままほとんど動かずにいたのち、この生きている山はふたたびゆっくりと海のなかにもぐっていく。この瞬間でもなお、接近しすぎている船は非常に危険である。というのは、クラケンが沈むときに、漏斗《じょうご》状の大きな渦が発生し、そのぐるぐる旋回する水は近くにあるすべてのものをいっしょに引きずり込んでしまうのだからである……」

「クラケンの途方もない大きさを立証する資料はほかにもある。「その腹のくぼみを満たすには」数ヵ月かかる。その消化にまた数ヵ月を要する。実際、「この期間中は、食い散らした残りかすで海は遠くのほうまでよごれ、血の色にそまり、悪臭を発する」。一方、このひどい匂いが、新たな魚の大群をひき寄せる。それをクラケンが食う。こうして、循環がふたたび始まる。

さらに、ポントッピダンは、移動する島の秘密と、オラウス-マグヌスの無限の広がりをもつ生物の正体を明らかにしただけでは満足しない。彼は「小判ザメ」の伝説をしりぞけ、その謎を解明する。追い風をうけている大きな帆船を、この小さな魚がとめると信じられているのだが、そんなことはありえないと彼は考える。もし船がとまるとすれば、それは、水にもぐっているクラケンの触腕が船体をつかまえているからである。一七三五年にリンネは、クラケンを*Sepia*《セピア》 *microcosmos*《ミクロコスモス》[6]という名前でその『自然の体系』の初版のなかにとりあげていた。この項目はのちの版では削除される。科学的な慎重さの最初の反応というべきものであろう。

要するに、十九世紀のまったくの初めまでは、たこの伝統的な姿にはほとんど変化がなかったといえる。修正が加えられたのは、その可能な大きさという、ただその一点についてだけであった。大海には巨大な種類のたこがいる。危険なものだが、たこに害意があってではなく、体が大きすぎるために、いわば余儀なくそうなっている。

ところがビュッフォンの仕事を直接受け継ぐ学問的著作が、未来の神話に刺激を与えることになるこの動物のイメージをつくり出すのであるから、奇妙な話である。すなわち、この高名な博物学者の著書のあとを追う、六巻からなる、ドニ＝モンフォールの『軟体動物の博物誌――総論と各論』[7]がそれである。著者はさまざまな種類のたこに四〇〇ページあまりをあてている。私の思い違いでなければ、道徳的な意味での怪物にたこを初めて仕立てあげたのは彼である。

彼はたこを執念深い凶暴なものとして描く。蛸がクラケンと異なるとすれば、まさにこの点においてである。クラケンの場合は、害を及ぼすことがあっても、その意に反してのことでしかない。ドニ＝モンフォールは何度もくりかえしてこのことを強調する。彼はクラケンを「われわれの地球で最も巨大な動物」、あるいは「われわれの惑星では自然界に存在する最大の動物」であるという。同時に彼は、幾種かの蛸にも、現実にはありえない空想物語的大きさを認める。彼はこうして、両方を対等に並べたうえで後者の攻撃的性質を力説し、悦に入るのである。

サン＝マロの教会に奉納されている絵にもとづいて、一隻の船を襲っている大だこのデッサンを彼は描いている。たこは船体にそって立ち上がり、舷側を乗り越え、マストのまわりに触腕を巻きつけている。全体を左右対称に配列するのに、彼は並々ならぬ苦心をしている。たこの変種についてのこの長い研究の挿画を、彼はこれ以外にも自分自身で書いているが、均整についての配慮が一貫した特徴になっている。大だことの遭遇はアンゴラの沖で起こったらしい。この学者は苦しい戦いの模様を長々と述べている。(8) 最後にようやく、勇敢な水夫たちは自分たちの命と船を救うのに成功した。彼らは祈りをささげ、その聖なる守護者の保護を願った。こうしてはじめて勝利が得られたのであった。この博物学者の物語のもとになっている奉納画は、このことに由来している。著者は自分の絵に次のような説明をつけている。彼は本心そう信じているのである。

「われわれは船員の努力を十分に描き出すことができなかった。こんな小さな余白に、こんな大合戦を表現しようとすること自体が、もともと無理なことだからだ」

この挿話の真実性を証拠だてるために彼は、大だこが船を攻撃したたくさんの例を列挙することを忘れない。そのなかには、船を深海の底まで引きずり込んだという、いくつかの例も、もちろん含まれている。やがて、このような例の枚挙をくりかえし、その目録をふやしていく習慣がつくりあげられていくことになる。

ダンケルクで引退生活をしていたシナ海の老船長ジャン－マグヌス－デンスの思い出話もその一つである。この老船長の語ったところによれば、彼の二人の船員が船のペンキを塗りかえていたとき、巨大な頭足類の触腕によって、突然、足場もろともさらわれてしまったことがあったという。もう一人の船員も別の腕でしめつけられたが、抵抗し、友人たちがこの腕を断ち切って救い出すのに成功する。しかしこの男は、次の夜、うなされて死ぬ。切り取られた腕の長さは二五ピエ[9]もあったという。このエピソードそのものはそれほど疑わしくは見えないかもしれない。しかし、いっしょに集められている他の話が、いずれもまったくありえないものばかりであるので、やはりどこまで信じてよいか、まゆつばものだということになる。

実際、同じ章のなかで、一七八二年四月十二日にカリブ海でロドニイ提督が博した、イギリス海軍の最も輝かしい勝利の一つを、著者はあっさり天災に変えてしまっている。彼はこの天災をたこのせいにする。ロドニイ提督はフランスの軍艦を六隻捕獲した。これらの軍艦をイギリスの四隻の船が護送した。この一〇隻の船が、戦いがおこなわれたその同じ夜に、すべて海中に呑み込まれてしまう。しかもそれは、あらしによってではなく、たくさんの大だこの襲撃によってだというのである。

ドニ＝モンフォールの主張は限度を超えている。彼はヘンリー＝リーによってきびしく非難されることになる。リーは憤慨して、真実を明らかにする。捕えられた軍艦は正しい手続きにもとづいてまずジャマイカ島に送られた。これらの軍艦が約一〇〇隻からなる被護送商船団の一部に加えられるのは、この五ヵ月のちのことでしかない。この船団は、イギリスへの航行中、あらしに会い、船は散り散りになり、うち数隻は沈没した。生き残った者が海軍省に送った公式の報告書とロドニイ自身の急送公文書[10]を、リーは根拠にしている。大小を問わず、たこはまったく関係がない。モンフォールの話は完全な作り話なのである。

実際、この作り話は、巨大な頭足類が存在するという説の信用をすっかり傷つけただけで終わった。しかしドニ＝モンフォールの空想は、彼が蛸に特有のものだという体質的な凶暴さを印象づける点では、より恒久的な成功をおさめるのである。蛸は、彼にとっては、骨の髄から悪意に満ちた存在なのである。この動物は、破壊と虐殺の抑えがたい性癖を、自然から受けついでいる。たこは「破壊のために破壊する」

ドニ＝モンフォールがデッサンした「船を襲う大だこ」。

と彼は断言する。このことは何らの証明をも必要としない自明の理であり、それだけにいっそう意味深い真理なのである。彼はたこを「職業的暗殺者」として描く。「いつも公道に待ち伏せして、殺害と血で日を送り、隠れ家のことも住居のことも気にかけない」[11]暗殺者である。

しかしその彼が、ただ一点についてだけはたこをほめる。たこは模範的な夫婦生活を送っている、と彼はいう。これまでの調子と違うので面くらうのだが、彼がいいたいのは、この模範的な夫婦生活が、いくらかは、たこの魂の悪辣《あくらつ》なところを償っているということなのである。何のことはない、この怪物の生得の残忍さを対照的に目立たせるためのものなのである。たこは配偶者に対して非常に忠実で、非常にやさしい、と著者は述べている。彼は感動し、ともに老いてゆくたこを、ピレーモーンとその妻バウキスにたとえている。

しかし実際には、この最後の二点についても、この博物学者はやはり間違っている。調査したり、確かめたりするよりも、彼は夢見ているほうが多いのである。恒久的な隠れ家を、単に求めないではないというだけでなく、必要な材料を与えられなくても、蛸は自分のすみかを積極的に工夫してつくる。蛸はこのすみかを最小限にしか離れない。また非常に強くそれに執着するので、蛸を外にひき出してつかまえておくことはできないほどである。さらに、蛸はそこに非常に満足して住みつくのである。たこの夫婦間の貞節についていえば、保証のかぎりではないというだけではすまないほどのものである。というのは、同じ種類のうちのオスとメスの不均衡が非常に大きいので、たこはほとんど必然的に一夫多妻なのだからである。

III　科学のためらい

蛸の現代の伝説の発端はドニ＝モンフォールにあるということができる。一方、たこの科学的な研究は、一五年おくれて出版されたキュヴィエの『軟体動物の歴史と解剖学のための覚え書』（パリ、一八一七年）によって画期的な前進をとげることになる。

キュヴィエが頭足類にとくに興味をもつ理由は、彼が軽蔑して名づけた「空の理論体系」に反対する論拠をそれが提供してくれるからである。彼は生物変移論をそう評している。[1] キュヴィエによれば、頭足類は自然の一つの飛躍なのである。どんな変移の道も歩んでいるものではない。[2] すなわち、他の生物から進化して生じたものではないし、また他の何ものにも到達するものではない。

ところで、キュヴィエが頭足類に注意を向けるようになった動機は何であれ、彼の考察のなかには、現在のわれわれの問題にも完全にあてはまるものがある。まず、たとえばイギリス海峡の海岸地方で、たこがひどく憎まれているのは事実だが、それは、この地方で最も大切に保護されている甲殻類をたこが食い荒らすからにほかならないと彼は強調している。しかしながら、たこが、思慮なく近づく人の脚に巻きついて、動けないようにし、死にいたらせることがあるという説は、完全にはしりぞけていない。しかし、たこが人間を食うことがあると述べた話は、すべて空想物語として片づけている。また、たこを島や山のように大きいとする話はまったくのでたらめと見なしている。

　この動物のオウムのくちばしが逆方向についていることを、彼は正確に指摘している。

「すなわち、より鋭く曲がったほうのくちばし、他よりも突き出し、それをおおいかくすほうのくちばし、下側である。いいかえれば、腹の側にあるということである[3]」

　彼はまた、頭足類の目の魅力に夢中になった最初の人でもある。

「それは、構造の美という点で、また最も高等な脊椎動物の目に匹敵する複雑さによって、さらにまた、それにもかかわらずこの脊椎動物の目とはっきり区別する非常に顕著な相違によって、最も驚くべきものである」

　眼球の第二の膜の円形の縁は、「最高に美しい非常に細い光線[4]」でひだをつけたようになっている、と彼はつけ加えている。実際、蛸の目に賞賛と感動をおぼえる学者や観察者たちは、こののちもあとを絶たないであろう。

　一八三九年に『挿絵入り博物誌辞典』が分冊で出版される。「たこ」の項目を担当したE－ジャックマンは、この種が決定された歴史を述べている。ギヨーム・ロンドレ（一五〇七―六六年）が現在の名前をつけた。スワンメルダムがその『自然の書』（一七三七―三八年）のなかで、たこの一般概念を示した。キュヴィエとラマルクがその特徴を明確にした。著者はドニ＝モンフォールの軽信をからかっている。しかし依然として、たこが海で泳ぐ人たちに危険な存在だという考えはもちつづけている。「たこは力強い腕であなたを捕え、吸盤を使ってあなたの体にへばりつき、あなたを海の底にひきずり込む。あなたは、たこに抱きしめられたまま、のがれることができない[5]」と彼は書いている。しかしながらこの研究には誇張されたところはなく、良心的な学者のものであることは間違いない。

同じ時期に、頭足類についての彼の基本的な著書を[6]、アルシド‐ドルビニが発表している。このなかに含まれた一巻は、色刷りの豪華で正確な図版で全体が成り立っている。さまざまな種類のたこ、カイダコ、コウイカ、ヤリイカが、注意深く目録に書き入れられている。本文では、すでに一般に受け入れられている知識や、新しい発見が、厳密に要点をしぼって示されている。著者は多くの旅行をし、自然の状態のままの動物を数多く観察した。彼の著書は、アルコールづけの標本や、なかば空想物語的な言い伝え、あるいは得意になった証人の、人を驚かせるような物語だけを、もっぱらの材料にしてまとめ上げた類いのものではない。たこが吸盤の働きで強くからみつくのを、彼は現実に確かめる。漁師たちがたこを恐れるようになったのも無理はない、と彼は結論する。漁師たちの恐怖はしだいにつのっていって、ついには「仲間の何人かがたこに殺されたと主張するようにまでなる。しかしこれは、おそらく誇張であろう[7]」と彼はいう。

　このように、彼もまた非常に慎重である。とにかく、すでに序文で、彼はプリニウスの超巨大だこをしりぞけ、このような怪物の伝説を*Sepia*《セピア》 *microcosmos*《ミクロコスモス》〔8〕というような名前ではやらせている、たとえばリンネのような博物学者たちがいることを残念がっている[9]。彼がとくに攻撃するのは、ドニ＝モンフォールがあのように喜悦して長々と述べたてた怪物である。彼はこの怪物を分類して、「外典種」という意味深長な見出しのところへ入れる。この際の彼の解説には、論戦の激しい調子さえ認められる。モンフォールは「この種類のたこが、三本マストの船をその巨大な腕でかかえ込んでいる有様を、描いている。この著者はひどいでたらめを平気で書いた人で、またその悪意は非常に極端であった。ドフランス氏によって次のような話が伝えられているほどである。この書物の出版後まもなく、ある日、偶然、出会った氏に、彼は自分の著書の感想をこう語ったという『ぼくのクラケンが承認されたら、次はこの怪物がジブラルタル海峡の両側に腕をのばした話を書きますよ』彼はまた、シャンポリオン＝フィジャック氏の面前で、フォージャス氏にも次のようにいったという。『ぼくの超巨大だこが認められたら、第二版では、このたこが一個艦隊を転覆させるのをご覧にいれましょう』[10]しかしながら私自身は、ドニ＝モンフォールのこの即座の応答に、彼の悪意が思わずもれたのだとは信じていない。だからといって、反対に、まったくの冗談であったとも思ってはいない。このような挑戦的な反応は、情熱的な、自分の功績を自覚している学者にはありがちのものである。彼が一生をかけた著作の最も重要な啓示を、世間は疑いの目と冷やかしとで受け入れた。彼はこの無理解に腹を立てていたのである」。

アルシド－ドルビニは、このような著述家たちのかわりに、旅行者と水夫のいくつかの詳細な証言を重要視している。ペロン、クワイとジェマル、ラン、セシル船長の証言である。この人たちは、海の非常に深いところには、科学によってまだ知られていない、かなり大きな種類のものがいるという考えをもっている。もちろん、オラウス－マグヌスやポントッピダンの途方もない大きさの頭足類にくらべれば、はるかに小さい[11]。それゆえにドルビニは、深海性の大きなヤリイカの存在をはっきりと否定してはいない。このヤリイカはしばらくのちに実際に発見されることになる。彼としては、ただ、想像力のわな《ヽヽ》に陥ることを避けようとしているのである。

彼の分類は丹念である。新しくつけ加えた種類も多い。あるいは反対に、かつては二種類として扱われていたが実際には同じ種類のものでしかないことを証明しているものもある。

しかしながら彼もまた詩的な感情に動かされなかったわけではない。その夢中になって感動する対象は、彼の場合は、たこの優美さ、とくにたこの華麗な色彩である。彼は幾度もくりかえして、ある「美しい」、あるいは、ある「すばらしい」、あるいはさらに、ある「魅力的な」種類のたこのことを語っている。それは、たとえば、*Octopus aranea*《オクトプース アラーネア》とか*Octopus lunulatus*《オクトプース ルーヌラートゥス》〔12〕のことなのである。いずれも、ほかの人たちには、醜悪の極みと見えるかもしれない。

とくに彼の注意をとらえたものは、たこの複雑な色彩の変化、突然ぴんと立つ、体の表面にある、さまざまな触手やいぼや突起物、たこが次々に見せる多様な全身の動きである。彼は本文でその有様を描写している。可能なときには、同じページに、着色したデッサンを並べて載せている。このデッサンには、それぞれのたこの、静かにしている、泳いでいる、怒っている、眠っている、そして最後に、水の底を歩いている状態が描かれている。〔13〕彼は、各種類のたこの彩色について集めえたおびただしい知識を、詳細に書きしるしている。次に例としてあげるのは、キュヴィエのたこについて〔14〕彼が書きとめているものである。ドルビニは、この動物がアルコールづけの状態で示している色に注意をうながしたのちに、次のように述べている。

「デル＝シァージュ氏によれば、生きているときのこの動物は、赤いだいだい色、または明るい褐色をしていて、赤い斑点があり、外套の内側では色が薄くなっているという。

サンジョヴァニ氏によれば、輝いた淡褐色らしい。たこの色は、色素胞が混ざりあって発色するもので、ほかの動物の場合と異なるところである。この色素胞には、鮮黄色、濃い栗色、黒味をおびた濃い青という三種類のものがある。虹彩《こうさい》は、薄い青あるいは艶を消した明るい褐色であるが、さらに、濃い栗色の色素胞による特別の色合いをもっている。濃い栗色の色素胞は、体のこの部分にだけ見られるもので、膜の上を動いているが、この膜そのものの上品な色と見事な対照をつくり出している。

このたこを同様に観察したヴェラニ氏の話では、眼球は銀色で、赤い金色の斑《まだら》模様があるか、または褐色の点でおおわれているという。瞳孔は、生きているあいだは横に細長く、ときには線のようである。背中の色は、『静かにしている状態』では、ブドウ酒色[15]のかかった赤褐色である。体と頭と腕のつけ根とは、先端が丸味を帯びた白い突起でおおわれている。しかしこの突起はほんのかすかなもので、まわりを小さな白い点がとりかこんでいる。『怒った状態』になると、この突起が消えて、かわりに白い美しい斑点が現われる。この斑点は、腕の先まで、それを縁どっている膜の上に見られる。ときには、体全体が、白味がかったいぼ状の、むらのある、縦に並んだ小さな斑点で、すっかりおおわれてしまうこともある。これは、死後も長いあいだ消えない。『死にかかっている』ときには、この動物は単調なくすんだフジ色になる。このフジ色の上に、ブドウ酒色のかかった赤褐色の大きな斑点が、雲のように浮かび出て、やがてそれは黄色っぽい赤に変わる。これは、たがいに非常に似かよった非常に小さな色素粒が一つに集まってくることによって生じたものである。この斑点は死後消える」

著者は、同じヴェラニにもとづいて、引続きさらに正確を期している。

「この赤い斑点は移動性のもので、表皮の下をまっすぐ進んだり、曲がって行ったり、増えたり、減ったり、消えたりする」[16]

これらの記述には、それぞれ、注意深く着色された挿絵が添えられている。現代の観察者たちでも、これ以上に明確な記録は残してはいない。また、今日の写真家たちでも、これ以上に正確なフィルムは、おそらくとっていないであろう。

探究の精神のこの勝利も、短い一時的休戦でしかなかった。この休戦は一八六一年までしか続かない。この年は二つの理由で重要である。まず、巨大な頭足類が存在する決定的な証拠がついにもたらされるのが、この年である。また、蛸の現代の伝説が文学の形式をまとい、この手段によって大衆に影響を与えるのが見られるのも、この同じ年である。デンマーク人ヤピトゥス＝スティンストルプによる一八四九年、五五年、五七年の報告。および、オランダ人ピーター＝ハーティングが一八六〇年に発表した、二匹の巨大なヤリイカについての記述。近年にも幾匹かが捕獲された事実。各地の博物館に保存されている、並はずれて大きな触腕の断片。一六七三年にディングル湾内で超巨大な頭足類が捕えられたことを証明する、王立ダブリン協会の図書館の記録。一八六一年以前にもこれらの証拠はあったのだが、いずれも何人かの専門家たちにしか知られていなかった。しかし通報艦アレクトン号の場合には、全船員が、この異議を申し立てられている動物のまぎれもない実物標本を、ゆっくりと観察することができたのである。

艦長フレデリック＝マリ＝ブイエ海軍大尉は、十二月二日に海軍大臣に手紙でこのことを報告した。この手紙は科学アカデミーで読み上げられた。以下にその最も重要な部分を引用する。この話は、ジュール＝ヴェルヌによって『海底二万里』のなかで利用され、間接的にであるが、蛸の神話を豊かにするのにいちじるしい貢献をすることになる。

「航海中に、珍しい事件が発生いたしました。十一月三十日のことです。場所はテネリフェ島の北東四〇里、午後二時に、怪物のような動物に出会いました。小官はこれを『大だこ』と認めました。現在その存在が疑問視され、空想物語の分野に追いやられているように見える、あの『大だこ』です。大洋が、科学に挑戦するかのように、ときどきその深い底からひき出してくる、この奇妙な動物の一つを前にして、小官はこれをもっと近くから観察し、捕えてみようと決意しました。あいにく波のうねりが強く、それが側面から寄せてくると、アレクトン号はすぐ不規則な横揺れを起こし、思うように移動ができません。一方、この動物のほうは、ほとんどいつも水面すれすれにいるのですが、非常に巧みに体をかわして、船を避けようとしているように見えました。何度か接近して、やっと一〇発ばかりの弾丸を撃ち込みました。そのあと、横づけできるほどそばまで近づくことができましたので、すぐに鋸《もり》と輪差《わさ》とを投げました。さらに何重にも綱をふやそうと準備していたとき、動物が激しくあばれ、そのために鋸がはずれてしまいました。綱が尾の部分に巻きついていましたが、この尾もちぎれ、船には一断片しかひき上げることができませんでした。この断片の重さは約二〇キログラムありました。

小官らはこの怪物をすぐそばで見ました。その正確な絵を書くこともできます。これは巨大なヤリイカの一種です。尾の形から察するのに、まだだれもとりあげたことがない変種であるように見えます。オウムのくちばしの形をした頭まで一五ないし一八ピエ〔17〕あるように見えます。この頭を、五ないし六ピエの長さの八本の腕がとり囲んでいます。ぞっとするような外観で、色は赤いレンガ色をしています。この出来そこないの生物、この超巨大なねばねばのぐにゃぐにゃしたものは、見ただけで胸が悪くなり、身の毛がよだちます。

士官と水夫たちは、ボートを降ろさせてほしいと申し出ました。もう一度あの動物を縛り、舷側《げんそく》にくくりつけて運んできたいというのです。許可をしていたら、彼らはおそらく成功していたかもしれません。しかし小官が恐れたのは、この接近戦で、怪物が、吸盤で武装したその長い腕をボートの舷の上に投げて、これを転覆させ、冷たい光を発する電気を飛ばすその恐るべき鞭《むち》をからませて、もしかして何人かの水夫を窒息させはしないかということでした。

小官は、それが科学を基礎にしたものであっても、単なる好奇心の満足のために部下の命を危険にさらしてよいとは考えませんでした。このような狩猟につきものの、じっとしておれない興奮にとらえられていましたが、それを抑えて、この尾の切れた動物をあえて断念した次第です。この動物は、小官らがふたたび近づいていったとき、水にもぐって、船の下を右に左に通り抜け、一種の本能によって、注意深く船からのがれようとしているように見えました[18]」

　この朗読のあと、モカン＝タンドン氏が、クラケンに関する伝説をむしかえした。「動物というよりもむしろ島に近い *similioren insulae quam bestiae*」と古い年代記作者たちが述べている、あのクラケンである。彼はアレクトン号の艦長の話に、カナリア諸島駐在のフランス領事サバン＝ベルトロ氏がこの動物について書いた報告文書を補足した。

「……去る十二月二日に、海軍大尉ブイエ氏を艦長とする蒸気通報艦アレクトン号が、当地に寄港し、のちカイエンヌにたった。この通報艦は、マディラ島とテネリフェ島のあいだの海上で、水面を泳いでいる怪物のような『たこ』に出会った。この動物は、恐ろしい大きさの八本の腕を除けて、長さが五ないし六メートルもあった。腕は吸盤でおおわれ、頭をとりかこんでいた。色はレンガの赤色であった。目は外にとび出ていて、異常なほど大きく、見つめられるとぞっとする気味悪さであった。口は、オウムのくちばしの形をしていて、1/2メートル近くも前に突き出すことができた。体は紡錘《つむ》状であるが、真ん中が非常にふくらんでいた。並はずれに大きなこのかたまりは、重さが推定二〇〇〇キロ[19]以上あった。後部の先端にあるひれは、肉づきのよい非常に大きな二枚の葉に分かれ、丸くなっていた。

……この恐ろしい頭足類が舷にそって泳いでいるのを、アレクトン号の船員が発見したのは、十一月三十日の一二時半ごろのことであった。艦長はすぐ船を停めさせた。彼は、この動物の大きさにひるまず、これを捕えるために、自ら船の舵をとった。動物を網で縛ることを試みるために輪差が準備された。同時に、大急ぎで銃に弾丸がこめられ、鋸が用意された。最初の弾丸が発射された。効果はなく、怪物は水にもぐった。しかし船の下をくぐり抜けて、間もなく反対の側にまた姿を現わした。ふたたび銛で攻撃がかけられ、何度か一斉射撃がおこなわれた。怪物は二、三度姿を消し、そのつど、数瞬ののちに、その長い腕をゆり動かしながら水面に現われた。船は、動物の動きに合わせて、つねにその後を追い、あるいは進行を止めた。この狩猟は三時間以上続いた。アレクトン号の艦長は、どんな代価をはらってでもこの新しい種類の敵を仕留めたいと思っていた。しかしながら、ボートに乗り組ませて、部下の船員の命を危険にさらそうとはあえてしなかった。この怪物は、その恐ろしい大きさの腕をただ一本使っただけでも、ボートをつかみ、これを転覆させることができたであろう。怪物に投げた銛は、ぐにゃぐにゃした肉に深く突きささりはしたが、いずれも抜けてしまって、不首尾に終わった。数発の弾丸が怪物を貫いたが、役には立たなかった。しかしながらそのうちの一発は、したたかな痛手を負わせたように見えた。というのは、怪物は、弾丸が当たるとすぐ、非常にたくさんのあわと、ねばねばした物質に混じった血とを吐いたからである。この物質からジャコウの強い匂いが発散した。輪差をかけることに成功したのは、この瞬間であった。しかし綱はこの軟体動物の弾性に富んだ体をすべり、やっととまったのは、先端の、二つのひれのところであった。船への引揚げが試みられた。すでに体の大半は水の外に出ていた。しかしそのとき、この大きなかたまりの非常な重みのために、輪差が肉のなかに深く食い込み、動物のいちばん後ろの部分で体がちぎれてしまった。こうして怪物はこの捕縛から解き放たれ、ふたたび海に落ち、見えなくなってしまった。

　アレクトン号の船上で、本官はこの残った後ろの部分を見せられた。ここに添付するのは、アレクトン号の士官の一人が船上で書いた、この超巨大な『たこ』のかなり正確なデッサンである[20]。

　つけ加えになるが、カナリア諸島の地元の年とった漁師たちに、本官自身で尋ねてみた。彼らは、長さ二メートルを超える赤味をおびた大きな『ヤリイカ』を、あえてつかまえたことはないが、大海のほうで見たことは何度もある、と本官に断言した……[21]」

議論が続いた。ミルヌ－エドワルドが、アリストテレスとオラウス－マグヌス以来の、この問題の歴史を短く要約して説明した。ペロン、クワイとジェマル、ランの観察、*Architeuthis*《アルキテウティス》 *dux*《ドゥクス》[22]に関するコペンハーゲンのスティンストルプ氏の記述、同じ科に属する巨大な動物についてのハーティング氏の研究を、彼は引用した。ハーティング氏の研究した動物の体のさまざまな部分の断片は、いまもユトレヒト博物館にある。彼の結論は、「すでに知られているすべての無脊椎動物の大きさをはるかに超える」巨大な頭足類が何種類か存在するという説に賛成するものであった。

これらの記録は、いくつかの理由によって重要である。まず第一に、迷信、あるいは確かめられていない空想物語的な話が、確証された知識に変わる可能性のあることが、明らかにされた。これらの記録は、その移行のあとをしるしづけるものである。他方、逆に、まったく架空のものと認められる見聞談がいくつもあって、不信の念がかきたてられているとき、これに最後の決着をつけるものは事実である。いかに伝説に近く見える事実であろうとも、事実こそが疑惑に勝つことを、これらの記録ははっきりと示している。

最後に、科学アカデミーにおいてさえ、「たこ」と「ヤリイカ」が区別されず、二つの用語が無差別に使われていた。しかもそこには、博物学者たちも出席していたにかかわらず、彼らから何の異議の申立ても起こらなかった。これらの記録はそれを立証している。

Ⅳ　ロマン主義文学と蛸

アレクトン号の出会いは、聖書の世界から科学の領域への移行という、怪物たちの通路に封印をしてしまった。まえにもいったが、同じ年に、ドニ＝モンフォールによっていわば偶然にまかれた直感の種子は、これを効果的に増幅して反響する最初の大きな声を見出す。事実、『海』が出版されるのは一八六一年である。この書物のなかでのミシュレのたこに対するののしりは、あの博物学者ののしりに、さらにいっそう輪をかけたものとなっている。

a　ミシュレの場合

ミシュレによれば、たこは海の宇宙に大量虐殺と恐怖の世界をつくり出すという。たこについて忘れてならないことは、それが「化け物のクモ」だということである。長い時代を経るうちにその巨大さを失いはしたが、かつては並はずれに大きな体をしていた。安定のない世界の血を吸って生きる、この永遠の幽霊は、いまもなおそれ自身ゼラチン状のままでいる。その「呈する外観は、恐ろしいといわないとすれば、奇妙で、滑稽で、漫画的だ。たとえれば、戦争に行く小人、残忍で、激怒した、ぐにゃぐにゃで、透きとおった胎児、とでもいったようなものだ。しかしこいつは、油断なく身構えていて、人を殺す毒の息を吹きかける」。

たこは自分の身を養うために殺すのではない。

「たこには殺害行為そのものが必要なのだ。満腹して、はちきれるほどになっていても、たこはなお殺すことをやめない。たこはあらゆる生物を追いかけて、その腕、そのむち、その吸盤を投げかける。さらにそれだけでなく（この著者独自の発明だが）体を麻痺させる電気、すなわち『戦いを無用にする磁気』を放射する」

この動物は、単に触腕によって自由を奪うだけではなく、「不可思議な電光の魔法の力」を自在に使う。その電気の細長い帯の絶え間ない動きは、さながら、身の毛のよだつヘビの無言の踊りである。ミシュレは船乗りたちの「まじめな話」を信じる。「まじめな話」とはミシュレの命名である。彼はこの「まじめな話」を根拠にして、ドニ＝モンフォールやドルビニの見聞談を、世間がこれまで皮肉ってしりぞけてきたことは間違いであったと考える。(1) クラケンに関する記述、この動物が甲板にとび乗ってきて、マストや綱具《つなぐ》にその並はずれて大きな腕でからみついたありさまを、縷々《るる》述べる船員たちの証言についても同様で、ミシュレはこれらをすべて真実だと考える。

このような怪物どもは「自然を破滅の危険に陥れ」、「地球の血を吸って」いた。しかしこれらの怪物が存在したとしても（いくらかの疑いの気持が、ミシュレになおどうしても残っているように見える）、非常に大きな鳥たちも存在して、それらと戦った。また、地球の秩序がしだいに整ってくるにつれて、怪物どもの食物が乏しくなった。その結果、現在のたこは大きさが減じ、それとともに「やや恐ろしさの少ない」ものとなったのである。

このあと著者は、「優美な泳ぎ手」カイダコと、「空のような青い目をした洒落《しゃれ》たコウイカ」を、夢中になってほめている。たこのほうは、さんざんこきおろされたすえ、ほとんど危険なものでないことがついに暴露される。たこを片づけてしまうには、ただ嫌悪にうち勝って、それを手袋のように裏返しにしてやればよい。

ミシュレは最後に軽蔑を示しながらたこに話しかける――「おまえは生物というよりも仮面なのだ」。しぼんだ空気袋なのだ。死んだたこは、もはや彼にとっては「何か知らない名もないもの、消えてしまう海の水」にすぎない。

b ユゴーの場合

博物学者の軽信、道を間違えた歴史家の詩的感動は、詩人のほとんど神学的な冥想の前触れでしかない。――詩人の冥想は直接それらから啓示をうけて生まれたものである。

ヴィクトル＝ユゴーは、実際に、『海で働く人々』のなかで、[2] 主人公ジリヤットに海の洞窟で蛸と格闘させる。だれでもよく知っている場面である。ジリエットは初めそれが何だかわからないが、やがて蛸であるのを知る。著者はここで、この怪物についての論述を、物語のなかに挿入しているが、これだけで一章を占めている。

ヴィクトル＝ユゴーがミシュレを読まなかったということは、ほとんどありえないのだが、彼はミシュレについては何も触れていない。しかしドニ＝モンフォールを参考にしていることは隠してはいない。ユゴーの使っている資料の大部分は明らかにドニ＝モンフォールから得たものである。ユゴーは彼を、「高度の直感が魔術者の域にまで到達させ、あるいは堕落させるあの観察者たち」の一人にさえ数えている。たこがほとんど人間の情念をもっていることを、この学者は見抜き、示唆したからである。ところで「たこは憎む」。「絶対的に醜悪なこと、それは憎むことだ」からである。

この章は注意深く全体を再読する価値がある。実際、この書物の成功をきっかけにして、蛸の伝説の以後長期にわたる運命が始まるのである。おもしろいことだが、詩人のほうが学者より慎重である。この動物が地上を歩きまわるという話には沈黙を守っているし、その大きさを縮めようと努めているし、高い舷《げん》の船を沈めることができるというのは伝説だと見なしている。しかしそれにもかかわらず、詩人の修辞の才能は、容認できる極限までおし進めた文章表現のなかに、かえってより自在に、その鋭い感受性が見る前代未聞の幻を定着させるのである。最初からいきなり神が告発される。神は、自分が気に入ったときには、「のろうべき企《たくら》みに秀でた」存在だ。恐怖が、ここでは、想像と現実のなれあいの結果であることを、ユゴーはすぐに見抜く。

「われわれはよくこんな印象をもつことがあるのでなかろうか。すなわち、われわれの夢のなかを漂っている漠として捕えがたいものが、ときどき、可能性の世界で自分をひきつける磁石のようなものに出会い、それにとりついて輪郭が一つに固まることがある。そして、夢のこの正体不明の凝固物のなかから、生物が出現する。そのような印象である。『未知』は奇跡をほしいままにする。『未知』はそれを利用して怪物をつくりあげるのだ」

少しあとのところで、ユゴーは次のように理論上仮定している。

「もし恐怖を与えることが目的であり、どんな目的でもすべて理想として認められるのだとしたら、蛸以上にすぐれた作品はない」――いたるところ強い印象を与える文例でいっぱいである。

「まるで灰でつくった動物だ。それが水に住んでいる……」

「それはこじらせて奇型にした病気である」

「この怪龍は全身、感受性のオジギソウだ」

「意志をもった粘つき、これほど恐ろしいものがあろうか！　憎しみでねり上げたとりもち」

「この飽くことを知らぬ醜悪な星は……」「青白い光の筋を放って、さながら幽霊の太陽のように、開いている」

要するに、「創造の創造自身に対する真の冒瀆」であり、その非現実性がその存在を謎めかせているというこのような生物は、まさに妄想と現実の両棲動物である。

最も危険な動物たちの武器を次々に蛸の場合と比較した、あの有名な一連の対句のなかには、ところどころ驚くべき誤りが含まれているのだが、これについては、またのちに機会を見て指摘しようと思う。とにかく、ユゴーが主張するのは、蛸は表面的には攻撃的あるいは防御的な器官をいっさいもたないように見えるが、吸盤によって、じつは最も強力に武装されているのだということである。重要なのは、この主張のなかの誤りではない。蛸が、ここでは、ほとんどもっぱら吸盤の生きた鍵盤と見なされていることである。実際、吸盤に徹したこの着想は初めてのものである。

「吸盤に比べれば、爪など何ものでもない。爪の場合は、動物が人の肉にはいる。しかし吸盤の場合には、人のほうが動物のなかにはいるのだ。吸盤の汚れた圧迫をうけて、筋肉ははれ、筋はねじれ、皮膚が破裂する。血はふき出して、思っただけでもぞっとするが、この軟体動物のリンパ液と混ざるのだ」

「怪物そのものである、この恐ろしい袋」のなかにとり込まれて、人間が最後には空になってしまう機構の働きを強調するために、この作家は他のほとんどすべてを無視してしまう。犠牲者は、「不潔な無数の口で」吸われ、生きたまま呑まれてしまう。記述の重点は、この動物のねばねばくっつく性質におかれている。この性質を、吸って殺すという言語に絶する残忍さと密接に結びつけて、印象づけるのである。

この怪物に結びつけた特殊な恐怖の結果を、物語はもっぱら利用する。著者は、だめ押し的にさらにもう一度くりかえして、生命の最も基礎的な営みさえも停止させてしまうこの怪物の醜悪さを強調している。「地獄の底に隠れて忍耐強く待伏せしている、この不吉な動物のことを考えたときには、一羽の鳥も巣につかず、一個の卵もかえらず、一つの乳房も乳を出さず、一つの心も愛さず、一つの精神も天へ飛躍することはない」

何度もくりかえし、明白な形で、この動物はクモと比べられる。不安と嫌悪がこの動物のなかにつくりあげられる。

「巨大な手のなかにつかまったのだ。一メートル近くあるその弾性に富んだ指の内側には、生きている、膿《う》んだ吹出ものが一面に突き出ていて、それが肉のなかに食い込んでくる」

戦いは短く、立回りもなく、静かである。ジリヤットはナイフを持っているが、刃がすべって、蛸の触腕を切る役にはまったく立たない。しかし相手のどこを突かねばならないかを漁夫は知っている。こうして、目と目のにらみあいの戦いになる。

「彼は蛸を見つめていた。蛸もまた彼を見つめていた」

別のところにもこう書かれている。

「彼はねらわれながら、ねらっていた」

たこの目の重要性、見入って相手を身動きできなくさえしてしまう魔力については、のちにまた触れるつもりである。この力のことは、ここでは、ほのめかされているだけであるが、そのほのめかしは執拗である。とにかく、対象を髣髴《ほうふつ》とさせるこの詩人の修辞力は魔術的で、彼の作品はこの力によって多くの点で新しい（そして神話的な）この動物のイメージを普遍的にし、不滅にするのである。

この結果、詩人が使っている「ピウーヴル」というチャンネル諸島に由来する――それまでの方言が、「プルプ」という（ラテン語の「ポリプース」から来た）タコを示す伝統的な名前に、以後は標準語のなかでとって代わることになる。ピウーヴルという語の用例は、リトレの辞書[3]にはまだただ一例しかない。すなわち、ユゴーが『海で働く人々』のなかで使っている例にほかならない。この新しい名詞は、一八七八年に、フランス‐アカデミーの辞書に採用されているが、同様の注がつけられている。最近のロベールの辞書は、フランス語にこの語が初めて現われた日付として、一八六六年をあげている。この小説の出版の年である。

今日では、動物学の専門論文のなかにおいてまで、ピウーヴルがプルプという言葉にとって代わってしまった。*Octopus vulgaris*《オクトプース ウルガリス》[4] の属名として使われているのは、ピウーヴルである。これに反して、かつての正規の術語が姿を現わすのは、次のような地方名のなかにまじってである。*châtron satrou satronille minard minan baligaud minna morgaz* 等々[5]。もし両者に区別をつけることができるとすれば、次のようなものではなかろうか。プルプはむしろ市場で売っている食用に供するたこを指し、ピウーヴルは怪物のように大きく、胸の悪くなる、危険なものと考えられている蛸を示す。

ユゴーと同時代の人たちは、プルプとピウーヴルが同じ動物を示していることを必ずしも理解していなかったように見える。しかしながらこれら二つの言葉は、じつは語源まで同じものなのである。*pieuvre*《ピウーヴル》もまた *polypus*《ポリプース》 から派生した語である。普通あまり見かけない例だが、アクセントのついた短音の o によってその変化を証明することができる。この o は（*oculos*[6] から派生した）*yeux* の場合のように *ie* の音になるからである[7]。ヴィクトル‐ユゴーは、普通のたこであるプルプから演繹《えんえき》してひき出した彼の怪物を、学者たちが容易に承認しないであろうということを、はっきりと予測していた。手書き原稿の三八四枚目には

「保留」と記入された一節があるが、彼はこのなかで、幻滅した調子で科学を告発している。科学は、本当らしくないものは、それがどれほど厳然とした事実であっても、断乎として受けつけない。

「この奇妙な動物たちに科学が出会うと、科学はまずこれをはねつける。不安を隠すのに慎重そうにふるまい、事実を目の前にしていても、あらかじめ拒否するというのが、科学の常のやり方なのだからだ。とくに蛸に関しては、イギリス海峡でいつも見られるような蛸にまで、科学は好んで異議を申し立てている。科学の専門用語にはこの「蛸」という言葉さえない。科学はどうにかして蛸を空想物語の動物にしておこうと、やっきになっているが、あいにくそうはいかない。博物学者たちの同意がなくても、蛸は存在する。しかし最も大胆な学者たちでさえほとんど蛸を認めていない。蛸の存在を信じたら、まじめな人間としては扱ってもらえなくなるし、得意先を失ってしまうことになるのだ。専門の概論書はほとんどすべて、この生物のことをいい落とすか、無視している。これは、神のあまりにでたらめな、やっつけ仕事だというわけだ。科学の品位を高めるためには、神の一部に触れないことも、ときには必要だ。神は人間の意表に出過ぎ、極端に走り過ぎてしまわれた。気の毒だから、そのことはいわないでおいてあげよう、というのだ。——*Dormitat Homerus.*〔8〕

しかし、蛸につかまったり、追いかけられたりしたことがある者は、蛸を現実のものと考えている。サーク島のブレクウの漁師の寡婦〔9〕は、蛸が存在していることを信じている。

学者たちの偏見がこんなにひどいいま、この生物について語ることは、ほとんど秘密をあばくのと変わらない。しかしここに述べたことは、あるいは、あばいたことはといいかえてもよいが、すべてまぎれもない真実であり、その場で観察され記録されたものだ。これを否認できるのは、なんとしても無知なままでいようと決心している学者たちだけであろう。

彼らの抵抗にもかかわらず、事実は結局は自分をおし通す。蛸は、ピウーヴルとしては科学から締め出されているが、プルプとして科学のなかにふたたびもどってくる。それに、ピウーヴルというのはもともと地方名であり、要するに何の重要性もない名前だ。プルプのほうは、たくさんの船乗りたちに見られ、たくさんの海の観察者たちに確かめられている。これを否定することは不可能であろう。科学はまずそれをはねつけ、抵抗しうるかぎり抵抗し、言いがかりをつけ、さらにあざけりさえし、そして最後にとうとうあきらめて研究を始めるのだ。これらの動物はすでに受け入れられている。審査に見事に合格し、いまや公認のものとなっている。科学はプルプを認めている(10)」

科学がためらって至極当然であるような特殊な場合もかってあった。それにもかかわらず、この作家の押しつけた幻影が勝利を得たのである。もちろん、小ぜりあいの論争や抗議がなかったわけではない。すべての新聞・雑誌が、ジリヤットと蛸の格闘についての解説を載せた。ユゴーのとりあげた蛸と、普通知られているたことが、同じものだとは、必ずしも認められなかったように見える。その存在自体も論議された。しかし少なくとも、蛸は時の流行になった。この書物が出版されたばかりの一八六六年に、早くもフランソワ＝ヴィクトル－ユゴーは父親に宛てて書いている(11)。

「蛸はいま、いたるところで話題になっています。この怪物は、父上のおかげで、すっかり有名になりそうです。すべての新聞が蛸のことを書いています」

しかしながら彼が知らせているのは、『ラヴニール－ナシオナル』紙が載せた懐疑的な記事のことである。償いもある。同じ手紙のなかで、彼はつけ加えている。

「婦人帽子屋たちはもう蛸の形の帽子を考案しました。この帽子は、『海で働く女たち』に、いいかえれば、今年ディエプやトルーヴィルへ行くかわいいご婦人たちに、かぶらせようという魂胆のものです。また、蛸は、『レヴェヌマン』紙が近くパリで開く予定の大宴会での呼び物の料理になっています。アーラ-フィナンシエール[12]にすると、とてもおいしいように思います」

同じころ、抜け目のない行商人たちが、シャンゼリゼで、生きた蛸を水槽に入れて見世物にする。ユゴー夫人は、妹のジュリー-シュネに宛てた手紙のなかで、いくらか苦々しそうにこの動物の人気を認めている。

「ここでは蛸の話でもちきりです。ああ、それにしても、どうして夫は、私の心にとって、ガーンジー島の蛸[13]なのでしょうか[14]」

蛸の流行とまではいえないにしても、少なくとも、この水へビがひき起こした論争は数ヵ月つづいた。たくさんの人たちがユゴーに、彼の説を補強するのに役立てるための意見や覚書きを、手紙で送った。そのうちの一人であるギドリという人が書いているところによると、この人は、ジリヤットを襲ったのと同じほど大きな蛸に、杖《つえ》をつかまれたという。場所はキューバ、時は一八六七年の初めで、彼が干潮を利用して貝を拾っていたときのことである。彼の手紙にはさらに、ポナントの『イギリスの動物』や、その他イギリスとアメリカの書物からの、たくさんの引用が添えられている。アンリ-ド-パルヴィルは、ニコラ-フラメルという偽名でだが、一八六七年四月十一日付『パトリ』紙で蛸の存在を弁護した。

ギュスターヴ-シモンは一九一一年にこれらの資料を小説の付録として出版している。彼は憤慨して、小説が出版されて四四年もたったこの年になってもなお、怪物的な蛸などは存在しないと主張している教授が科学博物館にいる、と語っている。この教授は、実際にいるのは普通のたこ、すなわち「番人の与える食物を上品に食べる、非常に洗練された、魅力のある動物」だけだと、勇敢に主張しているという。彼は、モナコ水族館で、たこがそのように振舞うのを見た。この疑いぶかい学者は、こっぴどくやっつけられている。一方、注釈者は、自分のほうの情報は最も確かな出所から得たものであると宣言し、それにもとづいて、ユゴーの物語の細心綿密な正確さを保証している。とはいえ「とるに足らぬ細部の少数の点を除いて」の話であることは彼も認めている[15]。当時の批評家たちの文体と文章の調子とを知るには、たとえば『両世界評論』誌に出ているポール‐ド‐サン＝ヴィクトールの次のような数行を読めば十分であろう。

「……大西洋に対しておこなわれたジリヤットの挑戦よりもなおいっそう読者の肝をつぶさせるできごと、それは彼と蛸との格闘である。蛸、すなわち、この生きたとりもち、この底知れぬ地獄の胎児は、吸盤で武装したねばねばした腕で、彼をがんじがらめに締めつけ、その真空の無数の口で彼を吸い、彼の血をくみ出して空にしてしまおうとする。前代未聞の言語に絶する拷問だ。たとえれば、おびただしい数の吸管をもつヒルにとりつかれた、ラーオコオーンになるのだからだ。『神曲』の地獄編に、一人の亡者がヘビにからまれて、臘《ろう》のように溶け、この動物に同化されるのを、ダンテが見た話があるが、この拷問はそれを思い出させる[16]」

この作品は、たちまちのうちに、決定的な成功をおさめた。出版された年、一八六六年に、ブリュッセルで、すでに一五版以上も版を重ねている。一八六七年にはパリでの第一版が発行され、その輝かしい成功がさらに続く。それゆえに、たこが半空想的動物の仲間入りをしたのは、比較的近年のことだといえる。たこに最も近い種類で、たこに劣らず気味の悪い姿をしたものは、たとえばコウイカやヤリイカなど、たくさんいるが、ここはそれらが近づくことのない領域である。ヤリイカの場合には、さらに現実に、かなりの大きさに達するものがいるのにである（解き明かさねばならないのは、この違いである）。

c　ロートレアモンの場合

少し遅れて、一八六八年、すなわち『海で働く人々』のわずか二年後に、『マルドロールの歌』の「第一の歌」が、この部分だけ分けて出版される。この「第一の歌」のなかに、主人公マルドロールが決心して、年老いた大洋に呼びかける、あの有名な場面がある。

ロートレアモンは主人公に、この荘重なときに、「絹のまなざしをしたたこ」が、彼のアルミニウムの胸にその水銀の腹をくっつけて、海岸の岩の上に並んですわり、彼と行動を共にしていないことを残念がらせている。このときマルドロールは、自分は怪物であると名のる。読者に顔が見えないのは幸いだ、と彼はいう。しかしその心にくらべれば、顔の醜悪さはまだ救いがあるほうなのだ。彼は誇張と皮肉がいりまじった言葉で、たこに語りかける。これは、じつは、ユゴーの述べていることを裏返しにしたもので、ユゴーへの当てつけなのである。

「おまえ、おまえの魂はぼくの魂と分かちがたい。おまえ、おまえはこの地上に住むもののなかで最も美しく、四〇〇の吸盤[17]のハレムを支配している。おまえ、おまえのうちには、あふれ出るやさしい美徳と尊くおごそかなすべての優美さが、不滅のきずなで結ばれた全員の同意によって、まるで生来のすみかにでもいるかのように、気高く席を占めている」

全体をまとめた完全な『マルドロールの歌』は、次の年に出版される。その「第二の歌」の終りになると、現実の蛸が空想の蛸に場所をゆずる。

「遠くから見るとカラスのような」、翼をもったたこのおびただしい大群が、人間たちにおこないを改めるよう告げるために、雲の上をすべるように飛んでいく。しかしこのとき、「暗闇の膣の巨大なくちびる」から流れ出た、無数の暗黒の精虫が、そのコウモリの翼をいちめんにひろげて、自然全体と飛んでいるたことをおおい隠す（「暗闇の膣」というのは、ユゴーに対する、『暗闇の口の語りしこと』という詩に対する、非常にはっきりした、別の当てこすりである）。たこたちは、「この音をともなわぬ、言い表わしようのない陰険な稲妻を見て」、意気をくじかれ、元気を失っていく。良心につきまとわれて苦しんでいる人間を守るために、マルドロールが自ら戦うことを宣言するのは、この時である。彼はためらわず、わざわいの大もと、すなわち創造主それ自身を攻めたてる。

「ぼくは四〇〇の吸盤を、きゃつのわきの下に押しつけて、恐ろしい叫び声をあげさせてやった」[18]

マルドロールは、この場合にも、自分は「あらゆる美徳の軽蔑者」だと断わっている。四〇〇という数字の反復は、その彼がどのような姿を借りて、人間の擁護に立ち上がったのかを伏線的に読者に告げるものである。間もなくロートレアモンは、主人公が神を苦しませるために何に変身することを選んだかを明らかにする。彼は創造主の驚きを述べている。創造主は、「マルドロールがたこに姿を変え、途方もなく大きな八本の脚を、彼の体のほうへのばしてくる」のを見る。

「この脚、この丈夫な細長い革ひもは、一本一本どれでも、地球のまわりをらくにとり巻くことができるほどのものであった」

創造主は、このねばねばした抱擁をのがれようと、しばらくもがくが、締めつけはますます強められていく。マルドロールのほうは、創造主の神聖な血球を腹いっぱいに吸いとるのである。それから彼は、この生贄《いけにえ》から身を離し、洞窟のなかに避難して身を隠す。それ以後はこの二人の敵手たちは、たがいに相手を警戒して見張っているが、無益な戦いが再開されることはない。しかし人間を責めさいなんでいた良心は打ち破られた。神が良心を地上に送ってきても、もはや何の役にも立たない。マルドロールは人間たちに、良心と戦うためにはどんな武器を使えばよいかを教えた。宇宙の広がりほどにも大きくなったたこは、神の敵、ほとんどそれと対等に張り合う反対者となった。たこは神の肉に傷を与え、その力に制限を加える。

しかし、たこがこれほどの地位にまでのび上がれた背景には、それなりの準備があった。すなわち、この二年前に、もう一人の幻想者[19]が蛸を、神が「のろうべき企みに秀で」ようと決心したとき目的を達してつくりあげたものとして描き、蛸を醜悪と残忍の絶対的化身として告発していた。このユゴーの存在がなければ不可能なことであったろう[20]。

d　ジュール－ヴェルヌの場合

急速に神話は発展していく。同じ一八六九年に『海底二万里』が出版される。のろわれた詩人の作品は、長いあいだ知られることなく、埋もれたままになるのだが、ジュール－ヴェルヌの小説のほうは、たちまちのうちに莫大な読者を獲得する。「マルドロール」と同じように、ネモ船長も復讐者であり、確立された秩序の軽蔑者であって、残酷な行為をおこなわねばならない事態にぶつかっても、たじろがない。ネモ船長のこの態度は、「大殺戮《だいさつりく》」と名づけられた最後のエピソードにおいても変わらない。彼は狙った船を平然として沈め、混乱に陥った船員たちのありさまを、「津波に不意を打たれて驚く人間のアリづか」にたとえるのである。

しかし二人の主人公の比較が可能なのは、この特殊な点に限られる。とはいえ、たこに関連して、反抗という同じ文脈で、二度も作品化が企てられているという事実は、重要である。それゆえに、理論上青少年向けであることがはっきりしているとの半教訓的な著作のなかで、蛸がどのような位置を占めているのかをまず見ておいたほうがよいだろうと思う。怪物のようなこの動物を突然に舞台の前面に登場させる、あの有名な戦いは、そのあとでとり上げることにする。

ヌーヴィルの挿絵には、まず扉のところに、そのあとは紅海の横断のときに、次は海底に呑みこまれたアトランティスの訪問のときに、この動物が描かれている。場所はいつも同じで、絵の右下のすみである。姿勢はさまざまで、うずくまったり、腕をひろげたり、威嚇したり、陰険にうかがったり、待伏せしたり、眠っている様子をしたりしている。

ジュール＝ヴェルヌも、ロートレアモンと同じように、ヴィクトル＝ユゴーによって新しくとり入れられた「ピウーヴル」という言葉をまだ使っていない。彼は伝統的な用語をかたく守っている。だからといって、ユゴーの小説を読んでいないわけではないし、尊敬していないわけでもない。

小説のなかでの作者の代弁者であるパリ科学博物館教授ピエール＝アロナックス先生は、いっしょに捕虜になっている仲間に、彼らが経験した蛸との対決を描いた、書き上げたばかりの物語を読んで聞かせる。彼は物語を読み終えたのち、次のようにつけ加えている。このような場面を描くためには、「わが国の詩人たちのうちで最も高名な人、すなわち『海で働く人々』の著者の筆」を必要とするだろうと。ユゴーに対するヴェルヌの敬意を、これ以上にはっきり示すことは不可能であろう。

奇妙なことだが、ジュール＝ヴェルヌは、たことヤリイカの区別をしていない。たことヤリイカは同じものであって、最も大きな種類がたこである、とさえ彼は思っているのである。しかしこれは誤りである。彼はこの二つの言葉を同じ動物に交互に使っている。それに比べてヌーヴィルの挿絵ははるかに正確である。ノチリュス号襲撃のときに、蛸は三度描かれているが、いずれの場合もまったく正確である。ヤリイカについても同様で、一八六一年にテネリフェ島の北東で、通報艦アレクトン号によって銛《もり》を撃ち込まれたヤリイカは、蛸と区別して扱われている。このヤリイカのことを、ノチリュス号の捕虜たちが話しあっているとき、舷窓の向うに、最初のたこが現われるのである[21]。

ある点では『海底二万里』は、並はずれに大きくした深海の動物の目録であるということができる。この小説は船を襲う怪物の噂で始まる。ノチリュス号の存在はすでに暗示されているが、怪物の正体が潜水艦であるとは、まだだれも知らない。これが一八六六年のことになっている。すなわち、余談になるが、『海で働く人々』の出版の年である。クジラ、クラケン、超巨大なたこ、あるいは、アロナックス教授の推測だが、大一角ではないか。意見はさまざまである。アロナックス教授は、このときに、「見るだけでも恐ろしい甲殻類、たとえば、「〇〇メートルもあるウミザリガニとか、重さが二〇〇トンもあるカニというようなもの」である可能性もあることを、あわせて指摘している。このあと彼は、実際に、潜水艦に乗っての海底旅行中に、巨大なクモガニ、並はずれて大きいシャコ、「ホコヤリ兵[22]のように身を起こし、鉄がぶつかりあうような、がちゃがちゃという音をさせて、足を動かしているウミザリガニ」、「砲架の上で方向を定める大砲のような目をした、途方もない大きさのカニ」を、眼前に見るのである。たこに関する伝説の想起があったあと、いよいよたこととの戦いの場面にはいる。

ジュール－ヴェルヌは、あまりに理屈っぽく考えすぎて、二五〇しか、たこに吸盤を与えていない。しかし、この吸盤が吸う強い力をもっていることは認めている。そのうえに、「中ほどの部分がふくらんだ紡錘《つむ》形で、重さが二〇トンから二五トンを下らない」体と、とくに三重の心臓を、彼はこの動物に与えている。この体には骨格があることになっている。トリエステとモンペリエの博物館へ行けば、この骨格の標本が見られるというのだが、現実のたこには骨格はない。架空の骨格である（おそらく、ヤリイカの骨の標本であろう）。三重の心臓は怪物に驚くべき生命力を与える。だからこそ一八六一年のヤリイカは、通報艦アレクトン号の弾丸と輪差《わさ》とをのがれることができたのである。

著者は、少なくとも、オラウス＝マグヌスの長さが一海里もある頭足類の話と、ポントッピダンの騎兵一個連隊がその頭上で演習できた動物の話に対しては、ともに懐疑的な態度を示している。騎兵一個連隊云々は、ヴェルヌがふざけていっている言葉である。このような誇張が起こる理由を、ヴェルヌは遠回しに次のようにいう。

「相手が怪物だということになると、人間の想像力はひたすらに錯乱することばかりを求める」

古代の博物学者たちのなかには（だれのことか、私にはつきとめることができなかったが）、「口だけで一つの湾ほどもあり、あまりに大きすぎて、ジブラルタル海峡を通り抜けられなかった[23]」という怪物の話を伝えているものさえあるという。アロナックスの協力者であるコンセイユは、たこが大西洋の底に船をひき入れるのを確かに見たと主張する。しかし、見たといっても、サン＝マロの教会にある絵で見たのであった。ドニ＝モンフォールによってとりあげられ、その著書に模写が載っている奉納絵のことであることは、明らかである。それゆえにユゴーもジュール＝ヴェルヌも同一の源泉から着想を得ていたことがわかる。信じやすく、同時に挑戦的であった、一人の不思議な大学者の著作が、それから半世紀以上も遅れて発展をとげることになる神話の初めに、どの方向から問題をとりあげても、必ず姿を現わすということである。

ノチリュス号はそのとき、カリブ海を航行中であった。アロナックスら強制された乗客たちは、たこの古い伝説や、アレクトン号の艦長の話のような最近の見聞談について、真偽を話しあっている。このとき彼らは潜水艦の窓ガラスごしに、「化け物の伝説のなかにこそ出てくるのがふさわしい、身の毛のよだつような怪物」を見る。ジュール＝ヴェルヌは最初、「ヤリイカ」という言葉を使っている。しかし触腕の数で、彼が描こうとしているのは蛸だということがすぐわかる。

「それは長さが八メートルもある超巨大なヤリイカであった。ノチリュス号のほうに向かって、後ろ向

ジュール－ヴェルヌ『海底二万里』のドーヌーヴィル画挿絵。

きに、すごい速さで近づいてきた。青緑色の途方もなく大きな目で、じっとこちらを見つめていた。八本の腕、というよりもむしろ八本の足は、頭足類という名にふさわしく、頭の上に生えていて、長さが体の二倍もあり、復讐の女神たちの髪の毛のようにねじれていた。二五〇個の吸盤が、触腕の内側に並んでいるのが、はっきり見えた。半球状の椀《わん》のような形をしている。ときどき、この吸盤がサロンの窓ガラスの上にのびてきて、そこに吸いついた。この怪物の口――オウムのくちばしのようにつくられた、角質の固いくちばし――は、垂直に開いたり閉じたりした。本当のやっとこのようなこの口から、とがった歯を何列もそなえた、角のような舌が、先をちょろちょろとふるわせながら出てきた。何という自然の気まぐれであろう。軟体動物に鳥のくちばしがついているのだ」

実際に、たこのこの固いくちばしが、潜水艦のスクリューにひっかかって、スクリューがとまってしまう。取り除かなくてはならない。船は海面に浮上する。船員が昇降口のふたを開ける。こうして、戦いが始まる。昇降口があくと同時に、船の内部に、数匹の蛸が触腕をすべり込ませてくる。水夫たちは斧をふるって、これを次々に断ち切っていく。しかしそれにもかかわらず、手負いの一匹の怪物は一本だけ残った腕を、「巨大な象の鼻のように」使って、水夫の一人をつかまえ、宙づりにし、おしつぶしてしまう。さらに加えて、なんと恐ろしいことであろう、船員たちは通常はどこの国の言葉かわからない言葉を話しているのだが、この不幸な男はフランス語で助けを求めるのである。フランス人であったのである。

古典的な神話に対するほのめかしがところどころに認められる、手に汗をにぎらせる一進一退の場面が幾度かあったのち、最後はネモ船長の仲間たちが勝利を獲得する。

この物語には、人目をひく材料がたくさん使われている。臭覚の領域のものさえある。「ジャコウの強い匂いが、あたり一面の空気に深くしみこんでいた。それは胸の悪くなるような匂いであった」

このような細部の特徴に、とっぴな闘争という要素が加わって、作品を実際の成功に導くのである。この戦いのあとは、ただ、故意に衝角《しょうかく》をとりつけた潜水艦の秘密をあばくエピソードと、マルストローム〔24〕のなかに巻きこまれたノチリュス号からのアロナックスら捕虜たちの逃亡とが、残っているだけである。異常な対決は、それだけいっそう強い印象を、この小説の非常に多くの読者に与えることができたのである。

他方、ヌーヴィルの挿絵もまた記憶のなかに残って、主題を大衆化するのに、おそらく本文と同じほどの貢献をしたと思われる。たくさんの美術作品の子孫を生み出したジリヤットの決闘の例がすでにある。ヴィクトル゠ユゴーは自ら自分の原稿の挿絵を書いた。幽霊のような姿勢をした蛸を描いた、水彩をほどこした線画があるが、ほとんど催眠術的な不思議な力をもっている。触腕を全部ひろげ、上でからみあわせた数本で、V゠Hという頭文字をつくっている。しかしこのデッサンが発表されるのは、小説とは関係なく、しかも一八八二年になってからのことである〔25〕。

小説が出版されたその年に早くも、ギュスターヴ゠ドレは、洞窟のなかを泳ぎ、吸盤のついた細長い帯で主人公を締めつけている蛸を示す構図を著者に送っている〔26〕。一八六九年の版にはシフラールが、一八七六年の版にはダニエル゠ヴィエルジュが、それぞれ挿絵を書いている。しかしこれらはいずれも平凡で、まとまりが悪く、ドニ゠モンフォールの厳密な幾何学にもとづく挿絵や、ヌーヴィルの燃え上がるような悲壮さがみなぎっている挿絵にくらべると、くすんで見える。

怪物と漁夫との一騎討ちは、それにもかかわらず造形美術の世界での市民権を獲得する。パリの美術展覧会には、この主題を扱った公認の芸術家たちの作品が毎年出品されるようになる。とくに有名なのは、一八七八年のオノレ゠イカルの彫刻、一八八二年のジェリ゠ビシャールの腐食版画である。ジェリ゠ビシャールの腐食版画は、デュエのデッサンにもとづいたもので、このデュエは、ナショナル版の作品の挿絵を担当している、等々。[27]

ユゴーの小説も、ジュール＝ヴェルヌの小説も、一つのエピソードを長く独占しつづけることはできない。このエピソードはやがて、運んでいた船といっしょに海に呑みこまれた、あるいは、どこか海底の洞窟のなかに海賊が隠した財宝を手に入れる話と結びつく。その結果、古い伝説の龍にかわって、のろわれた富の番人の役を、この怪物〔蛸〕が引き受けることになる。それほど根強く、また根強いがゆえに柔軟でもあるのが、空想物語の論理である。蛸との決闘に突如として集まった関心は、偶然のものでも一時的なものでもなかった。何の誇張もなく、今日ではそう断言することができる。それは人間の想像力のなかで眠っていたように見える。眠りながら、姿を現わすときを、いわば凝固の瞬間を待っていたのである。

ともかく、この決闘場面の著作権は消滅し、公の財産となった。あるときは慎重であると称えられ、あるときは好色であると卑しめられた、古代ギリシア＝ラテンの無害な装飾用の蛸は、恐怖を与える怪物に席を譲る。蛸は一種の民間神話の動物となったのである。

この神話はいまもなお生きつづけて、まず大発行部数の出版物を、次に映画[28]を、最後に新聞・雑誌の続き漫画を、次々に繁栄させている。この神話の元祖というべき地位を占めているのが、私の意見では、ドニ＝モンフォールである。この空想物語を世間に広めたのがジュール＝ヴェルヌだとすれば、それに形而上学的な深さを与えたのはヴィクトル＝ユゴーだということになる。

ロートレアモンもまた、この神話の底流を最初に感じとることのできた一人であるが、たこを偉大なものとして賛美した点では、おそらく唯一の人であろう。彼は異常な迫力をもつ一群のイメージを駆使して、たこを神学上の力をもつ存在にまで仕立てあげた。それは、依然として醜悪で悪意をもっているが、人間に魅力を感じている復讐者であって、大罪人でもある創造主の力に対抗して、苦痛の何であるかをこの創

ヴィクトル－ユゴーによる蛸のデッサン。

造主に思い知らせることができる存在なのである。

このように、何人かの地下水脈の発見者と三つの本の成功、すなわち、ミシュレ、ユゴー、ジュール＝ヴェルヌの本の成功のおかげで、新しい一つの空想物語が生まれ、広がっていった。途方もなく大きく、相手をかかえ込み、粘りつく海のクモの物語である。それは海にもぐる人を狙って待伏せし、血と肉を吸いとって空にしてしまう。この海のクモ、すなわち蛸は、ロマン主義文学の代表的な発明物といえる。このように、発生状態で、神話がとらえられることは珍しいことである。

ところで、この恐ろしいイメージは、その当時ここフランスで、どのような道筋をたどって受け入れられることができたのか。

まず、社会全体の感受性が急速に高まってきて、権威ある動物学の論文のなかの、いわゆる科学的な記述にまで影響を及ぼすようになった。これを天才的作家が利用した。彼はそこに、幻影的であると同時に現実的な雰囲気をつけ加えた（幻影的なものは、彼の気質からひき出したものであり、現実的なものは、亡命によってたまたま滞在することになった、サーク島やガーンジー島の海の動物から着想を得たものである）。科学的な記述は、ここで突如として、秘密を明かすものとしての魔術を獲得することになった。

『海底二万里』の成功が、残りの仕事を完成した。蛸は所属を変えた。新しい感覚がそう望んだからである。十七世紀末以来の暗黒小説は、この新しい感覚の最初の一つの現れであった。暗黒小説は、神秘や、恐怖や、幽霊や、正体不明の不吉な力に対する好みを一般化した。たこは、この大きな波のうねりによって運ばれていくにすぎない。それゆえに、たこだけが動物界でその恩恵に浴するのではない。コウモリについてのトゥスネルの気違いじみた冥想は、蛸についてのユゴーの論述に、どの点においてもひけをとるものではない。欠けているのはただ才能だけである。(29)

トゥスネルにおいては、あの無害な鳥が激しい破門の対象となり、次のようなものであるとして告発を受けるのである。

「奈落の底から現われた暗黒の霊。魔王の旗手。地獄に落ちる恐怖が、瀕死の男のまくらもとに立たせる、痩せ細った青白いまぼろし。黄昏《たそがれ》とともに墓場から立ち現われ、夜明けとともに消え去る、ぞっとするような笑いを浮かべた幽霊。鎌のついた槍《やり》を持ち、エレボスの国[30]の空を音もなく舞う骸骨」

他の多くの場合と同様に、この二つの場合にも、大聖堂に代わって新たに登場するものは廃墟であり、破壊された天守閣であり、幽霊である。すなわち、刺激をより強めた常に同種類の現象である。よりせまい絵画の分野においても、のちに同じことが起こっている。ギターとアルルカン[31]とが突然、大流行の寓意になる。それらは、ほとんど固定観念になるほど、いたるところで何度もくりかえして使われる。しかし明白な意味はもってはいない。事物のそれまで見落とされていた新しい面が、いわば、人目につくところで上下に動いて、一挙に特権的な位置を占めてしまったようなものである。

しかしとにかく、そのためには、対象がそのように変化することを必然的に運命づけるような、あるいは、もっと控え目にいえば、可能にするような有利な要素の結びつきが、あらかじめ存在していたにちがいないのである。

Ⅴ 「蛸のボズウェル」

ブライトン水族館に勤める博物学者ヘンリー－リーは、単に蛸のボズウェル[1]であるだけではない。彼の著作はすぐれた論争の書でもある。

その序文のなかで彼は、蛸に大衆の注意をひきつけたのは「ユゴー氏」であることを認めている。ほとんど大多数の水族館で蛸を見せるようになり、また蛸という名前が日常の会話のなかで使われるようになったのは、『海で働く人々』以後のことであると彼は述べている。彼は一章全体をジリヤットの冒険の要約にささげている。しかしこの著者の誤りを指摘するのにも、彼は別の一章を当てるのである。つけ加えて前触れしているように、蛸の経済的価値について扱った章は、詩人が提起した疑問に答えるために書かれたものである。詩人はいう。

「創造の創造自身に対する冒瀆であるとの動物に対して、どんな態度をとるべきなのか。……これは何の役に立つものなのか。何に使えるのか」

蛸はとりわけ非常に多くの人類の食料として役に立っている。これがリーの答えである。[2]

しかしながらリーが蛸に興味をもつようになったきっかけ、少なくとも間接的なきっかけが、ユゴーの小説であったということは、ありうることのようである。ともかく、彼が初めてこの頭足類を見たのは、小説が出版された一年後である。一八六七年の九月、ブーローニュ＝シュール＝メール水族館でのことである。どこのホテルへ行っても、客たちの食卓でのおきまりの話題は蛸であった――「悪魔の魚をご覧になりましたか」〔3〕。悪魔の魚 *devil-fish* というと大仰《おおぎょう》だが、実際はあわれな小悪魔 *imp* でしかなかった、と彼はいう。岩の穴のなかに隠れっぱなしで、見えるのは触腕がただ一本だけであった。それゆえに客たちは、水族館へ何度も様子を見にくるのであった。

一八七二年十月に、ウミザリガニのかごにかかったたこを、リーは初めてブライトンにとりいれる。町じゅう、たいへんな喜びようで、たこのいない水族館はその名に値しない、などと噂をしあう。見物人は続々とつめかけ、順番を待つ。たこは彼らを、文字どおり「じらして苦しめる」〔4〕のである。というのは、隠れている小さな穴からなかなか出てこないのだからである。たこを小サメ *scyllium stellare* と同じ水槽に移したことが、不幸な結果を生む。一八七三年一月七日、小サメの胃の中から、たこはそっくりそのまま見つかるのである。

地方紙がこの悲劇を興奮した言葉で伝える。リーが憂鬱な調子でつけ加えているところによると、この事件があったしばらくのちに、子供たちがブライトンの通りをたこの死骸を引きずっていくのを彼は見たことがあるそうである。しかしこのときには、だれもそれに注意するものはいなかった。二ヵ月のあいだ、珍しい魚がほかにもいたにかかわらず、水族館を訪れる人はなくなった。群衆がようやくもどって来たのは三月一日になってである。新しい蛸がお目見えしたのである。それから、流行が去った〔5〕。

この間にリーは蛸の観察記録を『タイムズ』誌と『陸と水』誌に発表する。リーは読者からたくさんの手紙を受け取る。いずれもリーに、フランスの小説家の記述が正しいのか間違っているのかを明らかにしてくれるように求めた手紙である。彼が、「ユゴー氏のメロドラマ風の巧妙な誇張」をふるいにかけようと決心するのは、このときである。蛸の習性と生理学が、実際の場合と、この動物を有名にした作家の場合とでは、どのように違っているのか。彼はこの比較分析をその書物につけ加える(6)。

それゆえにリーの書物の少なくとも一部分は、大衆がユゴーの作品に追随してたこに対していだくようになった関心から生まれたものであることは確かなのである。ユゴーとは対照的に、博物学者のほうは寛大である。彼はたこに対して一種の愛情をいだいている。彼は、たこを、いたずらで移り気な子供として描く。害をすることはほとんどないのだから、悪い癖がいくつかあったとしても、いちいち根にもつことはない、というのである。

まず第一に、蛸の腕は他の生物をとりこめたり、まして窒息させたりするためのものではない。吸盤は犠牲者の血を吸うのには役立たず、ただつかまえておくのに使われるだけである。吸盤はけっして吸管ではない。皮膚に穴をあけはしないし、血を吸い出しもしない。その機能は真空をつくって、もっぱら吸いつくだけのものである。軟骨ようのものであるから、簡単にひき離すことができる。そのかわりにリーは、吸盤の数をユゴーが考えていたよりはるかに多くふやしている。腕一本につき二四〇、すなわち全部で一九二〇である。小説家が認めていたのは四〇〇であった。リーは、「逆向きの空気銃の完全な鍵盤(7)」という奇妙な定義を触腕に与えている。吸盤に彼自身の腕を吸わせたが、ほとんど見えないくらいの、小さな赤いあとが残っただけだとリーは断言している。

最後に、蛸は空で、なかには何もないというユゴーによって述べられた説を、彼は、内容に触れることさえもなく、頭からはねつけている。じつのところ、これはとっぴな説で、ユゴー自身の言葉によれば、「蛸の八本の触腕は、手袋の指のように、内側から外側へ裏返しにできる(8)」というのである。

コウイカとヤリイカは、見張り人のタイプではなく、泳ぎ手のタイプである。すなわち、泳いで、追いついて、えさの動物をとらえる。これに反して蛸は、隠れ場のなかにじっとうずくまっていて、三ないし四本の腕だけを外に出して、静かにうねらせている。近づいて来たえさが、一歩なかへ踏み込みすぎたとき、待ちかまえていた腕がそれを捕える。(9)甲殻類をとらえると、蛸は、この殻をくちばしで砕く。この行為そのものは、ネコがネズミをかりかりとかんで食べているのとあまり違わない、とこの観察者は断言する。しかしながら捕食者の形、色、身ごなしが、この光景をより醜悪に見せるのだということは認めている。

たこの本当の武器は、オウムやカメのくちばしと同じく角質の、そのくちばしである。蛸を吸盤に還元してしまおうとする固定観念にとりつかれていたユゴーは、くちばしの存在までも否定している。ユゴーの誤りを指摘しようと企てているリーが、このことに気づかなかったのは驚くべきことである。他の動物にはあるが蛸にはない武器を列挙しているところで、ユゴーは、明白な事実を無視して、次のように断言しているのである。「ヒゲワシはくちばしをもつが、蛸はくちばしを持たない」(10)

しかしながら蛸のくちばしのことは、キュヴィエとその後継者たちが、ユゴーよりまえにすでに書いていた。また、ユゴーも利用したかもしれない当時普及していた動物学の書物のなかには、図までは出ていないにしても、必ず記載はされているのである。

リーは、ブライトンで飼っていた蛸に、自分をかませようといろいろ試みたという。しかし、成功しなかった。蛸たちはそれほど感情が繊細で、性質が温和であった。

彼は、蛸が速く泳ぐことを知っている。蛸はロケットの原理にしたがって、水を強く噴射して後方に進んで行く。

彼はまた、ダーウィンにつづいて、蛸の色彩の擬態《ぎたい》について力説している。それはカメレオンの擬態よりもいっそう見事なものである。蛸が、人間のように、疲れているときは青白く、怒ったりいらいらしたりしているときは赤くなることも、彼は見落とすことなく観察している。蛸は燐光を発する、とユゴーは確信している。リーは見なかった。しかしこの点については、この現象に言及しているダーウィンの権威にリーは従っている。

彼はたこの大きさと力の強さを丹念に調べている。彼がブライトンで手に入れることができるたこは、すべて目立たない大きさである。しかし地中海には、腕の先から先まで三メートルに達するものがいるという説は、認めている。彼の友人ジェイムズ＝キースト＝ロードや、他の博物学者たちの証言にもとづいて、ヴァンクーヴァの近くのブリティッシュ＝コロンビアの海岸地方には、ひろげた触腕が五ピエ、すなわち約一・五メートルもあるたこがいるという説も、本当だと考えている。

この大だこの漁をするインディアンたちの行動は、慎重である。というのは、乗っているカヌーがひっくり返されることがあるからである。しかし周知のとおりカヌー自体が非常に不安定な小舟であるから、これは必ずしもたこのせいとはかぎらないと著者は指摘している。

それゆえに、ジリヤットが戦った蛸にユゴーが与えている大きさ自体については、リーは反対していない。ただ、イギリス海峡にこの大きさの蛸がいるというのは疑問だとしているのである。したがって「大げさで独断的」(11)なのは、個々の内容であるよりも、むしろ詩人の修辞法だと彼は考える。

もっとよくわかる例をあげれば、たこが泳いでいる人を海のなかにひき込み、あるいはつかまえたまま離さず、彼が水面に出ようとするのを邪魔するということは、可能性としてはありうる。リーはそれを否定しない。しかしこのことが実際に起こるのは、近くに岩があって、そこにたこが吸盤を固定しうる場合に限られる。少なくともこれが、数少ない知っているかぎりの事故の例から彼がひき出す結論である。

サムピェアダレイナで一人の漁師が、ジブラルタルで一人の水夫が、たこにおぼれさせられたのは、このようにしてであった。これに反してニューサム少佐の場合は、一八五七年に、アフリカの東海岸、喜望峰から九〇〇マイルのところで、三〇ポンドもある蛸につかまったが、命拾いをした。まわりに岩などがないところで攻撃を受けたのだからである。[12] ともかく、この動物には悪意はない。性質はおとなしい。ただ、自分の行動範囲のなかで動くものがあると、本能的衝動にかられて、何でもとっさにつかんでしまうのである。

要するにリーがいいたいのは次のことである。蛸は、あるいは危険な動物なのかもしれない。しかしそれは非常に例外的にであって、故意にではけっしてない。蛸は生れつきの好奇心に忠実なのである。この感情は、むしろ称賛されてしかるべきものである。それゆえにリーは、外科医トマス－ビールがその著書『マッコウクジラ物語』のなかで語っているような冒険談の価値は認めていない。この冒険談は、蛸のいわゆる凶暴さを明るみに出すことをねらったものである。

南太平洋の小笠原諸島の海岸で、貝を拾っていたとき、この外科医はたこを見つけた。彼はたこを岩からひき離そうとして乱暴にゆさぶったが、成功しなかった。このとき、こんどはたこのほうが彼にとりついて、かもうとしたというのである。ビールは助けを求めた。船長はナイフで突いて、この敵を取り除いた。しかしながら、このたこの大きさは、触腕をのばして一メートル余りしかなく、体はいっぱいに広げた手のひらほどであった。

このような話には誇張と底意がある、とリーは考える。たこがかもうとする、などということがあるとはリーには思えないのである。とにかく、このあわれな動物をずたずたに切るという残酷な行為はまったく無用のことであった。とりついているのをゆるめさせるには、首を強くつかんでやれば十分であった。

アリストテレスはこのことをすでに知っていた。また、地中海の漁師たちはだれでも実行している。

恐怖と嫌悪がビール氏の判断力を盲目にしてしまったのであろう(13)。この事情をくみとって、リーはようやく彼を許してやるのである。蛸はまたしても中傷されたのである。ユゴーからの攻撃はうけなかったが、たこを弁護することがむずかしく見える点もいくつかある。たとえば、傷つけられた蛸の腕は、トカゲの尾やカニのはさみとまったく同じように、ふたたび生えてくると信じられている。しかしながらトカゲやカニのように、すでに捕食者によってつかまえられた体の部分を任意に分割する能力を蛸はもっていない。甲殻類の場合には、所有主の体とつながっている関節のところできり離すのであれば、そこから先の手足を自由に捨て去ることができる。手足が完全に再生するには、このことが必要な条件となっている。関節で切れなかったときは、所有主は血を失って死ぬ。蛸の場合には、触腕はどの部分で切れても差支えない。しかし傷ついた腕は、多かれ少なかれ切り株の状態で残ることになる。

古代ギリシア－ローマ人たちは、この不完全な腕を見て、たこは自分自身を食べるのだと想像した。アリストテレスはそれを否定したが、オッピアノスが伝説を復活させた。彼は蛸をクマとくらべてさえいる。クマは冬眠中、自分の手のひらをなめて、自分の内部から栄養物を得ている(14)。

蛸の腕を食べているのは、実際は、大きな魚とクジラ目の動物とである。とくにアナゴは、蛸と同じように岩の多いところに住み、この犠牲者がその小さな隠れ場から外に出してゆらゆらさせている触腕を、格好のえさとして食べる。これを確認する実験が、ルアーヴル水族館でおこなわれた。ブライトン水族館でも、この実験をやってみるようにすすめられるが、リーはこれを断わる。彼は自分の下宿人たちを、その敵の猛烈な食欲に引き渡すことを望まない。彼は死んだたこをアナゴに与える。

ほかの蛸に腕をちぎられるということも同様に起こる。最もよく争いが生じるのは、なわ張り争いのときである。たとえば、いけすに新しい下宿人を一匹ふやす。すると、古くから場所を占めていたものたちは、これを攻撃し、腕を一本ないし数本もぎとってしまう。さらに、アリストテレスやA－ドルビニが何と主張していようと、たこは仲間を食う。リーは、ブライトンとパリのフォブール－モンマルトルの水族館とでそれを確かめている。この水族館では、一八六七年に、二匹のたこが戦った。勝ったほうは完全に他を食い尽くしてしまった。

それ以来、たくさんの例が報告されている。このなかには、自然のままの状態でのたこの例も含まれている。フランク－W－レインは、その論文のなかにいくつかを列挙しているが、とくに、ドナルド－シムプソンによって一つのいけすに入れられた五匹の蛸の例を、詳しくとりあげている。一週間たたないうちに五匹のうちの二匹が他の三匹を食べてしまった。ついで、四番目の蛸が最後の蛸の犠牲になった。[15]

自分を食う習性については、二十世紀の初めに、サルヴァトーレ－ロウ－ビアンコが新たに問題を提起した。彼はナポリ生物学研究所でそれを目撃したというのである。*Eledone*《エレドーン》 *Moschata*《モスカータ》[16]の種類に属するたこが自分の腕を五本食べるのを彼は見た。彼はこの行為を死の苦しみの前兆であると解釈した。[17]

しかしJ－ウェルズによれば、問題のたこは、他の動物によってすでに傷害を受けているたこなのであった。食いちぎられた触腕の神経はもはや反応しなくなっていた。自分を食べたといっても、皮がとれたところだけをかじったにすぎない。[18]それゆえにこの例は、絶対的な証拠にはなりえない。仲間を食うことは確かだとしても、自分自身を食うことは依然として疑わしい。

もっと議論の少ない問題にもどろう。蛸の異常な力の強さについては、異議をさしはさむ余地がないように見える。蛸は非常に重い物体を移動させることができる。リーの証言を引用するだけにとどめるが、彼が報告しているところによれば、ブライトンで、それほど大きくない蛸が、二〇から二五キロもある石を動かしたことがあるという。もう一匹の蛸は、自分が入れられているいけすの穴をふさいでいる重い栓を持ち上げるのに成功した。このようにしてこの蛸は、「ガザのサムソンのごとく」、自分自身およびいっしょに捕えられている仲間たちの死を招いた[19]。漁師たちのなかには、仲間の一人にとりついたたこをひき離すのに何人もでかからねばならなかった経験をもつものが少なくない。なお、蛸の力が科学的に測定されるようになるのは、ずっとのちのことでしかない。古代ギリシア－ローマ人たちは、たこが容易に水からぬけ出して、路上で出会う障害物を苦もなく乗り越えていくことに、すでに気づいていた。リーはこの種の手柄話をとりあげるのに熱心である。彼の水族館のある蛸は、夜になると、隣りの水槽へ魚を食べに行っていたと彼は語っている。魚がいなくなっていくのだが、何の奇跡によってなのか、だれにもわからなかった。というのは、この食いしん坊は盗みのあとを、少しも残していなかったからである。

ところでリーは、最初、この逸話を『陸と水』誌に探偵小説的謎として書いた。すると別の雑誌『ファン[20]』が、この話について、おどけた詩を発表した。この詩を、博物学者はその論文のなかに忘れずに「もれなく」再録している。

このような本筋に属さないこまごましたことを私がとりあげたのは、たこによってかき立てられた大衆の関心の特徴を、それらがよく示していると思うからである。この信じられないほど強い関心が、ユゴーが初めて大衆にたこをあばいたのち、数年間にわたって続いたのである。大衆はそれまでたこを知らなかった。世論は、とまどいかつむさぼるような目で、この未知の動物を見つめた。そのころにはすでに、ロマン主義文学から生まれた新しい感受性が世論に浸透し、この動物の胸の悪くなるような外見に、世論を夢中にならせる下地をつくり終えていた。蛸はちょうどよいときにやって来たのである。蛸はもはや装飾用の動物として見られることはない。

蛸の地上を移動する能力を証明するために、リーはまた別の話を同様に伝えているが、同じ熱狂を示すもう一つの指標となりうるものである。リーは自宅へ蛸を一匹持って帰っていた。蛹は広いガラス器のなかを思いのままに動きまわっていた。リーはこの蛸を、「文学的でしかも科学的な」友人たちに見せるつもりであった。彼らは、だれもが噂をしているこの動物と近づきになりたいという好奇心をもっていた。彼らがやって来たとき、蛸は牢獄からぬけ出して、テーブルを降り、すでに客間の反対側のはしにいたという。[21]地方の一流の人たちが蛸を見るためにわざわざ出向いてきていたという点に、注意をとめていただきたい。

ヘンリー=リーは、家のなかでのこれらの成功例だけでは満足しない。個人的に寄せられた情報にもとづいてリーが確信している、徒歩競走の分野で蛸がなしとげた壮挙には、はるかに驚くべきものがある。たとえば、リンネ協会のブリスコー=オウエン博士は、一八四三年にトレス海峡の入江で、小さなたこを見つけて追いかけたが、逃げられてしまったという。また、ある士官は、一八六八年にバミューダ諸島で、一方が他方を追って、二匹のたこが地上を行くのに出会ったが、その速さに驚いて唖然《あぜん》としたという。大きなたこであったら、それを捕えるには、大人でも走らねばならないだろうと思う、とこの士官は述べている。

この動物の体の構造、およびその本質的にぶよぶよした性質を考える場合、このような速さはほとんど不可解なものだとリーは説明する。リー自身がこんどは、自分がユゴーに向かって非難している大げさな言葉さえ使って、哲学を試みるのである。彼はこうしてたこの来歴と、ハムレットのホレイショーへのあの有名な答えにもとづく一章を終える――「ホレイショー、この天地のあいだには……」[22]。

たこの醜悪さこそ、まさしく、たこが現に行使している突然の魅力の原因であった。しかしブライトンのこの無邪気な観察者は、漠然としか、けっしてこのことを感じとりはしなかった。たこが負わされるにいたった、悪に長《た》けた残忍をきわめる性質をもつという中傷から、その無罪をかちとってやったとしても、たこの名誉のためには何の役にも立たない。しかしリーはそれを理解しなかった。それにもかかわらず、その彼が、たこが残忍そうな様子をすることがありうると認めることが、起こるのである。ただし、追いつめられて自分の身を守ろうとしているときに限られる。這《は》うところをよく観察するために、ぬれたタイルの床の上に、腕のちぎれたたこを置いたときのことを、リーは次のように書いている。

「腕を動かし、体を引きずりながら、蛸は逃げ出す。腕の古い切り株についている当座しのぎの歩行装置を、蛸は最大限に利用する。そうしながら、小さな突起の上にのっている蛸の鋭い目は、まわりをこっそりと盗み見ている。迫害者たちのあまりにうるさい感嘆をのがれるために、蛸は斜めに進む。同時にその一方で、心配そうな、半ば怯え半ば挑むような視線を、後ろのほうへ投げかける。この様子は、暗がりのなかで不安にかられ、幽霊に追いかけられていると思いこんでいる小学生と同じである」

このようにして殉教の苦しみに会う不具でさえある蛸は、拷問者である人間たちの感嘆をさらによび起こすのである。幽霊を恐れる子供との比較は、たこに読者の同情をひくための、リーのお気に入りの奥の手の一つが出たものである。すなわち、たこを人間化し、人間化の過程で、その罪の弁護をしてやるのである。いくつかの例をあげてみよう。

最初の例は、最も当たりさわりのない、蛸の脱皮に関するものである。しかしながら、蛸が脱皮というような現象から最も縁遠く見える存在であることは確かである。吸盤の表皮が、岩などのでこぼこした面でこすれてすり減ると、一般の動物が成長するときと同じように、新しいものにかわる。リーはこれを蛸の脱皮だといっているのである。リーはこのたこを、皮全体をそっくりとりかえるヘビや、殻をとりかえる甲殻類とくらべるだけでなく、いっそう奇妙な比較だが、靴をとりかえねばならない子供とくらべる。彼はいう。

「たこはそのときに靴全体を捨てることもあるし、単に靴底だけのこともある。ときには皮の大部分を脱ぎかえることもある。体をこすりあわせて脱いでいくのだが、ちょうど目に見えない石鹸《せっけん》で手を洗っているかのようである。この運動は、性的興奮をあらわす身ぶりだと、これまで誤って解釈されてきた」

これら二つの比喩は、おもしろいことはおもしろい。しかしここにとりあげる価値があると判断した理由は、あくまでも別のところにある。すなわち、たこと人間の同一化を有利にしようとねらっているやり口にそれらがよく一致していることを指摘しておくためである。この同一化はますます巧妙に仕組まれ、ますます油断のならないものになっていく。

メスの蛸は、産卵を終えるとすぐ、大急ぎで生きたカキ貝の囲いを積み上げ、その後ろに閉じこもる。彼女はこの間に合わせの城壁の上に腕を出して、絶えず行ったり来たりさせる。これは侵入者を避難所へ近づけないためであるが、この侵入者のなかには、彼女を受胎させた夫の蛸も含まれている。彼は以後きびしく遠ざけられることになる。リーがこの場面をどのように描いているかを次に引用する。ディエプ生れのメスと、メヴァジッセでつかまったオスとのあいだに生まれた、双方の熱烈な一目ぼれの愛の結果として、ブライトンで一八七三年六月に、リーが初めて観察したものである。

激しい求愛がおこなわれ、それはすぐに報いられた。しかし、抱卵のときが来ると、すべてが変わった。母親は隠れ場のなかにひきこもってしまった。いまや彼女は夫を見捨て、つれなく遠ざける。

「妻の耳にやさしい言葉をささやこうとして、あるいは、生まれたばかりの子供たちをながめて、父親としての誇りにひたろうとして、夫は思いきって近づいていくのだが、夫人のほうはそのつど、脅すような様子をして動き出し、頭が柵を越えるところまで、ゆっくりと立ちあがるのであった。皮の色素の小胞が一瞬のうちに広がって、体の表面全体に怒りを表わすくすんだ赤色を生じさせた。上の腕二本が繰り出されて、侵入者のところまで、長さいっぱいのびていった。自尊心をひどく傷つけられ、鼻の先であしらわれ、かわいい子供をだましとられた哀れなこの父親は、（子供は母親のものであるのとまったく同じだけ父親のものでもあるのに）恐ろしい接触からいつも同じようにのがれ、悲しいふさぎ込んだ様子でひき下がっていった。短くはかない頭足類の結婚の幸福について、おそらく静かに考えてみるためであろう。仲間たちはすべて、彼の機嫌のよくないことを知っていて、彼の通り道から離れるよう気をつけていた。彼が近づくのを見ると、彼らは腕を全部一直線にそろえ、頭を先にして、水槽の反対側まで急いで泳いで遠ざかっていった」

たしかにこれは人を感動させる描写である。つづいてリーは、やさしく卵に心をくばる若い母親の姿を描き出す。卵というのは、ブドウのふさ状に集まった、米つぶのようなものである。その数は一回の産卵につき四万から五万である。この卵を彼女は、情愛をこめてなでさすり、あおいで冷やし、ほとんどそのそばを離れず、したがって食物をさがしにも行かないほどである。それゆえにアリストテレスは、蛸はこの期間中食物をとらないと主張したのである。少なくとも彼女は、惜しげもなく注ぐ不断の心づかいによって、痩せ衰え、やつれてしまう。極度の疲労から死ぬものもある。*Eledone*《エレドーン》〔23〕の種類に属する蛸の場合、ほとんどこうして死ぬ。ピエルス－ワレリアーヌスがこの事実にすでに強い印象をうけていたということを思い出していただきたい〔24〕。彼はこれを見て、たこは母親を殺す、と信じたのである。

卵から出て来たばかりの小さなたこは、大人のたこにほとんど似ていない。その腕は非常に短く、円錐《えんすい》形のいぼのように縮こまっている。むしろ微小なコウイカと見間違われるかもしれない。とくに、その習性は、すでに一人前になっている蛸の習性と異なる。コウイカとちょうどまったく同じように、この小さなたこは光を求め、好んで水面の近くを泳ぐ。彼は騒ぐことが好きだ。彼はあきることなく戯れ、はねまわる。ここでもまたリーの描写の重点は「人間化」におかれている。この生まれたばかりのかわいいたこを人間化するのではない。彼にはその必要はない。秘密好きで貪欲な、隠れ場をほとんど離れず、いつもそこで待伏せしている大人の蛸を、人間化するのである。利用されるのは、シェイクスピアではなく、こんどはディケンズである。

「若いか、年をとっているかによって、蛸の生活様式は、こんなにも対照的にはっきりと違う。子供の蛸の楽しそうで活発な動きを観察したのち、渋色の皮をしたその父親の、陰険な、こそこそした態度をあらためて確認したとき、私はこの父親の蛸を、『オリヴァー・トゥイスト』に出てくる年とった盗賊の頭目と比べてみずにはおれなかった。ユダヤ人フェイギンの人生に、彼が無邪気でいたずらっ子であった時期、もろもろの罪をあばく太陽の光を無上の喜びとして戯れ、跳び、走り、踊っていた時期は、まったく一時もなかったのであろうか。いまは昔のことだ。この時期が去ったのち、昼の光は彼にはいとうべきものとなった。彼はそれを危険なものとして避けはじめ、洞窟のなかに隠れて暮らすようになった。一方、彼のスパイたちが彼にかわって、ちょうど年とった蛸の触腕とまったく同じように、雇主のために獲物を求めて外へ出かけていくのである」

他方、深みにうずくまっている蛸と対照的なものとして、リーが好んであげるものは、光と自由な水を愛するコウイカである。リーはコウイカをコマンチ族の見張り番とくらべている。小さな椅子にすわったままのこの見張り番は、動かずにじっとしているが、その位置している高いやぐらの頂上から、獲物をさがして、大草原地帯の広がりをはるかに見渡している。しかし、この比較は適切でない。コウイカは獲物を襲う荒々しい種類の動物ではまったくない。その反対だからである。[25]

リーのすべての努力は、蛸を人間に近づけることに向けられている。そう断言することができる。蛸はイヌ、ネコ、あるいはウマと同じほど、一匹一匹が個性的であるとリーはどこかで主張している。それゆえに、ある蛸に対して特別の愛情をいだくということも、けっして理解できないことではないと彼はいう。ドニ＝モンフォール、ミシュレ、ユゴー、あるいはロートレアモンは、これとは反対に、単に蛸を人間に反抗させただけではなく、動物界や、さらには宇宙全体のなかでさえも孤立させ、ついには悪の根源で、神の敵対者、あるいはその過失、というべき怪物にまで仕立てあげた。

この対照は絶対的である。リーの証言が非常に興味深いのはこの対照のゆえである。しかしながらリーがもたらしたものはユゴーに対する抗議だけではない。彼が提出した、蛸のすべてにわたるまとまった観察記録は、それとはまったく別の独立の価値をもつものである。これは博物学者の、したがって職業的な著作である。しかし、単に学術的・技術的なものであるだけではない。この書物のなかにはまた、蛸への同情と、ある場合には共感が、一貫して表現されている。リーはこの専門的な書物を、専門家を対象にしては書かなかった。彼が説得しようと望んだのは一般の大衆であった。彼の研究の非常に独創的な文体の調子は、ここから来たものである。単純すぎるところもないではないが、それはいささかもこの研究の科学的価値を下げるものではない。この点でもまた、ヘンリー・リーは、「蛸のボズウェル」という、そのあだ名にふさわしい人であるといえる。

VI　日本における蛸

これまでもっぱらたどってきたのは、ヨーロッパ人の想像のなかに描かれたたこの像の変化のあとである。

最初、たこは、食べものと考えられていて、危険なものとは思われていなかった。その動物が驚くべき魅惑力をもった怪物に変身し、突如として大げさな恐怖をもよおさせるものとなる。私はとくにこの点を強調しておいた。

この変化は比較的短期間に、非常に限られた地域内で起こった。それはまさに、たこがよく知られていない、ともかくあまり親しまれていない地域である。よく知らないということは、たしかに、空想がわき道にそれるのに好都合な条件である。初めにその種子をまいたのは、発行部数の非常に多い二、三冊の書物であった。これは驚くべきことである。

しかしながらこの幻覚が、それを支える本体とはかくも不釣合いな運命に偶然出会うことになった背景には、当然、それなりの理由があったはずなのである。すなわち、この動物自体のなかにすでに、ひろく想像力に訴えて異常な効果を及ぼしうる何らかの要素が、含まれていたのにちがいないのである。しかもこの傾向は、普遍的なものであるから、たこを見なれている地方では、平凡な現実が常軌を逸した夢想を絶えずうち消しているのにかかわらず、そのような地方においてさえ、同じ要素が認められるにちがいないのである。

地中海の外の世界での例としては、あまり正確なものとはいえないが、たこを描いたデッサン、絵、あるいは彫刻模様の装飾のある、コロンブスの発見以前の時代のペルーのつぼのことを、J‐シュニアが伝えている。このたこは人間の様子をしていて、遠くからながめた場合にのみ動物の姿に見えるという。彼は同様に、一方でサモア諸島の宇宙発生の物語を、他方でポリネシアの伝説をとりあげている。

サモア諸島の物語によると、一匹の蛸が太初の絶壁から現われて、まず火と水を、次にその袋を割って海をつくり出したという。

ポリネシアの伝説では、怪物が、初めは口をいっぱいにあけた途方もない大きさの貝の姿で、次には巨大な蛸に形を変えて、最後にクジラになって現われる。このクジラの口のなかに英雄ナガナオアが敢然ととび込んでいく[1]。

この程度の大まかな資料からでは、どんな有益な教訓もひき出すことは困難だが、ただ、蛸に出会った場合、ほとんどどこにおいてでも、蛸が人間の注意をひきとめたということだけはわかる。

これに反して極東には、より正確なたこに関する資料がある。日本人の実生活と想像のなかで、たこは重要な役割を演じている。十九世紀にすでに、アルシド‐ドルビニは、当時の百科事典であった『本草綱目』[2][3]のなかの「たこ」の項の記事を、スタニスラス‐ジュリアンに翻訳してもらって読んでいる。この記事のなかには、アリストテレスからオッピアノスにいたるまでの古代ギリシア‐ローマ人が信じていたことと一致している点がいくつもある、と彼は指摘している。

たこは食用に適する。とくに若いたこはそうである。年とっている場合は、しなやかな棒でたたいてから煮るとよい[4]。ゲッケイジュの葉などの芳香性の植物を使うかわりに、日本では、ショウガと酢で味をつけている[5]。触腕の長さが三ないし六メートルにも達する大きなたこもいるといわれている。このような大だこの場合には、イヌ、サル、あるいは人間さえも触腕でつかみ、非業の死をとげさせることもありうると考えられている[6]。漁師たちがこの大だこを殺そうとしても、なかなか死なないことがある。しかし、二つの目のあいだを打てばすぐ殺すことができるのである。たこは地上をよく歩きまわることがあると信じられている[7]。飢えたときには、自分自身の腕を食う。腕が五、六本しかないたこを見かけることがあるのは、そのためである。ヘビが海にはいって、そこで一つに混ぜあわされたようになって出来たのがたこだ、という説もある[8]。これなどはさらにいっそう日本独自のものである。歩くとき、たこは八本の足で体を支えて、まっすぐに進む[9]。

病気をなおす仏である薬師如来をまつったお寺[10]には、今日でもなお、たこを描いた絵馬を、信者たちが奉納する習わしが残っている。彼らはこのようにして、仏が彼らのいぼ（おそらくたこの吸盤と同一視されているのであろう）を取り除いてくれたことを感謝するのである。一般的にいって、蛸は奇妙なほど人間化されているように見える。喜びを振りまくとまではいわないが、愉快な、ぶしつけとまではいわないが、ふざけることが好きな人物の特徴を与えられて、蛸は表現されている。手ぬぐいで頭にはち巻きをして、横で結ぶという庶民的な格好をしている。扇子であおいだり、小さな日傘をさしたりしているが、必要があってそうしているのではなく、気取っているのである[11]。触腕で立って、体を左右に動かし、愛嬌をふりまく。酒場や料理店の看板によく使われている。

看板に使われている蛸は、すわっている場合でも立っている場合でも、一本の腕には酒の徳利《とっくり》、もう一本の腕には肴《さかな》を持っている。蛸は陽気さおよび酒の酔いの観念と結びつけられているのである。

たこは同様に、新聞・雑誌の続き漫画にも姿を現わし、不器用で、赤面している主人公として描かれている。他人のために力を貸そうという気になるのだが、間違ったことをひとり合点するし、とくにやることなすこと大失策ばかり、破局をひき起こすことしかできないのである。

坊主の剃《そ》った頭と、この動物の頭巾《ずきん》が似ている結果、たこはときに「蛸入道」（蛸の坊主）と呼ばれることがある。また同様に、蛸の頭巾は、尊者福禄寿の度はずれに長い、すべすべした頭の代用品として使われることもある。[12] 福禄寿とは七福神の一人で、とくに長寿を象徴し、ときには老子と同一視されている神である。

これらのさまざまな表現からまったく自然に浮かび上がってくるのは、半ば人間、半ばたこという雑種の生物のイメージである。[13]

長崎のある公園では、立札に描かれた蛸が、よごれた紙やくだものの皮やあきかんなどを、くずかごに捨てて、子供たちによいお手本を示している。人間に親しみと好意をもった、このような蛸の活動の例は、まだいくらでもあげることができるだろうと思う。通俗的な陶器の置物類において、蛸が海の動物の代表として、川の精であるカエルのカッパと結びつけて扱われていることがよくあるのは、この人間化された資格によってである。

しかしこのような取扱いは比較的最近のものでないかと推測されるいくつかの証拠がある。十八世紀の工芸品や絵に現われる蛸は、よりまじめで、愉快なものでないことも少なくない。この蛸は子供たちをこわがらせる。それは寺の番人になっている。また、田畑を歩きまわり、芋を食いあらし、不意に姿を現わして農民たちを恐怖におとしいれる。[14] 蛸を好んで攻撃的で威圧的なものとして表現しているのである。[15]

しかしながら絹や漆器や印籠《いんろう》の装飾に、海の動物にまじって蛸が描かれている場合、蛸がそこではたしている役割は、カニや魚と対等のものである。これは古代ローマのモザイクにおける場合とまったく同じである。ある青銅のつぼの首には、火の燃え上がるような形に腕をひろげた蛸が、丸く浮彫りにされている。絵によく描かれているのは、待伏せしているところである。根付けと置物にとりあげられている蛸は、現実の動物であるよりも、何か民間伝承の主人公であることが多い。

よく見るのは、サルといっしょにいたり、半ば怯え半ばうっとりした女を抱きしめたり、つぼから出ようとしたり、漁師と争ったりしている蛸である。これらはいずれも風習や、民間の信仰や、あるいは物語にもとづくものである。彫刻家によって頭が動くようにつくられた、つぼから出ようとしている蛸、あるいは、もう一匹の小さな蛸はすでにつぼのなかにはいってしまったのだが、その入口によりかかり、一本の腕を裏返して頭の上にあて、考えこんでいる蛸は、蛸の一般的な漁獲法を暗示している。すなわち、つぼを水に沈めておき、そこに避難してくる蛸を捕えるのである。漁師との格闘は有王丸の物語から来たものである。

有王丸は、その主人である僧俊寛（非常に有名な「能」の主人公）の脚のまわりに巻きついたたこを取り除く。[16] 海の王龍神の医者である婿は、サルの肝《きも》を必要とした。蛸はサルをつかまえる。しかしサルは、肝はあいにく木のこずえの上に置いてきたと説明する。それをとりに行くという口実を使って、サルは逃げてしまう。たこがサルにしがみついて、懸命にひきとめようとしているところを扱った作品が多い[17]のは、このためである。

ある根付けが表現しているたこは、立っていて、一種の外套を着ている。このたこは、足もとにうずまっている、手飼いの動物を脅すのに熱中している。[18] マサセイカ（一八五〇年ごろの人）という署名のある、これらの小装飾品の一つは、エロチックな着想からつくられたもので、一匹のメスのサルを蛸が抱きすくめ、一本の触腕でその陰門の付近をいじっているさまを刻んでいる。(19) というのも、たこが一般に好色だと思われているからである。

たこはとくに若い海女を狙ってつきまとう。彼女たちは海にもぐって「アワビ」をとっている。螺鈿《らでん》をとる貝である。たこは海女が眠っているところをつかまえて、海のなかに引きずり込んだのち、吸盤のついた八本の腕と軟骨様の漏斗《じょうご》とで、彼女たちをなでさするのだといわれている。この漏斗はたこが水を噴出して進むのに使うものだが、日本人たちはこれを、たこの一種の口にしてしまっている。まったく奇妙な発明だが、彼らがたこに与えている人間的な顔を完成する必要から、おそらく生まれた工夫であろう。(20) 誘惑しようとしている蛸と若い娘が争っている場面を、根付けがよくとりあげているのは、この理由からである。(21) ある根付けでは、巨大なアワビの貝殻の上で海女が眠っている。下では、たこがすでに触腕をひろげて、行動を起こす時を待っている。

それほど多くはないが、たこが植物と結びつけられている例もある。貞二は、色どめした赤い陶器で、桐の木の上にのぼっているたこを作った。(22)

もう一人の根付けの彫刻家、正英(23)（十八世紀後半の人）は、僧が説法にたずさえる棒（如意棒）の主題に、たこを選んだ。たこと一株のハスとが、たがいにからみあった構図になっている。たこの頭巾は大きく細長く引きのばされているが、これは先に述べたのとは逆の置き換えで、こんどはたこが、尊者福禄寿の頭の形を借用しているのである。たこの頭巾が、この権威のしるしの上端部を構成している。反対側のはしから、神聖な植物の葉の長い柄が立ち上がっている。たこの二本の腕は上に持ち上げられ、頭巾の球状の目の上のところで結びあわされている。他の腕はまっすぐにのばされ、植物といりまじっている。(24) これらが全体として、何かの意味を託したものであることは疑いえないであろう。海の動物と淡水の植物の共同生活は、普通ではほとんど考えつかないものだからである。この芸術家がほのめかそうとしていたのは、おそらく、二つの相反する環境のあいだの釣合い、ということであったのであろう。あるいは、こちらのほうがよりありうるように思われるが、寛容と残忍とのあいだの、官能の安らぎと肉欲の罪とのあいだの、対比であったかもしれない。

画家および書家として有名な仙厓《せんがい》（一七五〇―一八三七年）は、九州博多の聖福寺、すなわち、日本で建立された最初の「禅」の寺の、百三代目の管長である。しかし彼は、陶器をつくるときは、好んで厳格な伝統的教義を離れ、ほとんど冒瀆的なまでに、いろいろなものをもじった芸術を楽しんだ。その作品のなかに、蛸をかたどった容器がある。この蛸は、暗い欲望に心をかき乱され、でこぼこにゆがんだ頭をし、顔をしかめている。吸盤の目立つ、解きほぐせないほどもつれあった触腕が、このつぼの丸くふくれた胴の部分を形づくっている[25]。

東京の赤坂に、イナリを祭った小さな社《やしろ》がある[26]。イナリとは神になった動物のことをいうのだそうで[27]、ここでは、霊が宿ったと称する普通のネコを神体にしている。この社に信者に告げる次のような掲示があるーー「この神さまにお願いをする方は、たこを召し上がってはなりません」。今回は食物のタブーとい

正英作の如意棒根付け

酔っぱらいのたこ

う形でだが、蛸はふたたび不浄の動物として姿を現わすのである。[28]

大坂城には巨大な石垣がある。その内側の囲いの最大の石が、「蛸石」と呼ばれている。外に見えている面の大きさは、六〇平方メートルを下らない。この奇妙な呼び名の説明を、私にしてくれる人はだれもいなかった。[29]

国芳（一七九一―一八六一年）の版画に大だこを描いたものがある。このたこは大海の上にまっすぐ立ちあがっている。彼は海のすべての動物の支配者である。その目は、はかることができないほど大きい。このたこの真下には、これまた法外な大きさのカニがいて、戦う姿勢に構えたはさみのあいだに、鞘《さや》にはいったままのサムライの刀を持っている。[30] これほどまでに怪物的なたこは、あまり多くないように思われる。ともかく『蛸入道佃沖』と題された、一八七五年に出版された歌麿の絵草子[31]の蛸は、それほど怪物的なものではない。吉原の遊女たちのあいだに、この佃《つくだ》という小島の蛸（あるいはそれを表現したもの）をお守りにする習わしがあった。歌麿の話はこの風習をとりあげたものである。

これらのさまざまな資料は、あまり系統的なものとはいえない調査方法で、行き当りばったりに集めたものである。しかしこれらを見ただけでも、蛸はかつては必ずしも、今日の日本で知られているような、陽気な酔っぱらいの動物ではなかったということができるような気がする。蛸は、喜劇的な、あるいは諷刺的な姿で描かれていることが非常に多い。しかし、ときには無気味に扱われている場合もあるのである。とにかく、たこを人間的に表現しようとしている点では、どの芸術家も一致している。

しかしそのたこの表情は、あるときは漫画的であり、またあるときは悪魔的なのである。伝説を調べてみると、このようなためらいの証拠を、一つならず見つけることができる。たこは海の王龍神の宮廷の医者である。彦火火出見尊《ひこほほでみのみこと》が、兄から借りた釣針を失って、さがしに来たとき、海の君主はすべての魚を呼び出した。たこは触腕を使って、のどの激しい痛みに苦しむタイの口から、手ぎわよく釣針をぬきとってやる。[32][33]

　蛸は概して縁起のよいものと考えられている。慈覚大師という称号を死後おくられた高僧、円仁法師（七九四―八六四年）は、留学していた唐から海を渡って帰国する途中、暴風雨にあった。彼は、魂の病気を治す仏であり知恵の神である薬師如来をその守り神とし、この仏の姿を彫った小さな立像をいつも肌身はなさず持っていた。彼はこの立像を、薬師如来のお告げに従って、海に投じて救われた。のちになって、一匹の蛸がこの仏像を日本へ持ってきて、平戸の海岸に置いて行く。慈覚はそこで、目黒に寺院[34]を建て、薬師の大きな木の像をつくり、彼を救った仏像をそのなかにおさめた[35][36]。

　同様に、龍神の有力な使者の一人は、たこをかつらのようにかぶって描かれている。苦行者、蜆子和尚《けんす》は、普通は肩に小エビをのせているのがきまりだが、ときには小エビのかわりにたこをのせていることがある。蜆子和尚は小エビだけを食べて修行したといわれている。足長族というのは日本の古代神話のなかの種族である。彼らは、腕が九メートルもある手長族を、その肩の上にのせている。足長族自身は七メートルの脚をもっている。この脚のまわりに、ほとんどいつも巻きついているのが蛸である。それゆえに、たこは、一般的には、人なつっこい、人の助けをよくしてくれる動物と見なされているといえる。ギリシア人たちにおけるイルカに、いくらか似ているところがある。修道僧たちとも仲良くいっしょにいる。しかしそれにもかかわらず、すでに見たように、たこの肉欲をその本性の特徴の一つだとする証言も、反対側にある。

　美しく淫らな清姫の伝説にこの考え方が非常にはっきりと現われている。清姫は僧安珍《あんちん》に、慎みのないことをしつこくいって迫った。安珍は道成寺のつり鐘のなかに逃げ込む。それは高さが六尺、一〇〇人の男がかかっても持ち上げることができないほどの、大きな鐘であった。この鐘が落ちてきて、聖なる男を閉じこめる。清姫は魔法の杖で鐘をうち砕き、また燃えている息をはきかけて、これを溶かそうと試みる。しかし、まったく効果はない。清姫は顔が人間で、体が龍とヘビの鬼女と化した。あるいはまた、大きな蛸になって、その触腕で何重にもぐるぐる巻きに鐘を狂おしく抱きしめていたという説もある。たくさんの作品、とくに国芳の版画が、清姫のこの意味深い蛸への変身の場面を、一目瞭然に描き出している。[37]

仏教のなかで、たこが曖昧な役割を演じているように見える原因は、おそらく、淫らさとのこの不変の結びつきにあるのだと思われる。蛸の好色性が最も明らかな形で表現されているのが、北斎の有名な版画である。北斎はこの軟体動物の抱きしめ、吸う能力にねらいをつけている。

長く横たわった女の腿のあいだに、たこがいて、むさぼるように、そのセックスにぴったり張りついている。このとらわれの女はそれに同意しており、おそらく満足もしているのであろう。たこは同時に、その一方で、吸盤のついた八本の腕を使って、彼女をなでさすったり、抱きしめたり、体中を細かく調べたり、吸いついたりしている。これらの腕は愛人の体を、好色な網のなかに閉じこめているのだが、しかし、その首と肩にはとどかない。首と肩の部分には、より小さなもう一匹の蛸が、その触腕をかわって這わせている。この蛸はその口、より正確にいえばその突き出たくちばし、ほとんどらっぱのような形のものを、さし出されて露《あら》わなままになっている女のくちびるに、食いつくように押しつけている。動物の体の格好と同様に、その中身の堅そうな感じによっても、淫らさをいっそう強めることができる。北斎はこの効果をうまく利用している。

この光景を見るとき、いくらかの恐怖をおぼえるのは確かである。しかし、この絵そのものが明らかに

北斎画『湯女とたこ』

熱心に印象づけようとしているのは、これほど多くの場所に同時に接触を感じさせうる相手によってもたらされる、忘我の状態である。北斎についての著作のなかで、エドモン=ド=ゴンクールは、この女のうっとりした表情を見落とすことなく指摘している。「彼女は快楽のなかで気を失って、sicut cadaver になっている。彼女が生きているのか、水死しているのか、まったくわからないほどだ」[38]

恐怖と忘我の、このどちらともとれる段階を経て蛸は、ここで、それが西洋でまとっているのと同じ、あのうさんな目で見られる性格をいくぶんかおびることになる。好色性に関しては、アジア人の描いたこと、地中海人であるオッピアノスが書きとめたことが、たしかに同種類のものであることは明らかである。オスのたこは、快楽と極度の疲労とによって命を失うまで肉体の享楽にしがみついている、とオッピアノスは断言している。

東洋では、ポントッピダン流のクラケンは知られていないように見えるのだが、ドニ=モンフォール風の超巨大だこについての証言は、少なくともある。[39] リーが引用している旅行家ロレンス=オリファントは、怪物のような頭足類が、見たところ三〇〇トンはあるジャンクにとりついて、「木からスグリの実をつむように」船員たちをつかまえている絵が、雑誌に出ているのを中国で見た。彼は同様に日本で、実物大の動物の模型がいくつも登場する芝居を見物した。この芝居のなかに、体の各部分が動くようになった非常に大きなたこの前で、一群の水浴をする女たちが逃げまわるのを見せる場面があった。一人の男がこの人工の動物の頭のなかにはいって、そのくちばしや目を動かしているのであった。[40]

同じような方法を、二十世紀になって映画が使っている。ウォルト=ディズニーが撮影した『海底二万里』で、ノチリュス号を攻撃する蛸の役を演じているのは、ゴムでつくった、重さが二トンもある、遠隔操作される怪物である。圧縮空気、水力機械、さらに電子装置(レインはそう断言している。彼はその著書のなかに、この模擬動物の写真を転載している）まで動員して、二四人の男がこれを動かした[41]。

好色性と巨大性という、少なくともこの二つの道をとおって、たこの西洋的な像に、日本はふたたび合流することになるのである。この二番目の幻影、すなわち巨大性については、今日ではすでに、映画と新聞の続き漫画とが、これまでの日本の像と西洋の像の違いを溶解して、両者に共通の一つの肖像をつくりあげている。蛸と潜水夫のお定りの決闘シーンを扱った日本映画がいくつもある。この決闘シーンはおそらく西洋映画から借りたものであろう。

カリフォルニアの日刊新聞『サンフランシスコ－クロニクル』紙は一九五四年九月十一日号に、ハリウッドで企画されている『海中の怪物』と題された映画のシナリオを紹介する記事を載せている。このシナリオによると、新しいキングコングである一匹の大だこが、潜水艦をおしつぶし、船を沈め、ゴールデンゲイトを破壊して、サンフランシスコじゅうに恐怖をまき散らすことになっている。サンフランシスコを東京に置き換えたら、東京壊滅を主題にした同じ映画の日本版がそのまま出来上がったはずである（おそらくすでに、そういう映画がつくられているかもしれない）。

最近、東京で出版された最も新しい『怪獣事典』は、日本における蛸の神話の、最新の発展の一段階をしるしづけるものである[42]。この事典は、科学小説が創造した怪物三七〇種を、絵入りの索引カードにして、子供が使いやすいようにアイウエオ順に類別して、まとめたものである。ロボットと自動人形、翼龍と恐龍、火星人と金星人、昆虫、クモ、軟体動物あるいは植物。いろいろの要素の部分を組み合わせたり、変形したり、並はずれに拡大したりしてつくりだした、すべて恐ろしいものばかりである。この怪物の目録を見ると、それぞれの名前、大きさ、重さ、発生地、活動方法、およびその弱点がわかる。絵にはとくにどぎつい色が塗ってある。蛸あるいはその代用物は、ここに四度、姿を見せている。

四二番の怪物は、単に「大ダコ」とのみ名づけられている。全長一〇〇メートル、重さ五〇〇〇トンで、太平洋の海底に住んでいる。その体はこの上なくぬめぬめしている。七〇メートルもある八本の腕を使って、マッコウクジラをしめ殺したり、船を沈没させたりする。陸上にあがって活動することもできる。

しかしこの怪物を描いた挿絵のほうは、本物の蛸の写真といっこうに変わらないように見える。「スダール」という名の一九七番の怪物は、ほとんど重さが違っているだけである。これは三万トンある。この怪物もまた太平洋の産で、クジラや船を簡単に破壊し、地上にもあがることができる。この超巨大な体は、放射能をあびて生じたものである。恐るべき食欲をもっている。「スパーキー」（二〇一番）になると、現実からよりいっそう遠ざかることになる。形は蛸のようだが、スペインで罪を告白した人がかぶる、目と口のところにだけ穴のあいた頭巾のような頭をしている。出現地はサッカー競技場。長さ五〇メートル、重さ二五〇トンで、雷をおびた黒い雲のなかから現われた。この怪物は五万ボルトの電流を放射する。船はそれに当たると蒸発してしまう。最後に「ドゴラ」（二四三番）。その体の大きさはゼロから無限大まで変化する。重さは不定。宇宙をただよい、宇宙の全体から生まれる。石炭と石油を常食としている。繁殖は細胞の分裂による。吸う力がきわめて強く、船でも摩天楼でも吸い上げてしまう。巨大なクラゲだという説明になっている。実際、挿絵にははっきり透明に描かれている。しかし吸盤や全体の形はあくまでもたこであって、クラゲではない[43]。

この子供の神話学を成立させているものは、拘束をうけない自由な想像力である。この想像力は、人間の器官、たとえば、目とか手だけを、他から分離してとり出し、途方もなく拡大した、奇想天外な怪物[44]を考え出すところまで、最後には到達している。それにもかかわらず蛸の場合には、その現実の性質（八本の触腕、ぬるぬるした体、並はずれて大きな目）、あるいは伝説的な性質（クジラや船を破壊する、吸う）を、依然として失わずもちつづけたままなのである。これはまったく驚くべきことである。蛸に新たにつけ加えられたものといえば、目と口のところに穴のあいた頭巾と、電気を放射する能力とが、かろうじてあるだけである。しかも、この電気の放射のほうは、あまり改革とはいえないものである。ミシュレがすでにそれを蛸に与えていた例があるからである。

蛸は、恐怖の万神殿に祭られるのに必要な条件を、まえもって満たしていたのだということができる。だからこそ蛸は例外として、大きさの変更だけで、そのまま神殿入りが認められたというわけである。その姿と性質が蛸にこの役割を運命づけていた。上記の事実以上にそれを雄弁に示しているものはない。最も意外なのは、おそらく、蛸の触腕の数がふやされてさえいないことであろう。ほかならぬこの日本では、木の根と同じほどたくさんの、もつれあった腕をもったたこを、実際に見ることができるのに、である。たとえば、鳥羽水族館にある標本は、一つは五四本、もう一つは八五本の触腕をもっている。この触腕が八五本のたこは、一九五六年に捕獲された。日本のテレビジョンは、一九七二年八月に、このたこをとりあげた番組を放送した。現実にある奇形は想像力に少しの影響も及ぼさなかった。想像力はそれ自身の空想の法則に従ったのである。

想像力の自然な働きが強情な日本を改宗させた。それは、世界的な神話の流れの上に日本の空想を合流させ、位置づけたように見える。伝説的な英雄ジェイムズ－ボンドが、敵に捕えられて、大だこに引き渡される、あるいは、ラゴン族のあがめる超巨大な蛸、女神クラカにささげられた生贄《いけにえ》を救うためにターザンが急いでかけつける、というのが現在の世界的な神話の筋書である。通俗文学、映画、新聞・雑誌の続き漫画のなかに、その例は豊富にある。出生地を示す特徴をもつものは、もはやほとんどない。今後もますます画一化が進んでいくことになるであろう。映画、テレビその他、多種多様なコミュニケイションが、絶え間なく、ほとんど同時的におこなわれている時代であるから、これまで同様、画一化は必然的な傾向なのである。[45]

VII　最も新しい変身

合理主義と科学と技術が勝利をおさめる十九世紀、さらに二十世紀になると、神話も新しい表現様式に適応させられるようになる。すなわち、大発行部数の写真入りの定期刊行物や、映画あるいはテレビのスクリーンが、多様な幻影をまき散らしている。これらは幻影なのだが、必ずしもそのようには受けとられていない。フィクションの領域に属するものであることは確かなのだが、一般によくある、小説の世界と現実の世界が混同される、あの漠然とした軽信の恩恵に浴しているのである。

このような環境のなかにあっても、大蛸はごく自然にその地位を保っている。しかしドニ＝モンフォールやユゴーやジュール＝ヴェルヌの大蛸を延長しただけのものにとどまっている。むしろ貧しくなったとさえいえる。新機軸のイメージを何ももっていないからである。強いていえば、残忍さが増したぐらいのものであろう。隠れ場にうずくまって、軽率な人の近づくのを待っているという野性的な性質からの残忍さだけではない。悪魔のような悪人たちが、捕えた敵を責めて苦しめるのに使う、とっておきの拷問の道具になったりもしている。

同時に他方では、新たに復活してきた、推測に基礎をおく疑似科学もまた、雑種の神話をまき散らしている。疑似科学というのは、真実の科学から用語だけを借用したり、あるいは、いたるところから断片をとり集めて、特別のものを本当らしくこしらえあげたりした科学のことである。このような建造物も自らを、試験ずみで確証しうる、要するに科学的な理論であると称している。しかしながらそこで重要な働きをしているのは、手ぎわよく選んだ前提をもとに厳密に敷衍《ふえん》され、それ自身で首尾一貫するように仕組まれた、思弁的部分である。精神分析学も、この時代に特有の、閉じた理論体系の一つであるように見える。精神分析学は、説明的であると同時にそれ自身も説明を要求するあの二面性を最高度にもっている。すなわち、提起された事実の象徴的意味を、資格をそなえた注釈学者が、その明敏さを行使して、まず解釈し、次にそれを証明する一群の材料を積み上げるのだが、この材料は客観的価値をもったものではないから、この材料そのものをこんどはまた分析し、解釈しなくてはならないのである。

さて、疑似科学のフィクションで満たされた、非常に特殊な現代の世界においてのこの半空想的動物は、どのような姿に変身をとげることになるのか。古代ギリシア‐ローマの食用にされ装飾に使われたたこ、極東のいたずらで好色なたこ、ロマン主義文学の恐ろしい胸の悪くなるような蛸を、われわれはすでに見てきたわけだが、いまはまた、この動物の新しい化身の誕生に立ち会っているのだといえる。

現在流行している教養によれば、たこの新しいイメージは、真実を伝える客観的なものではなく、固定観念につきまとわれた寓意的なものであるという。この観点から集めた、内容に富む資料を、ジャック‐シュニア[1]が一九五六年に発表した。彼はこの資料に含まれた意味を解明しようと努力する。S‐フロイド[2]、J‐C‐フリーゲル[3]、E‐ジョーンズ[4]の権威ある引用文を拠りどころにして彼は、蛸の触腕はゴルゴーンのヘビの髪と同一の意味をもつものであると主張する。すなわち、彼は蛸の触腕にたくさんの小さなペニスを見るのである。また、子供は離乳期のころになると、母親に対して、その乳ぶさにかみつきたいという、食人本能を感じるようになるが、その後、こんどは反対に、母親こそ自分を食おうとしている女の悪魔だと想像するようになるという。以下に引用するのはこの論文の結論である。

「人類学、文学、臨床例から集めた材料をもとにして蛸を象徴として検討してきたが、それらを要約してまずいえることは、蛸の象徴的意味はたくさんの要素で多元的に決定されているということである。神話であるか、芸術であるか、一個人の空想に属するかは問わず、どの文脈のなかに見出される場合でも、この象徴の背後には一つあるいは多数の無意識の根が隠されていることがわかる。それは、女性と同一視されている対象に空想のなかでペニスを与え、去勢不安に対する防衛機制としての機能をはたすことができる。蛸の触腕に男根的価値を与えると、多男根の象徴が出来上がるからである。蛸は吸盤と、締めつけ、からみつく能力とをもつ。蛸はこのことによって、かみつきたいという強い衝動に根ざす感情である、過度の罪の意識に対する防衛を表現している。吸盤と、うるさくまといつく触腕とに、(初めは母親に向けられていた)かみつきたいという衝動を投影することによって、主体は、自分自身の破壊的傾向について感じている不安を和らげることができるからである。ある場合には、かみつき、ひき裂くことのできる、蛸のオウムのくちばしにも、類似の意味が与えられていることがある。女性は、自分にペニスがないことを観察して、欲求不満をもっている。一つあるいは多数の男性器官をもつ、女性的物体の幻覚は、女性のこの欲求不満を解消することができる」

このような解釈は、それを信用するにせよ、しないにせよ、とにかく、一件書類の綴りのなかには入れておかねばならない。それは、信者たちにとっては、予見できる最終的解決をこの問題にもたらすものであろう。信じない者たちにとっては、一連の秘密解明の空想物語を構成するものとなる。それらは他の空想物語につけ加わって、蛸のイメージの新しい開花を告げるものとなっている。人々が一般にいだいているこの動物のイメージは、新しい好都合な環境に出会うと、いつでも新しい花を開く。その時代の普遍的な感受性が、これに味方しさえすればよいのである。前記のような精神分析学的解釈を、最も新しい発展段階の蛸の神話であるとするのは、この理由による。船を破壊し、血を吸う超巨大な怪物から、いまや蛸は多男根の象徴、去勢不安のお守りに昇進したのである。

第二部　神話の勝利

I　大ヤリイカ

十九世紀の後半には、信用を得るのに必要な条件を満たした、巨大な頭足類の存在を立証する証言がいくつも現われる。しかしクラケンの伝説とドニ＝モンフォールの異常種とが邪魔になって、学者たちにはとりあげられないことが多かった。

この問題に関心をいだくのがデンマーク人ヤピトゥス－スティンストルプ教授である。一八五四年に彼は *Architeuthis dux*《アルキテウティス ドゥクス》[1] についての詳細な報告を発表する。これはユトランド半島で観察された頭足類で、ある観察者によれば、そのくちばしは長さが約二四センチもあったという。彼は、大きさの点で、これを *Architeuthis monachus*《アルキテウス モナクス》[2] と比較している。*Architeuthis monachus* というのは、パウルゼンの忘れ去られていた原稿のなかにその大きさを示す記録があるのを彼が見つけ出した大ヤリイカだが、ほとんど空想物語的数字があげられている。すなわち、体が二一ピエ（六メートル以上）、触腕が十八ピエ（約五・五〇メートル）もあったと記されているという[3]。

一八六〇年にはオランダ人ピーター－ハーティングが、その『二匹の巨大な頭足類についての記述』[4]を発表する。同じ年に王立ダブリン協会の図書館の古文書のなかから、一六七三年八月にディングル湾でつかまった怪物について述べた記録が発見される。切りとられた触腕が一本保存されていたが、長さが一一ピエ（約三・五〇メートル）もあった。

一八六一年にはアレクトン号の冒険がおこっている。ルイ－フィギエは『動物の生活と習性』のなかに、このヤリイカの襲撃を描いた挿絵を載せている。この攻撃者の大きさがあまりに誇張されているので、物語の信用を傷つけるだけの結果に終わっているが、物語そのものは、現場目撃者たちの証言にもとづく、非常に慎重な内容のものである。(5)

一八七三年の十月と十一月に、ニューファウンドランドで二匹の大きな頭足類がそれぞれ違った浅瀬で発見され、巨大な頭足類についての議論に結着がつけられることになる。一八七五年にはもう一匹の怪物が、J－W－コリンズ船長の見聞談にとりあげられる。

A－E－ヴェリル教授は、手もとにもっている資料をまとめて、一八七九年に『アメリカ北東部海岸地方の頭足類』と題する、八一ページ、図版一四枚の長い覚書きを出版する。(6)彼は二年後にも、ほとんど同じほど大部の補遺を出版している。彼は、スティンストルプの *Architeuthis dux* はヤリイカであることをつきとめ、コンセプション湾で見つかったとの動物の断片から、その全体の大きさを計算している。この計算によると、全長は一三メートル以上、すなわち、頭は六〇センチ、体は三メートル、触腕は一〇メートルであるという。深海に住み、ときどき水面に浮かび出る超巨大な動物の存在をめぐる論争は、このときをもって終わる。

一九五〇年にW－S－リースは、一六七三年から一九三七年のあいだにイギリスの近海で存在が確認された大ヤリイカの目録をつくっている。このなかには、実際に測られた、あるいは推定された大きさが、七二ピエ（二三メートル以上）に達するものがいる。(7)レインがこの表に一九三七年以後の例をおぎなう。(8)

しかしながら、研究の対象になっている動物が、クジラ目に属するものなのか頭足類に属するものなのかを正確に判定するための論戦は、いまもなお続いている。生物の組織を分析する方法まで用いられているが、決定的な結果は出ていないように見える(9)。

超巨大な動物が本当にヤリイカかどうか明らかでない点がまだあるとしても、ヤリイカが攻撃的性質をもっていることは確かであろう。トール‐ハイエルダールは、太平洋横断のヨン＝ティキ号に乗船するとき、全国地理学会とペルー人の専門家たちとから、ペルー海流によく現われる非常に大きなヤリイカにはとくに気をつけるようにという忠告を受けた。彼は自身小さな種類のものにしか出会わなかった(10)。

ペルー人たちは *Ommastrephes gigas*《オムマストレフェス　ギガース》(11)、彼らの呼び名でいえば *jibia* を、サメやエイよりも危険なものと考えている。レインは、この頭足類によって傷つけられた漁師や水夫の例をいくつもあげている。しかし、ヤリイカを弁護する側からいえば、これらはいずれも正当防衛の立場にいたと最小限いえないことはない(12)。

一九四一年三月二十四日に大西洋でドイツの軍艦サンタ‐クルツ号に沈められた輸送船ブリタニア号の場合は、ただ一つの例だが、ヤリイカの攻撃性を証明するものである。コックス海軍大尉は、一一人の部下の船員たちといっしょに、小さないかだにしがみついていた。いかだが小さすぎて、上にすわったままでいることさえ全員同時にはできなかったからである。ある夜、大きなヤリイカが一人の船員をつかまえて、連れ去った。この船員はふたたび帰っては来なかった。しばらくたって、こんどはコックスが攻撃された。彼の脚に巻きついた触腕は耐えがたい痛みを与えた。幸いなことに、このヤリイカはほとんどすぐに彼をはなした。しかし吸盤は、それがからみついていた部分に傷を残した。この傷には長期間の治療が必要であった。この五日のちに彼らはスペインの船に助けられた。一九五六年にレインに彼の経験した出来事を書き送ったコックスは、傷あとがまだはっきり残っていると断言している(13)。

ここで最も興味深いのは、おそらく、フランク‐W‐レインの著作の結論そのものであろう。一八七四年七月四日の『タイムズ』紙に詳述されている、一五〇トンのスクーナー型帆船パール号の事件を、彼はふたたびとりあげる。その六人の乗組員は、五月十日の午後五時ごろ、一匹の並はずれて大きなヤリイカが、遠くからやって来るのを見た。船はこのヤリイカによって沈められた。この難船で彼らの一人が死んだ。

レインはこの古い記事を、一九四六年十二月の『ナトウレン』誌に出ている、アンネ－グレニングゼーター艦長の証言と比較する。彼のブルンスヴィック号は、一九三〇年から一九三三年のあいだに三度、南太平洋のハワイとサモアのあいだで、ヤリイカによって攻撃を受けたという。レインは、パール号のうけた攻撃と、彼が自分でほこりを払って見つけ出してきた、このブルンスヴィック号のそれとが、同じ性質のものであることを確認する。二人の船長はどちらも、ニューファウンドランドの出身者であった。この地方には、大きなヤリイカがとくに多くいて、しかも攻撃的であるように見える。このヤリイカたちは、小さな船を見ると、マッコウクジラに攻めかかっているつもりで、攻撃をしかけてくるという。スクーナー型帆船の船長は、自分の船におそいかかってきた怪物を、ヤリイカだと考えた。しかし北極のヤリイカについての体験から、とっさにそう思いこんだだけではないか、という疑いもここから出てくる。

レインはその著書を次の文章で閉じている。「夏の静かな夕方に、スクーナー型帆船パール号を、ベンガル湾で難破させた犯人は、ひょっとすると、巨大なクラケンであったかも知れない」(14)

ヘンリー－リーも同じような反省で、その著書を終わっていた。彼が書いていたころにはまだあまり確かめられていなかったが、巨大な頭足類が存在するという説に賛成の意見を述べ、事実はフィクションよりも奇であると宣言している。(15)蛸にささげられた類い稀れな論文が、いずれも同じような結びの文章で終わっているということは、何を意味するのか。クラケン、あるいは、モンフォールの「超巨大だこ」への、郷愁を表わすものなのかどうか、私は知らない。しかし、舷《げん》の高い船を大西洋の底へひきずり込むことができる大蛸の消滅に、この著者たちが簡単に同意していなかったことは明らかである。

すでに確認をうけている頭足類で十分説明がつく問題に、Octopus giganteus《オクトプース ギガンテウス》〔16〕というような、想像も及ばないとまではいわないが、非常に疑わしい種類の蛸を、あえて持ち出そうとする傾向が、最近の論争においてさえ続いている。(17)これもおそらく同じ漠然とした動機からであろう。大八腕類などというのは、ロマン主義文学的想像によってひき出された幻覚であって、深海性のヤリイカが現実なのである。科学はもっと早くから、この幻覚を現実で置き換えておくべきであった。しかしこういう理屈は、だれでもよく知っているのである。問題は、このヤリイカが、あの肝《きも》をつぶさせる種に非常に近い種に属し、明らかに類似した外見をしているにかかわらず、神話的反響を何も呼びおこさないことである。それらは並はずれて大きい体をしているし、危険な存在でもある。しかし現実にそうであっても、人に何の印象も与えないのである。魅惑も、大げさな恐怖もいだかせはしない。象あるいはクジラに近い性質を、むしろもっているように思われている。

恐怖と嫌悪をもよおさせるのは蛸であり、蛸に限られている。なぜ取扱いにこのような違いがあるのか。その理由を究明することが必要であろう。しかし、さしあたっては、厳格な調査研究の見地から、このようなのろいに蛸が本当に値しているのかどうかを、先に検討することから始めなくてはならない。

II　吸盤か毒液か、触腕かくちばしか

現在、約一五〇種にのぼる蛸が知られている。最も小さいものは五センチ、最も大きい、太平洋に住む*Octopus*《オクトプース》 *hongkongiensis*《ホンコンギエンシス》[1]は、腕を広げた全長が五メートルに達する。腕だけの長さが普通二・五メートルもある。このようなわけであるから、かくも多様な生物集団が示す力の強さ、行動、危険について集めたデータが、相矛盾した性格を強くもつのも当然のことである。

　古い物語から得られた、誇張や空想が混じっているに違いない資料を補正するのに、新しい生まの証言を利用したいと望んだフランク-W-レインは、新聞によるアンケートを企てた。予期されたとおり、回答はまったくてんでんばらばらな、ほとんどすべての点において食い違ったものであった(2)。神話が、ちぐはぐな現実よりも、むしろそれ自身のより強い一貫した内面的傾向にもとづいてその道を選んできたことが、ここからもわかる。

　まず第一に、たこは、その場合場合によって、内気でおとなしいといわれたり、凶暴で攻撃的だといわれたりしている。G-Eおよびネリ-マック-ギニティの証言――「何千というたこを手でとり扱ったが、かんだものはただの一匹もいなかった。かませようとしたのだが、成功しなかった」。マックス-ジーン-ノウルはいう――「潜水夫がたこに襲われる確率は、猟師が飼いウサギに襲われる確率と同じほど少な

い」。「いや、カボチャに襲われる確率と同じほどだ」とスティーヴン‐リッグズ‐ウィリアムはせりあげていう。[3]

たこを恐ろしい敵だとする信仰に、J＝Y‐クストーとFr‐デュボアも同様に反対している。たこは臆病で、追っ払うことは簡単だ、と彼らはいう。[4] たこは、手飼いの動物のような行動をよくする。目と目のあいだを静かになでてやると、されるままにじっとしている。「ちょうど犬のように」とチャールズ‐F‐ホルダーはいう。実験室で飼っている、ある *Octopus*《オクトプース》 *bimaculoides*《ビマクロイデス》〔5〕は、きまった時間に食べものをもらいに来る。閉じた手のなかに入れて差し出すと、たこは触腕でこの手をあける。すでに見たように、水族館でも、番人あるいは見物人に対して、たこは同じような行動をすることがある。

たしかに、これらはいずれも捕えられた状態にある動物の例である。しかし自由な状態においても、たこは同じような行為をする。たこは好奇心が強く、海水浴客の足や手にさわろうとして、岩のかげから出てくることがある。テオドール‐ルソーが飼いならした小さな蛸は、彼といっしょに遊んだという。あるサモア島人は、三年間、たこと友情のこもった関係を保ちつづけた。[6] 思い出していただきたいが、H‐リー もその下宿人たちといつも仲よく暮らしていた。

しかしZ‐M‐バックは同じ意見ではない。

「海の底では、たこはジャングルのなかでのトラのようなものだ」

R＝J‐ダニエルもそうである。

「大だこは、潜水夫が出会う動物のなかで最も危険なものだ」

ポリネシア人たちは、大蛸が故意に人間を襲うことを疑わない。彼らは、ひとりで蛸をとりに行くというような、危険なことはめったにしない。しかしながらこの慎重さは、たこが本当にその原因だということを証明するものでは少しもない。彼らは何にでも慎重なのだからである。Ｆｒ－Ｗ－レインの受け取った情報を並べてみて気づくことは、たこがしかけたといわれている攻撃は、必ずとまではいわないが、ほとんどいつも偶然のものか、挑発されたものだということである。

すでにまえにも指摘したことであるが、たこは好奇心のために、その行動半径内を移動するものがあると何でもつかまえてみずにはおれないのである。彼のほうには、はっきりした攻撃の意図はまったくないように見える。もぐっている人の脚を触腕でさわってみたのちに、自分のほうからそれを引っ込めることもある。写真家ジョン－Ｄ－クレイグがバハカリフォルニアで経験したようにである。すなわち、この地方に住む日本人漁師たちの忠告に従って彼がじっと動かないでいたときである。しかし反対に、彼が浮き上がろうとすると、たこはそのくるぶしをつかまえた。幸い、この動物が岩に足場を固めていなかったので、彼は海中にひきとめられずに助かった(7)。

さらに詳細ないくつかの証言を検討してみると、蛸の危険性を構成している多様な要素をよりよく理解することができる。詩人ロイ－キャムベルは、『ダークホースの光』のなかで、南アフリカでの少年時代のことを語っている。

彼は他の四人の少年たちといっしょに、蛸との格闘劇を演じて見せることを計画する。このいつわりの戦いが避暑客たちを恐怖させ、ぞっとさせるのである。いたずらっ子たちは彼らを呼び集める。

「あれを見て。あそこに大きな動物がいる。あれはぼくらの血管から血を吸うやつだよ」

海のなかにいるもう一人がわめき立てる。

「息がとまりそうだ。血をみんな吸われてしまう」

少年たちは、彼はやがてむごたらしい死をとげることになる、と断言する。最後に、彼らは急いで彼を助けに行き、皮膚に吸いついているたこをひき離す。このときに彼らは、海水着のなかに隠した赤インクのびんをあける。もちろん、自称の被害者の体には、本当の傷あとは、どんな小さなものも残ってはいない。ざるに入れてもってきた蛸で一日に何度もくりかえして演じられたこの出し物から、この一味は、午後だけで平均一五ドルを確実にせしめるのである(8)。

この打明け話は、アーサー‐グリムブル卿の古典的な話とよい対照をなすものである。

ポリネシア人たちは大蛸をとるのに普通四メートルもある槍《やり》を使う。彼らは鼻でフルートのような音を出したり、二つの石を打ち鳴らしたり、あるいは、血をぬったカニの殻を、いくつも綱につけて海のなかに沈めたりして、大蛸をおびき寄せる。

ギルバート諸島でおこなわれている方法は、もっと劇的なものである。この地方にいる蛸は腕の先から先まで三・五〇メートルもある。漁師たちは、蛸のえさになる者と、殺す者と、二人一組になって行動する。えさになる者は、目を守るように気をつけなくてはならない。というのは、この役には、永久に失明する危険がともなっているからである。彼はたこの前に自分の身をさらす。たこはこれを無視するか、あるいは、つかまえて、くちばしのところにひき寄せようと試みる。殺し手はこの場面を注意ぶかく見張っていて、蛸がくちばしを「えさ」の首に突きたてる一瞬前に、介入するのである。このときに、彼ももぐり、蛸にとらえられている仲間をいきなりひっぱる。蛸はこのゆさぶりで、足場にしていた岩からひき離される。「えさ」は水面に昇っていくとき、たこをいっしょにひきずっていく。あとは殺し手が、この動物の脳にまで達するように、その目のあいだに指を打ち込むか、深い傷を負わせればよいのである。

アーサー‐グリムブル卿は、このような説明をしてくれた若い漁師たちから、最もやさしい役、すなわち「えさ」の役をやってみるようにすすめられる。危険を前にして、しりごみしているように見られないために、彼はこの役を引き受ける。彼は次のように述べている。

「『目に手をあてておくことを忘れないでくださいよ』と私から一〇〇〇マイルも離れた声がいった。私はもぐっていった。蛸の目が暗闇のなかで光る、などということが本当にあるとは、私は信じていない。他方、深さ六ピエの海中は水が澄みきっていて、真昼の明るさであった。しかし私が蛸の隠れ場に近づいて行ったとき、この怪物の目は私を焼くようであったと誓ってもよい。この暗い光――それを発していたものが何であったにせよ――が私の見た最後のものであった。すぐそのあと、私は左手をつかまれ、暗黒のなかにひき込まれた。私は蛸に捕えられているのを知った。その次に、私がとくにおぼえているのは、ヘーラクレースのような力をもった、ぞっとするような粘つきである。何かが私の左腕と首筋を鞭打ち、そこに巻きついた。同じ瞬間に、何かが私の頭の上をぴしゃりと打った――。何かがまた、海水着のなかにはいってきて、背中の上を這《は》うのを感じた。私は衝動的に右手でそれを払いのけようとした。しかし、すでにそのときには、脇腹に腕全体をしばりつけられてしまっていた。絶対的な窮地に陥ったときは、精神の働きはたいてい水晶のように透明で、没個性的になる。いまの状態は、絶対的窮地とはとてもいえないものであった。というのは、私は自分がまったく安全であることを知っていたからである。しかし私は、少年時代の悪夢にうなされていた。私の頭と肩を乱暴に岩におしつけていた、この胸の悪くなるような腕が、急にしめつけてくるのを感じたとき、私はもう何も考えてはいなかった。私の精神はまったくうつろで、あるのはただ、平たい頭が近づいてくる恐怖感だけであった。口が私の喉の下、首の骨のつながっているところをさぐりはじめた。私は助けに来てくれる人がいたことを忘れてしまっていた。しかしながら私は何ものかに励まされて息を殺していた」

このとき、彼は激しくゆさぶられるのを感じる。綱でひっぱられたのである。彼はすぐに海底を足でけり、水面に浮かび上がる。怪物を胸の上にのせたまま、彼は仰向《あおむ》けになる。彼には吸盤が熱い輪のように感じられる。土民の一人がこの動物を殺し、彼を自由にする。二人の少年が彼を水からひき上げる。彼は恐怖と嫌悪で、ほとんど気を失ってしまっていたからである。しかしながらこのたこは普通の大きさのものでしかなかった(9)。

理論的には危険は起こらないことになっていたとはいえ、アーサー - グリムブル卿が体験したのは、きわだった特徴をもつ劇的な一瞬一瞬であった。他方は、思いつきに富む喜劇役者たちの、快活ないたずらである。この両者の違いは、結局は、それぞれの状況、心理的態度、とくに相手の頭足類の型の違いから来た結果にほかならないといえるかもしれない。

それにもかかわらず、なお二つの問題が、一方は他方に依存しているが、ここでは提起されているのである。すなわち、蛸の吸盤の吸着力の強さの問題、および、その結果としての、蛸が人間を海の底に引きずり込んだり、そこにひきとめておいたりする可能性の問題である。この点についてもまた意見が分かれる。

ある者は、小さな湿った手が皮膚の上を這いまわるだけのことではないかという。たしかに普通ではない感覚だが、必ずしも不愉快であるとはかぎらない。また、吸盤をひき離すことはむずかしいことではない。しかし他の者にいわせると、吸盤の粘りつく力は信じられないほどで、吸いつかれたところには赤味をおびたあとがつくという(10)。

また別の者の意見によれば、吸盤に勝つには、数人が力を合わさなければならないという。

一九二〇年にサントロペの近くの入江で、ドッド嬢は蛸に吸いつかれて動けなくなった。義兄とその妻が彼女を救い出す。全長二メートル、飼いウサギほどの重さの蛸であった。動物が死んでしまったあとでも、吸盤の吸う力は依然として驚くべきものであったと彼女は断言している。アーサー - グリムブル卿によれば、ギルバート諸島のある土民の前腕にとりついたたこの触腕は、その部分の皮膚をちぎりとってしまったという。

スウェーデンの真珠取りヴィクトール - ベルジュは、ボルネオとセレベス諸島のあいだにあるマカッサル海峡の水深一二メートルのところで、蛸に襲われた。彼はナイフを使って戦うが、のがれることができない。三人の仲間たちが彼を補助綱でひき上げ、この動物の腕を全部切る。そうしなければ離れなかったのである(11)。

吸盤の粘着力をはかるために、いろいろな試みがおこなわれてきた。単独の一つの吸盤をひき離すのに、直径四分の一センチにつき六〇グラムの重さが必要である。地中海に普通いる蛸は一九二〇の吸盤をもつ。この力の総計は、理論的には、二五〇キログラムになると見積もられている。しかしこの一九二〇の吸盤が同時に使われるということはけっしてない。というのは、蛸が岩に足場を固めるのに、二、三本の腕は使わねばならないからである。八〇キロの人間というと、通常のたこの二〇倍の重さであるが、この人間を水中にひきとめるのに必要な力は、わずか四キロである。上記の計算によれば、中くらいのたこでも、岩にしっかりとりついている場合にも、はるかに大きな力を出すことができるということになる。それに加えて、この人間のほうは、触腕でしめつけられて、一部分体の自由がきかなくなっているのである。とくに恐怖と嫌悪とで彼は冷静さを失っている(12)。

フランク - W - レインが自分の集めたたくさんの証言から少なくともひき出すことのできた一つの結論は、ほとんどのたこは無害だ、ということである。大きな蛸であっても、まわりに岩などがない自由な水のなかであれば、危険はない。素手で泳いでいる人が、しがみつく足場をもたない大だこと組み合って戦っている写真を、レインは何枚も発表しているが[13]、この結論を裏づける証拠となるものである。これらの写真は、レインがその説をたてる根拠にした証言の信頼性を全面的に保証している。

たこが、そのつかまえた不幸な人間を、ときにおぼれさせることがあるとしても、それはこの動物が岩にしがみついている場合に限られる。しかしながら、このような方法でたこに殺されたことが確かな犠牲者の例のほうは、この細心な調査員が、ただの一例もあげていないのである。誤ったか言い落としか、でないとすれば、これは驚くべきことである。レインのとりあげた話の主人公たちは、すべて命拾いをした人ばかりである。蛸に沈められて人が死ぬのをはっきり見たと証言する現場目撃者は一人もいないのである。蛸に沈められた人は本当はいないのかもしれないのである。

しかしこの点の確認をしておかなかったために、レインはB－S－ライトの仮説のような、ときには大胆すぎる仮説をも、否定できない羽目に追いこまれたのだと思われる。ライトは、第二次世界大戦の最後の二年間、太平洋での海上作戦の偵察隊の責任者であったが、行方不明になった何人かの潜水工作員は、蛸の犠牲になったのかもしれないと考えているのである[14]。

他方、蛸の吸盤が血を吸わず、触腕が人を窒息させないことは確かである。触腕は人をひきとめることができるだけである。蛸の本当の武器はそのくちばしである。かむことはまれだが、かまれると、生命にかかわらないまでも、危険な場合がある。

B－W－ホルステッドとS－S－ベリ[15]は、毒をもったたこのかみ傷の研究をおこなった。このかみ傷は、スズメバチあるいはサンリに刺されたほど痛む。あと尾をひかずにすむ場合もあるが、傷口がはれて、膿みはじめる場合もある。炎症が治まるのは徐々で、一〇日から一ヵ月もかかる。マドラス地方の漁師たちは、彼らが「有毒のカナワイ」と呼ぶ、小さなたこを恐れている。このたこは彼らの足または脚をかむ。

かまれると、脚全体がはれあがる。かまれた者は目まいに苦しむ。後遺症は何ヵ月も残る。(16)

たこにかまれて死んだ最初の症例が記録されたのは一九五四年九月十五日、オーストラリアにおいてである。二十一歳のオーストラリア人の水夫カーク＝ダイスン＝ホランドとその友人J＝ベイリスは、ダーウィンの海岸で、直径一五センチの青色のたこをつかまえて遊んだ。彼らはこのたこを腕の上に這わせたり、投げあったりした。最後には、この動物はダイスン＝ホランドの肩の上にのせられて、じっとしていたが、それから水に落ちた。間もなくこの若者はつばが出なくなり、またのみ込むことが困難になった。彼はかまれたのを感じなかった。しかし、ベイリスはかまれたあとを確認している。急にダイスン＝ホランドは激しく吐き、よろめき、立っていることができず、すわりこんでしまった。彼はダーウィンの病院に運びこまれた。「小さなたこです」と彼はくりかえした。病院に着いたとき、彼は呼吸困難に陥っていて、顔は真っ青であった。運動と呼吸の神経がいまや完全に麻痺してしまっていた。アドレナリンの注射がうたれ、彼は急いで鉄の肺に入れられた。一五分後、すなわち、かまれてから二時間後に、彼は死んだ。彼の手当をした医者たちは、過敏症による反応がまったくなかったと断定はしていないが、しかしはっきりアレルギー性といえる症状は認めなかった。(17)

人を殺したたこの種類はまだ明らかではない。*Octopus rugosus*《オクトプース ルゴースス》(18)あるいは*Octopus maculosus Dayle*《オクトプース マクロース ディイル》(19)ではないかと考えられている。どちらも約二〇センチ以下の大きさである。外套膜の上に青味がかった点が模様になってついている。この青い点は、たこが怒ったり、驚いたりすると、鮮明な赤色に変わる。ブルース＝ホルステッドは、危険な海の動物を集めた彼の古典的な目録のなかに、このたこをすでにとり入れている。(20)

一九六七年六月に同じオーストラリアのシドニーの海岸で、若い兵士がたこにかまれた。彼はほとんど同時に深い昏睡状態に陥った。病院に運ばれ、彼もまた鉄の肺に入れられた。彼もまた二時間後に死んだ。

彼を殺した犯人は *Hapalochlaena maculosa*《ハパロクラエナ マクローサ》(21)であることが明らかになっている。岩礁に住む小さな蛸で、体全体は黄色っぽい色をしていて、触腕に青い斑点がある。怒ると、この体の色が非常な早さで変化する。ということは、この蛸が、すぐれた保護色で身を守っている臆病な動物であることを意味している(22)。たこの行為が人間の死をひき起こした、絶対的に議論の余地のない例としては、ただこの二例があるだけのように見える。二度とも、かむことによるものである。

すでに見たように、この攻撃の結果はさまざまである。注入した毒液の種類、量、毒性、犠牲者の体質によってこの違いが生じることは明らかである。しかし注目すべきことは、毒をもったこれらのたこはすべて、例外なく、小さすぎるくらいの大きさで、したがってロマン主義文学者たちが想像した怪物のような巨大な伝説の蛸とは正反対の位置におかれる種類のものだ、ということである。

ヴィクトル＝ユゴーは、蛸はヒゲワシと反対にくちばしをもたないと主張するだけでは満足せず、蛸はマムシと反対に毒液をもたないとつけ加えている。どちらの場合も、ユゴーは間違っている。しかしこの二重の誤りが、とるに足らぬものとして、不問に付されているのである。まさに空想物語の勝利である。蛸の吹きこむ嫌悪と恐怖に、これほど実感がともなう原因は、もっぱら蛸の直接的な外見にある。その姿を見ただけで、想像力は刺激され、説得されるのである。現実が持ち出す別の側からの証拠は、この動物がまったく無害であることを証明するのにはほとんど役立たないが、蛸に対する嫌悪や恐怖を肯定している場合には、さらにいっそう説得的になる。蛸が魅惑し、恐怖を与える秘密は、その触腕と吸盤にある（私はさらに、そのいわゆる好色さと、まなざしをもつけ加えたい。この二つは、レインのアンケートに対する回答のなかにしばしば姿を見せている。このくりかえしにはそれなりの意味が含まれていると思うからである）。

致死的な毒液と目に見えるくちばしとは、忘れ去られるか、初めから存在を認められていないのである。

III　絹のまなざし

たこはいつも待伏せしている型の猟師である。じっと動かず、保護色で体をかくし、獲物が近づくかあるいは動くのを目だけで追う。このことから、たこ独特の目の魅惑作用が発達した。ユゴーも、ロートレアモンも、この魅惑作用を見落としている。

しかし彼ら以前の人たちは、蛸の目の並はずれた大きさと、いわば、そのまなざしの特質にそれぞれ気づいていた。ミノス時代の土器や陶器、古代ギリシア－ローマのモザイクは、ことさらに蛸の眼球を大きく扱っている。グルニアのつぼ、たとえばニューヨークのメトロポリタン美術館にあるつぼ、カンディア博物館にあるプセイラのアムフォラ、あるいはポンペイにある牧神の神殿の壁画に描かれている蛸の眼球は、すべてそのようになっている。この牧神の神殿のたこは、大きな目を見ひらいて、イセエビを食べるのに夢中になっている(1)。

日本にはいろいろなたこのおもちゃがある。着色した石膏あるいは薄いビニールの皮膜製のもの、皇帝と皇后をかたどったもの、カエルである「カッパ」と対になったもの、版画に描かれたもの、というようにさまざまであるが、いずれも等しく大きく開いた目をもっている。

ヴェネツィアのムラノのガラス細工店に並んでいる、糸状のガラスでつくった小さな蛸も、異常に大きな目をしている。

並はずれて大きな目は、「クラケン」の目立った特徴の一つであった。ドニ＝モンフォールが、三本マストの帆船を襲撃する彼の超巨大なたこのデッサンを描いたとき、忘れずに書き込んだのは、四つの同心円で構成した途方もなく大きな瞳であった。この同心円をつらぬいて、分岐する細い線の網の目が、円い花形の記章のしめつけた折り目のように、あるいは車の輪の中心軸のまわりのように、放射状に広がっている。(2)

漁師、博物学者、旅行家、あるいは作家たちが驚き、かつ魅せられたのは、この軟体動物の「人間的な」まなざし、その感動的な、あるいは恐ろしい表情である。このまなざしの表情は、美しさで人をうっとりさせることがあるかと思うと、またしつこさで気持を悪くさせることもある。証言は一致している。たこが悲壮な目をするとき、人々はこの目のなかに、めいめいの好みにしたがって、不安あるいは残忍さ、悲しみあるいは決意を読みとるのである。

ヘアベルト＝ヴェントによれば、軟体動物の体からとび出しているこの目は、われわれの目に非常によく似ているので、初めて見るときは、気味が悪くなるほどだという。(3)

リンネ協会のブリスコ＝オウエン博士が一八七三年にH＝リーに打ち明けた話によると、彼が一八四三年にトレス海峡で追いかけたたこの目は、忘れることができないほどすばらしいものであったという。それは、ミミズクの目のように大きく見開かれていた。また、実際にそれはミミズクの目に似ていた。(4)リー自身は、蛸のまなざしについて次のように述べている。

「蛸のいとこのコウイカのもっている目も、ミミズクの目のように円いが、これは相手をじっと見つめて、落着きをなくさせる。いいかえれば、それが動かないことで相手を当惑させる目である。一方、蛸の目の瞳はむしろトラの瞳に似ていて、相手を呆然自失させる。垂直にひきのばされた、ネコの瞳は凶暴さで輝いている。これに対し、せばめたまぶたの細い水平のすき間を通して見ている、蛸のぬけ目のない静かなまなざしは、冷たい残酷さでぞっとさせる[5]」

フランク゠ブーレンは、大蛸がマッコウクジラと戦っていたありさまをこう語っている。「目の輝きは驚くばかりの強さであった。直径が一ピエもあったかもしれない。青緑色で、頭の蒼白い白さと対照をなしていた。この超自然的な異常な目を見ているうちに、私は全身が鳥肌になるのを感じた[6]」

トール゠ハイエルダールは、中ぐらいの大きさのたこに右脚をつかまれた。この航海者が海岸にたどりついたとき、たこは彼から離れたが、腕をのばし、彼を見つめたまま、ゆっくり後ろへさがっていったという[7]。

この最後の観察は重要である。動くものがたこの興味をひくが、たこは表面はまったく無関心を装いながら、それを目で追うことをやめないのである。たこについての、気まぐれでしかも注意を怠らないしつこさという印象は、ここから生まれたように見える。このしつこさが予測させるものは、執念ぶかい意志であり、同時におそらく何か催眠術的な力であろう。たこのまなざしが「人間的」に見えたり、超人間的に見えたりするのは、たぶんこのような推測にもとづいてであろう。

さらに、次のような事実もある。一般に頭足類の目は、なかでもとくにたこの目は、高度に複雑な構造をもっている。顕著な相違点はいくつかあるが、構造そのものは、最も進化した脊椎動物の目の構造に匹敵するものである。蛸の目が軟体動物のなかでとくに注意をひくのは、この理由による。魚のなかでも特別のものであろう。蛸の目をミミズクやトラの目に観察者たちがごく自然にたとえているのは、このゆえにであろうと思う。

頭足類の目の水晶体は石灰を含んでいて、固い。二枚の厚い凹面体からできている。その境目に細いみぞがあり、このみぞにまつ毛の柵が固定されている。二つの球体は容易にはがして分けることができる。光を反射するが、それは、虹《にじ》色の輝きが揺れ動くオパールの光である。

イタリアのある地方では、この水晶体を利用して、女たちが首飾りをつくっているそうである。H-リーはこの種類の首飾りをジェノヴァで見た。ネンナ神父によれば、ペルーでも同じことがおこなわれているという。M-スタッチブリイのいうところによれば、サンドイッチ諸島[8]の住民たちは、真珠だといつわって、蛸の水晶体をロシア人に売っていたという[9]。

蛸の目のこの利用方法は、まったく思いがけないものであるが、その責任問題のことはH-リーにゆずる。しかしこの目の解剖学的な完全さは、疑う余地のないものである。そのすぐれていることを証明する要素をただ一つだけあげておくが、その網膜は、平均一平方ミリにつき五万の細胞を含む。最も多い部分になると一〇万五〇〇〇もある。これに対して、人間の網膜の細胞数は約一〇万である。

たこはその獲物を、催眠術にかけないまでも、とにかく魅惑して身動きできなくする。ものごとの正しい応報によって、たこは自分自身も催眠術にかかりやすい。最も効果的な方法は、たこを手に持って、触腕がたれ下がった状態のまま、動けないようにしておくやり方である。このとき、触腕が実験者の腕にからみつくことがないように気をつける。これに失敗すると、実験は中断されることになる。完全な催眠状態に入ると、呼吸はゆるやかになり、まったく動かなくなる。たこは完全に受動的になる。触腕を一本持ち上げてはなすと、すぐ下に落ちる。正常な状態での反応とは正反対である。

この実験を何度もおこなったJ-テン-ケイトは、この違いはほとんど信じられないくらいだと述べている。蛸を一方の手から他方へ投げても、単なるボールのように、生きている様子は少しも示さない。目

をさまさせるには、適当な器具で強くつまむか、もっと激しいやり方の手当てを加えてやらねばならない。(10)

想像力が、目とまなざしに対しては、触腕と吸盤に対してよりも、控え目であったことは確かである。しかしながらその想像力も、つねにたこの目を実際以上に大きく見、またまなざしに必ず感動をしている。このことは、想像力が目とまなざしにも同じように強い感銘を受けていたことを示している。さらに、想像力がこの目とまなざしを人間化したことは、間違ってはいなかった。たこの目は明らかに人間的な外見をもっている。この人間的な外見のゆえに、それとは対照的な、たこがえさを捕える超人間的な流儀が、ますます強く印象づけられることになるのである。

この捕食者は、じっと動かないでいることと、ずば抜けた擬態の天賦の才能とによって、つねにほとんど相手から見えない状態に身を隠し、注意深く見張っている。えさの動物には目だけしか見えない。しかも、そのときにはすでに遅すぎるのである。人間はこのような見つめられ方にはあまり慣れていない。細長い鞭の上にとりつけた吸盤というのは、見るからに奇異で恐ろしい。たこの目はたしかにそれには劣る。しかし、海にいる他の動物の目とは、なお非常に異なっている。それゆえに想像力は当然、この目に刺激され、これを無視することができなかったのである。

もともと想像力を活動させるには、ほんのわずかなきっかけだけで十分なのである。必要があれば、単なる兆候でさえも受け入れて、それによって錯乱することができる。これに当てはまるのが、たこの好色性の場合である。すなわち、伝説によってすでに予約ずみになっている、最後の性質である。

IV　好色さ

古代においてはオッピアノスがたこの卑猥さを力説している。

日本では北斎が、眠っている女の上を動きまわっているたこを描いている[1]。

十六世紀にはアルドロヴァンディが、たこについての古代ギリシア-ローマ人たちの考えを復活させ、たこの肉は催淫作用をもち、たこ自身は海に住む動物のなかで最も好色なものであると述べている。

十九世紀にはV-ユゴーでさえ、「この恐ろしいものが愛の行為をもつ」と書くことを忘れなかった。そのとき、この動物は燐光を発するようになるという。

「彼女は結ばれる時を待っている。彼女は美しくなり、燃え、輝く……[2]」

しかしこのなまめかしさも好色さも、けっして観察された結果ではない。この軟体動物を特徴づけている触腕の数と吸盤の鍵盤とから、ほとんどもっぱら推論されたものである。実際には、蛸の情事はきわめて清らかなものである。清らかすぎて、人間にはほとんど痛ましいとしか見えないかもしれない。

アリストテレスが、たこの交尾について、短い記述をのこしている。たこは口と口、腕と腕をぴったりくっつけて、からみあう。このように抱きあったまま、一方が前、他方が後ろになって、いっしょに泳ぐという[3]。しかしこの配置はまったくの空想上のものである。

私の調べたところでは、蛸の情事の客観的な記述はヘンリー・リー以前には見当たらなかった。しかしヴィクトリア朝時代の羞恥心にとらえられているこの著者は、めったにないほど禁欲的だが性的であることは動かしがたい関係を、遠まわしの言い方で想像させようとするのである。記述の言葉が適当でないので、この遠まわしの表現はこみいって、わかりにくいものになっている。

リーによると、発情期になると、オスのたこの右第三腕が、ふくらんだようになってくるという。この腕から、先に細い糸のついた、長いウジムシのようなものが出てくる。これが「ヘクトメチルス」[4]である。オスはこの「ヘクトコチルス」をメスに渡す。メスはこれを受け取って、持ち去る。メスは自分自身でこれを外套歴のなかに入れる。体と外套のひだのあいだにある袋である。この外套腔の奥に生殖用の穴がいくつも開いている。「ヘクトコチルス」はここで活気をとりもどし、卵を受精させる。パリの科学博物館へ行けば、オスの体からこのようにしてきり離された同じようなこぶ状のものが、広口びんの中に保存されているのを見ることができる、とリーは断言している[5]。

謎のような曖昧なこの記録は、他の学者による確認を受けたようには見えない。実際、その後の観察によれば、ものごとは別な具合におこなわれていることが明らかになっている。

どこから見ても、当然抱き合うよう運命づけられていると思われるにかかわらず、オスとメスのあいだには少しの抱擁も存在せず、またほとんど何の接触もおこなわれない。これは嘘ではない。近くに寄り添って、密接に多様に相互にくっつきあうことが、吸盤によって可能だと考えられるのに、彼らはそれを、逃げているとまではいわないにしても、避けている。オスとメスとのあいだの距離は最大限に保たれる。動物界で最も完成された最も鋭い目をもっている彼らが、おたがいを見つめあうことさえもしないのである。

メスは岩の上か砂の上で休んでいる。オスは触腕で体を支えてまっすぐ立ちあがっている。この触腕のうちの一本、すなわち、リーが正しく観察していたように右側の第三腕は形が変化している。吸盤の一部が欠け、そのあとがさじ型のくぼみになっている。この右第三腕に生殖器官が備っていて、オスが立ちあがったとき、メスの外套腔のなかに入る。メスの体のなかでこの器官だけがきり離されるということはない(6)。

少なくともE-G-ランヴィツァのデッサンに描かれているたこの交尾は、以上のようなものである。E-G-ラコヴィツァは、一八九四年に、マダコの交尾と受精についての研究を発表した。デッサンはこの研究に添えられたものである。しかるべき機能をもった腕が、しかるべくつくられた袋のなかへ、精液で満たされたカプセルのようなものを置く。メスが卵を放出すると、カプセルが開き、受精が完了する。

一九六二年にJ-Z-ヤングは、*Octopus*《オクトプース》 *horridus*《ホリドゥス》(7)の求愛行動と交尾の各段階を描いたスケッチを公にした。これ以上に気の毒なものはない。二人の恋人たちは、直立不動の姿勢をとっている、見張りの兵士のような格好をしている。さらにいっそう滑稽なのは、このとき彼らの頭の天辺に角のようなものが生えていることである。バザーの悪魔のようである。恋人たちは陰気で、ぎごちなく、遠く隔たっている。しかも一所懸命なのである。

J-Z-ヤングの観察の最も重要な部分はここに転載する価値がある。この観察はR-サージァン教授といっしょに、シンガポールの近くで、水にもぐっておこなわれた。蛸のカップルの見張りは、サンゴ礁のなかの水深数ピエのところで三〇分間続けられた。スケッチは水から出たすぐあとに描かれたものである。報告の著者にかわって語ってもらうことにしよう。

「オスを見つけたのはサージァン教授であった。まっすぐにもち上げた頭を先にして、サンゴ礁のくぼみから出てくるところであった。目の上の乳頭状突起は見られなかった。私は観察を始めた。手を近づけると、動物は穴のなかにまたもぐったが、数分ののちにふたたび現われた。このとき、オスから約六〇センチのところに、メスが現われた。メスもまた、サンゴ礁のくぼみのなかにいたが、何本かの腕を横にひろげていた。魚が一匹近づくと（おそらくメスを攻撃しようとしたものであろう）、腕はいっせいにこの魚のほうに向けられた。

オスが一五から二〇センチほどの高さのところまでその穴から出てきた。縦の縞模様がはっきりとついていた。強烈な色の帯が各腕の裏側のふちにそって現われ、頭まで達していた。目のまわりは濃い褐色になった。濃い褐色の線が、外套の上にも同じように鮮明に出ていた。一本は漏斗《じょうご》の後ろ、もう一本は外套の中央に見られた。残りの部分はすべて少し汚れた白色であった。濃い色の縞模様は多かれ少なかれ、ときには非常にくっきりと、地の色から浮き出て輝いていた。頭の頂上の皮には、たくさんの小乳頭状の突起がつくり出され、奇妙な外見を呈していた。小乳頭状突起は腕と外套の皮の上にも現われ、とくに右側に多かった。

オスは右目の視野のなかにメスをとらえていた。五分後に、オスは右第三腕をのばし、メスの外套のなかに入れた――。四〇から六〇センチも離れた遠くからである。白味がかった色の第三腕は、彼らのあいだにある岩の上に置かれていた。オスは縦の縞模様を保ちつづけていた。メスにもとの縦の縞模様が出ることがあったが、それはときおりであった。……別のときには、褐色の斑点と横に走る線がメスの腕に現われた。

彼らは約一〇分間この姿勢のままでいた。この間にオスの色は変化していった。何度も、左側の縞模様が完全に消えた。……したがってこのときには、左側には横に走る斑点しか残らなかった。一方、右側には、縦の縞模様が依然として強くはっきり出ていた。

第三腕には、どんな動きも見られなかった。潜水衣の面ごしにおこなわれている観察は中断されず続けられた。このたこのカップルのまわりに私は円を書いてみたが、彼らはそれに邪魔されず、じっとしていた。

それから、メスがオスから遠ざかる方向へ動きはじめた。これは非常にゆっくりした動きで、オスは第三腕でいっしょにひきずられていった。約三メートル進んだところで、腕が抜けた。メスはなおも進みつづけた。オスは、右目の視野のうちに絶えずメスを見ながら、彼女のあとを追った。オスは頭をまっすぐにもち上げていたが、まえほどの力強さはなかった。(8)

メスが岩の下にすべり込んだ。数瞬の後、メスはふたたび別の側から現われた。オスはつねに彼女のあとに従った。彼らはこうして二〇メートルほども進んだ。それから、メスが割れ目のなかで止まって動かなくなった。オスもまた、メスから五〇センチほどのところで立ちどまった。輝くような縦の縞模様が新たにしばらく現われたのち、ふたたび第三腕が投げられ、メスのなかにはいった。どちらの側もぐずぐずしたり、ためらったりはしなかった。第三腕は約一〇分間その位置に保たれた。それから、メスが急に離れ、オスのほうは自分の穴のなかにもどった」

ヤングの文章は雄弁である。敬意を表して、距離を保っておこなわれるこれらの情事のなかに、淫らさが入り込む余地はほとんどない。解けないようにからみ合うのに必要な器官を十分に備えた生物体ではあるが、その結合方法は、想像力が理解していたものとまったく異なる。

貝殻をもったたこと定義できるかもしれないカイダコの場合は、交接腕は所有者から離れ、メスに出会うまで、何時間も、波の間に間に流れていく。メスに出会うと、吸盤でその体にくっつく。

ある学者たちは、そのなかにはキュヴィエも含まれるが、初めはこの交接腕を寄生虫と考えた。〔9〕リーがパリの博物館で見たというこぶ状のものは、おそらくこの放浪するペニスであろう。ほとんど接触をともなわないか、あるいは、綱をゆるめて延長した格好の器官によるこれらの情事は、性感について人間が理解しているものと、正反対のものである。それにもかかわらず、たこは鋭敏な性的感覚を表わす特権的な象徴となってきた。この傾向は現代文学のなかにおいても続いている。ジョイス－マンスールの詩には、何度もそのようなたこがとりあげられている。ルーへの手紙のなかでアポリネールは愛人に次のように打ち明けている。

「たこが吸盤のありったけの力できみにしがみついて、その円筒状の口で吸うのと同じようにして、ぼくはきみの舌を味わいます〔10〕」

悲劇俳優が朗唱する大作家たちの文章についてサン＝ジョン－ペルスは次のような定義をしている。

そこでは蛸が喜びの口笛を吹いている。〔11〕

彼はこの定義によって、「夢の偉大な告白と魂の略奪」とがそこを駆けまわっているということをほのめかしているのである。

容易にさらに多くの例をあげることができるであろう。意外な痛ましい現実と、官能および恍惚のイメージとのあいだの、この極端な違いは、問題が何かを雄弁に物語っている。官能や恍惚のイメージは、この上なく柔らかな体、あれほど多くのしなやかにからみつく腕とむさぼるように吸いつく口からの、好色な連想が思わず知らずのうちに入りこんで、つくりあげられたものにほかならないのである。

V　脅し

現実とはかけはなれた性質を、蛸のものとして押しつける一方、蛸の最も発達した能力の一つを、空想物語はこれまで無視してきた。すなわち、蛸が生れつきもっている擬態の才能に由来する能力である。

蛸の擬態は、外見的には、偽装と脅しの二つの面をもっている。古代の博物学者や道徳学者たちは、たこの色と形の多様な変化を、たしかに忘れずに指摘している。よく動き、しかもすべりやすいという、組み合わされた性質が、たこをつかまえにくくしているということ、また、自分がいる場所の石の色を身におびる能力が、たこを見えにくくしているということを、古代人たちは知らなかったわけではない。それゆえにギリシア人たちは、たこを、慎重と巧妙を表わす象徴としたのである[1]。オッピアノス、テオグニス、ピンダロス、ソポクレース、キオス島のイオーン、プリニウスがこの性質を強調した[2]。とくにプルータルコスは、さらに一歩を進めて、たこが色を変えるのはなぜかと自問している。恐れか、怒りか、策略か。

ともかく、彼はたこの擬態をカメレオンの擬態と対比している。すなわち、カメレオンの色の変化は、恐怖によってひき起こされた、もっぱら肉体的なものである。たこのそれは、「敵から身を隠し、一方、食べたいと思う魚をつかまえることを可能にする[3]」計略から生まれたものである。たこの色の変化は知能と計算の結果なのである。

十二世紀に、『オデュッセイアー』に関する古代の古典注釈者の説を整理してまとめたエウスタティーオスは、オデュッセウスはたこであるとする彼らの意見を伝えている。[4] オデュッセウスとたこは、どちらも、相手を面くらわせる、変化にとんだ、数知れない策略をほしいままにする、二つの知恵なのである。ギリシア語の原文でこの知恵を定義するのに使われている形容詞 πολυπλοæο'ς《ポリュプロークソス》〔5〕は、ヘビのうねり、迷宮の通路、および抜け出すことのできない渦を修飾するのにも使われる形容詞である。[6]

しかしここにあるのはただ寓意、すなわち隠喩だけで、厳密な意味での神話ではない。それに、蛸の体色の変化については、防衛的なものも攻撃的なものも非常によく認識されているといえるが、その威嚇的な身ぶりと姿勢については、依然として知られてはいない。ところがいまは、こちらのほうがはるかに注目すべきものなのである。

現実とか正しい情報というものが、催眠術にかかった想像力を導き方向づけるのに、いかに無力なものであるかを、この威嚇的身ぶりと姿勢は、はっきりと教えてくれるからである。現実や正しい情報が、この選ばれた方向を否定しているか肯定しているかは、問題ではないのである。

注意ぶかい、先入見をもたない人の目に映るたこは、動きの遅い、不器用な、無防備に近い動物である（たこは貝殻も、カニなどの甲羅ももたない）。しかしたこは、そのかわりに、偽装と脅しの類い稀れな能力を与えられている。藻類、海綿、岩、あるいはかかしのようなものというように、たこは広い範囲のものの形を次々に巧みに自由にまねることができる。[7]

腕は随意に腹の下で折りたたむこともできるし、頭の上で曲げて丸くすることもできる。頭は体のなかに隠れていることもあるし、体の上に少し出ていることもあるし、非常に高くもち上げられて、たこが突然立ちあがったように見えることもある。泳いでいるときは、この動物は閉じた雨傘に似ている。休んでいるときは、半ばふくらんだ気球のように見える。非常の際には、たこは八本の触腕を放射状に広げて、完全な左右対称形をつくる。たこはこの対称形を、自分の好き勝手に、ふるえさせて消す。すると、一瞬、これが破裂したように見える。こうして、たこをそれと識別させる外観を消滅させ、ただちに色の的確な配分をおこなって、周囲の砂利や赤いサンゴモに同化してしまう。砂利やサンゴモの上は、たこが好んで休む場所である。(8) このとき、頭巾と触腕の白い斑点は、必要なところに正確に広がり、幻覚を完全なものに仕上げる。「燃え上がっている」と呼ばれるこのような姿には、繊細な「斑点模様」がともなっているが、これは色素細胞の働きによって生じる。

ところで、この場合の擬態は、攻撃的というよりも、防御的なものである。捕食者かもしれない相手を恐れさせるというよりも、むしろ怯えている、あるいは待伏せしている動物を、相手の目から隠すことをねらったものだからである。捕食者を驚かそうとするときには、たこは自分を見えるように、見せびらかすようにさえする。たこは悪魔の顔のようなものに見せかけた形をつくる。

J－Z－ヤングは *dymantique*《ディマンティク》な顔と書いているが、これは彼が、「悪魔の」を意味する普通の形容詞では満足せず、その悪鬼的なところを一段と強調するために、これに関連してとくに発明した新語である。(9) たこはこのためにいろいろな工夫を組み合わせる。外套の形が変えられる（外套の膜が最大限にゆるめられる）。瞳が大きく開かれる。腕は腹のほうにひきもどされ、できるだけ大きな弓形に曲げられて、中央の顔の部分を、太くどっしりした輪でとりかこむ。目のもつ独得の魅惑作用があとをひきうける。目の魅惑作用そのものは、動物の世界ではさほど珍しくないが、次に引用するたこのそれは、最も注目すべき見事な例の一つである。

「体の大部分を使って、青白い顔が形づくられている。この顔は暗い赤または褐色で縁どられている。

縁には吸盤の根もとが見える。また、暗い大きな『目』が二つ、中心のあたりに見える。この『目』は、実際の目の瞳が広がってつくられたものである。たこの目を横切っている黒ずんだ棒が、このとき濃さを増し、広がって、上のまぶたの全体をおおう。この黒ずんだ棒の広がりによって、たこの目は大きく見えるようになる。体と腕と頭はすべて平たくなって、一平面のようになり、目が前方をじっと見つめる。乳頭状の突起は消える。すみかの外で敵に出会ったときにとるべき姿勢としては、いちおうこれで完了したように見える。蛸は漏斗から強く送り出した水を、不安を与えるもののほうに差し向ける。それから蛸は、見たところ第四対の二本の腕で釣合いをとりながら、この悪魔の顔が侵入者のほうに向くように動く。不安がさらに増したり、非常に突然に恐怖にとらえられたりすると、蛸は二番目の対の二本の腕を、まず弓形に横に、次に二本が一点に集中するように前に投げ、それから急いでこれをひっこめる[10]」

強敵を脅す見せびらかしを成功させるものは、外観と同時に体の動きである。この例は昆虫に多く見られる。舞踏と身ぶりの組合せ。一部の筋肉の痙攣《けいれん》、さらに、神がのりうつった霊媒のような、忘我状態の全身のふるえ。とくに見事なのは、ぐるぐるまわりながら、慎重にいつわりの視線を固定しておく例で、相手をこの視線で呆然とさせてしまう。最後に、敵の驚きをより大きくするのに適した何かの現象がつけ加えられる。たとえば、蜜蠟の雪のような小片をまき散らす（ビワハゴロモ科のガ）。キイキイという鋭い音をたてる（多くのスズメガ）。吐き気をもよおさせる匂いを発散させる（アゲハチョウ科 *papilio Troilus* の幼虫）。たこの場合は、侵入者へ液体をかける。

たこはさらに、敵に思いきらせる最後の策をもっている。この切り札には、「雲の通路」という名前がつけられている。

「黒ずんだ色の波が、次々に頭から外部のほうに向かって広がり、まわり全体をぶちに染めて消えていく。蛸が立ちあがっているときは、雲はいつも腕のつけ根の部分を降りてくる」[11]
このような脅しの方法は、昆虫においては珍しくなく、博物学者たちによく知られているものである。ところが蛸の場合には、ずっと気づかれないで見落とされてきた。系統的な観察がおこなわれるようになって、専門家たちに初めて知られるようになったにすぎない。腕の上に立ちあがって、蛸が体を揺り動かす脅し方などは、日本の芸術家たちが好んで描いている蛸の姿勢と非常によく一致しているのにである。とにかく、こんなに多様で派手な示威運動の習慣を蛸がもっているにもかかわらず、それらは、蛸を対象とした「神話」には、何の影響も及ぼさなかったのである。想像力の活動のきっかけをつくった主題、自然発生的な空想の出発点となった着想は、科学的な調査によって与えられたものでは、けっしてないのである。科学的な調査の努力は、つねにまったく何の役にも立っていない。
迷信は外見をもとにした連想によってつくられ、養われていく。科学ではつかみがたい論理が、この連想を支配している。しかしながらこの論理そのものは、奇妙で、恒久的で、普遍的な堅固さで厳密に統一されている。客観的な現実による否認も追認も、各部分が相互の磁化作用によって強力に結びついた体系に対してはほとんど力をもたない。この各部分はそれぞれの力を、その内部からひき出してくるのである。たこは淫らではない。しかし乗り越えがたい宿命が、たこを好色な動物にしてしまう。吸盤はただくっつくだけのものである。しかしこの吸盤でたこはその食物を吸いとるのだと、みんなが信じこんでいる。何かあると、蛸はすぐ超巨大な怪物に仕立てあげられる。しかし現実にいる巨大なヤリイカのほうは見のがされ、その大きさはまだよく知られていない。たこは角質の強力なくちばし、毒液、敵を脅す見せびらかしの擬態をもっている。しかし空想物語はそれらを同時に同じように無視している。
さらにもう一つ、最後に見落とされているものがある。これ以上驚くべきものはないと思われるほどの、いや、ないにちがいないとさえいえるほどの、重大な見落しである。すなわち、たこの巨大脳である。しかし、おそらくは、この巨大脳が動物そのものと見なされているところから来た見落しなのであろう。頭足類という名がよく示しているとおり、この動物は、柔軟で、つかむ能力のある八本の革ひもをじかにとり付けただけの、頭以外の何ものでもないのだからである。

VI　頭

たこにおいて古代ギリシア‐ローマ人たちがとくに高く評価していたのは、この動物が注意ぶかい猟師であり、自分のすみかの工夫力に富んだ建築家であるということであった。現代の観察者たちは、このたこの知的能力を明確にすることに成功した。

マーティン‐ウェルズは数年を費して、蛸におびただしい数の実験をおこなった。気どりでか、あるいは反発によってか、彼は一般の意見にさからって、蛸をきわめて上品で美しいものとして描いている。それはともあれ、驚くべきほど豊かな才能を蛸がもつという彼の確信は、あくまでもしかるべき手続きをふんだ、正当な理由にもとづくものである。

事実、蛸は覚えるのが早い。ウェルズは蛸に幾何の図形を教えるのに、何の苦労もしなかった。平らなものであれば、正方形、円、三角形、台形、縦あるいは横にした長方形を、蛸は見分けることができる。たこは大小の正方形、同じ大きさの白と黒の円、黒の十字形と黒の正方形をも区別する。(1) ということは、すなわち、たこはものの形を、単に幾何学の観点から見分けうるだけでなく、同様にその大きさ、方向、および色をも識別することができる、ということである。たこにできる、とジャック‐モノーが責任をもっていいきっているのは、次のことである。

意味をもった出来事を記憶し、その似たものを集めて分類し、この分類した各グループを一定の関係にしたがって結びつけ、要するに「先天的に頭脳のなかにもっているプログラムのなかに経験をとり入れることによって、このプログラムを豊富にし、洗練し、多様にする」こと。一言にしていえば、この生物学者は、たこに、認識だけでなく、組合せの機能をも認めているのである(2)。

障害物と迷路のなかで進む方向を見つける実験では、少しの試行錯誤をするだけで、蛸は困難にうち勝つ。この障害物と迷路を通りぬけなければ、好物のあるところ――カニが板ガラスで仕切られた向うに置いてある――へ行けないようにした実験である。そこで観察者は、こんどは、電気を通した台の上にごちそうを置く。二、三度試みると、蛸は完全に「理解」し、えさに近づくことをやめる。しかし大脳の前頭葉の大部分を手術でとり除くと、蛸はショックの記憶を失い、絶えず、一日のうちに一五回も、試みをくりかえすようになる。この実験は一ヵ月以上も続けられた(3)。たこが記憶を蓄積し、これを活用する能力をもっていることがわかる。

これらの立派な働きとはうらはらに、たこは物の重さが区別できないし、また立方体と球とを混同する。こんなにも賢い動物が、差し出された物体の重さと体積に関してだけは、なぜ必ずこのような失敗をするのか。好奇心をそそられて、たくさんの専門家たちがこの理由を説明しようと試みた。

J・Z・ヤングによれば、二種類のこれらの失敗は、同じ一つの原因から生じたものであるという。この動物の神経の回路が調整されていない。この動物はすべての情報を、一つ一つばらばらに、それぞれ独立のものとして受けとっている。人間や節足動物と違って、たこは自分の体の形や、空間のなかで占める位置や、おこなう運動についての意識をもたないように見える。著者は、まさにこの点に軟体動物の特徴がある、と考えている。だからといって彼は、蛸に不平をいうのではない。根本的な不利を埋め合わせるすべを心得ているとむしろ蛸を賛美するのである。

この不利については、蛸に明らかに責任はない[4]。蛸はこの埋合せとして、あのたくさんの特権を手に入れたのである。不利はおそらくこの身代金ということなのであろう。

たこの輝かしい「知的な」業績は、その伝説を富ませはしなかった。過去にさかのぼった推測を好む人たちは、ネズミやミツバチやイルカについて考えたと同じようなことを、たこについてもたぶん自問したことがあるにちがいない。すなわち、好都合な事情に恵まれて、もしこれらの種が、いまは潜在的なままにとどまっている自然界での最高権力を発揮できていたとしたら、人間はどうなっていたであろうか、という問いである。

このような空想は、目的はとにかく、本来は無意味なものだが、それにもかかわらず明白な一つの現実を反映している。たこの場合は、この動物が頭の発明者だという現実である。すなわち、高等な感覚、表現と調節の機能、最後に、状況に応じた決定をおそらくもっぱら反射的に、少なくとも大部分は機械的におこなう能力、これらを同一の場所に集中するという考えを、たこは発明したのである。自然界にはしばしば起こっていることであるが——私はとくにマンモスの巻いた牙のことを考えている——、一種の過剰発達がこの有利な改良を必要以上におし進め、求めていた目的を超えさせてしまったのである。この目的はいまではときとして不可解なものとなり、ただ漠然とした必要として感じとられるか、あるいはそのような状態にとどまっている。頭足類の場合、それまでは感覚能がどの器官にもほとんど区別なく分散して存在していたが、この器官が過度に犠牲にされて、新しい場所が生まれた。それ以後は、ここに感受と決定の中枢が集められた。こうして、つかむことと移動に使われる付属器官を除いて体全体が頭のなかに吸収されるかのような方向に、すべてのことが進行した。

問題の行き過ぎた解決は、すぐに見捨てられてしまった。生物の全体的な進化の系統のなかで頭足類は欄外にはみ出した存在としてとり残された。ほとんど祖先も子孫ももたない。このことは、キュヴィエがすでに指摘したとおりである(5)。体が頭とまざって一つになり、左右対称に並んだ八つの器官で、じかに支えられている怪物。この八つの器官は、這《は》う、さわってみる、つかむ、ひきとめる、その場にしがみつくのほか、少し語弊があるかもしれないが、ほとんどまやかしとも見える複雑な芸当をもやってのけることができる。そのうえに、この嘘のような動物は、ひれをもたないのに、止まったり速くなったりを交互にくりかえして前から後ろへ泳ぐ。それだけでなく、ジェットの噴出管の役をする吸管を使って、ぐいぐいと激しい勢いで進むこともできる。同時に、この動物は水の外を這って進むことも、障害物を乗り越えることもできる。さらに加えて、突き出た大きな目。面くらわせる鳥のくちばし。そして、ことさらに数えあげるまでもなく、一見してまず目につくもの、すなわち、気味悪い花冠を開いている、軟骨様の吸盤をもったねばりつく腕。

たこはこの姿で安定している。この非常に特殊な外観をたこに与えているものは、頭と手足の中間部分の欠如である。

しかしながら、たこの隣接種であるコウイカやヤリイカ、さらにカイダコには、この気になる安定性も、中間部分の欠如も認められない。それゆえに素朴な意識は、動物学の要求に従わないで、これらを蛸とはまったく違ったものと思いこむ。これらは輪郭のはっきりした体をもっている。頭は、当然あるべき形どおりに、この体の高貴で指導的な先端を構成している。より短い腕は、動物の体を前方に延長した冠を、もはや形成するにすぎない。この動物は蛸のような孤独な見張り番ではない。群れをなして暮らし、自分の追跡の速さをあてにして、えさを捕えている流浪者である。最後に、これらの動物は水平方向の姿勢をとっている。

しかし蛸のほうは（人間と同じように）立っているように見える。他方、蛸の頭巾をかぶった頭、その並はずれて大きな目は、謎につつまれた宗教裁判所の拷問者たちの、目と口のところだけ穴のあいた頭巾を思い出させる。彼らの責め方はサディズム的であったという評判が高い。知的といって悪ければ、頭脳的な蛸は、行動をしているあいだも、観察することをやめない。この特徴は、蛸の奥深くにある性質を表現しているように受け取られる。この本性は北斎の卑猥なたこのなかに姿を現わしさえしている。このたこは、女の体の上に前のめりになっておおいかぶさり、彼女をうっとりとさせている。彼女のなかに快楽の高まるのを見守ることに、付随的な楽しみを見出しているかのように、このたこは彼女から目をはなさないのである。

たこの触腕は、粘着力のある革ひもと鞭の役を同時に演じている。たこの放射状になった左右対称の形は、開いたり閉じたり、燃え上がったり縮んだりを交互にくりかえしている、食肉性のイソギンチャクのそれのイメージと結びつく。たこは袋、ねばねばしたポケットにすぎない。しかし「クモの巣」と正当に名づけられているものからの連想で、強い筋肉をもっていると信じこまれてしまう。「クモの巣」というのは、自動車の屋根の上に荷物を固定するのに使う網を示す言葉である。ひっかける鉤《かぎ》のついた、伸びやすいひもが、たくさんついている。この「クモの巣」がたこに姿を変える。ここでは、ほとんどつかまえることができない、ゼリー状の動物が、むさぼるように吸いつく、感性をもった止血用のゴムひもを、まわりに投げかけるのである。このゴムひもは生命の樹液を吸い、犠牲者の表皮をつらぬいて、それを自分のなかに移すことができるのだと信じられている。しなやかで淫らなヘビの結び目が、暗い陰門のまわりに並べられている。狙われた獲物は、血を吸いとられ、ひき裂かれて、最後には、このなかにのみ込まれてしまうように見える。外に残るのは、使いものにならなくなったボロ切れだけである。

かくて、性的なことがらはここでは表現されていないか、あるいは暗示されるにとどまっているが、このような場合でも、性の構成分子は他のものに混じって、その特有のにごりをつけ加えることになる。

以上が蛸の注目すべき特徴の要点である。この特徴のゆえに蛸は、のろわれた動物物語集のなかに特別の地位を保証されている。この特徴はまた、隣接種がなぜそこから締め出されているのかを理解する助けになる。無意識の選択がこの領域で必然的に働いているからであるが、その動機は曖昧で、しかも同時に気むずかしいのである。最も適したものが勝利を得る。蛸がヤリイカをうち負かした。

しかしながらヤリイカも蛸と同様に触腕と吸盤をもっている。ヤリイカは、素早く動く二本の長い導火線さえ装備している。その長さは一〇メートルにも達する。*Architeuthis princeps*《アルキテウティス　プリンケプス》〔6〕のような、深海性の大きな種においては、まったくの超巨大さに達するものがいる。無脊椎動物中の最大のものであることは、確実である。しかしヤリイカは、障害物のない広い水のなかを泳ぎ、なおあまりに魚に似すぎ、岩の後ろで待伏せをしてはいない。固い軟骨が体の形を一定に保っている。腕の放射の上に直接置かれた、完全に形が変わりうる、孤立した、並はずれに大きな頭、——ヤリイカはそのような姿で現われはしない。ヤリイカは、反対方向に不意に跳ねたり、鈍重で複雑な這い方をしたりして、自分の好き勝手に移動することはしない。しかし、この這い方こそ、その陰険な外見でぞっとさせるものである。ヤリイカには、たこほど体を縮めたり、同時に広げたりすることはできない。要するにヤリイカには、あのぬるぬるして絶対的な柔らかさが欠けている。ところが蛸に最大限の醜悪さを与えているのは、この柔らかさなのである。

想像力から見た場合、たこの本当の親類はコウイカやヤリイカではない。想像力が自発的に、その本来の傾向にしたがっておそらく必然的にたこと結びつけるのは、陸に住むたこに敷き写しのもの、すでに名前のあがっているクモである。

クモは、本質的な点で蛸と外観および態度を共有している。いいかえれば、クモは、肉体的にも、同時に精神的にも、蛸の複製なのである。クモも、空想物語から同じような取扱いを受けている。最も危険なクモは、最も小さなものである。並はずれに大きなツチグモは、冒険と恐怖の物語のなかにしつこく現われるが、攻撃的なものではないし、毒もあまりもってはいない。人間にとって、とりたてていうほどの危険性は認められない。これに反して、生命にかかわる著名な例は、ほとんどすべて、とくにアルゼンチンとブラジルにおいては、さほど大きくない、害のないような見かけをしたクモが原因になったものである。これらのクモはバナナのふさや、トウモロコシの葉のなかに隠れている。あたかも動物の大きさによって不法行為の大きさを測ろうとするかのような傾向が、ここにも存在するということである。少なくとも最初の段階では、そうなっているように見える。

さらに明確にいえば、架空物語の作者たちが好んで想像する巨大グモの行動は、蛸とそっくり同じものである。蛸のように、洞穴の奥にうずくまり、そこにはいってきた人間が通りすぎるところを襲いかかってとらえ、血を吸いとってしまう。なかでもとくにエルクマン＝シャトリアンとオラーシオ－キロガの作品に現われる、驚くべき変種の例を見ると、想像力が蛸とクモとを結びつけるのをいかに好んでいるかがわかる。想像力はこれらを、獲物におおいかぶさって吸いつく、同一の空想の怪物につくりあげている。たこは海に住む巨大なクモであると、確かな実感をもって信じられているのである。ユゴーは淡水の蛸さえ発見している。しかし、これは正しくはミズグモ類のなかのクモで、水中に生える植物のあいだにつくった、空気で満たされた鐘形の部屋のなかで、待伏せしていたのであった。すでに見たように、ジリヤットに蛸を対抗させた戦いの場面で、ユゴーはこの主人公の窮境を表現するのに、彼は「このクモにとらえられたハエ」であったと書いている。

精神分析学を困らせることは、不可能でないまでも、普通はむずかしいことなのだが、その精神分析学でさえも、蛸とクモという兄弟のような象徴の、それぞれの意味を区別することは容易でなかったように見える。精神分析学の見解では、どちらも等しく母親恐怖と宿命を表わしている。ユゴーに関連してシャルル－ボードアンはこの説を述べている。[7] ある若い娘の打ち明けた話を分析したJ－シュニア[8]は、少なくとも彼女の場合には、蛸は彼女が母親に対して感じている魅力と愛情を象徴し、一方、クモは母親がこれと競いあって彼女に吹き込む憎悪を表わしていると断言できると信じている。

しかし新しい種類のこの神話の動機は、ここではあまり重要ではない。教訓的なのは、この神話が確証している蛸とクモとの一致である。蛸は、素朴な人の目には、巨大でねばねばしたクモに見える。しかし、クモよりも蛸はいっそう恐れられている。それはおそらく、蛸がわれわれとは違った環境に住み、わなの中心にいるのではなく、ある意味で蛸自身がわなそのものであるからであろう。蛸は身動きをできなくする織物であると同時に、むさぼり食う怪物である。蛸はクモと同数の「脚」、あるいは「腕」をもっている。しかし蛸の腕には関節はなく、しなやかである。クモと同じように、蛸はうずくまり、待伏せをする。それに加えて蛸は、思いのままになる約二〇〇〇の吸盤をもつ。動物の世界では稀れな前代未聞のこれらの道具には、血と生命を吸いとる力が与えられている。実際には、吸盤は栄養摂取の器官ではけっしてないのに、である。たこがその主要な食べものであるカニと貝をかみ砕くのに使っているのは、その角質のくちばしである。

たこのなかに、クモのイメージと並んで、このときつくりあげられるのが、別の身近な動物、たくさんのほとんど無数のヒルのイメージである。ヒルはたいていの沼にいて知られ、医療用に使われることによって恐れられている。薬局では、ごく最近まで広口びんのなかに貯蔵して、ヒルを売っていた。医療用のヒルの機能は、まさしく、たこがふんだんに装備しているあの同じ器官を使って血を吸いとることである。この中継によって蛸は、はるか遠く、綿毛でおおわれた羽をもつコウモリ *vampire*《ヴァンピール》〔9〕にも同様に結びつく。

　コウモリは、この悪魔の翼で静かにあおいで、旅行者を眠りつづけさせ、そのあいだに彼らの血を吸う。実際にコウモリは人間の血を吸う同じ一族に属している。翼手類の伝説が頭足類の伝説を養い豊かにする。科学的な分類法までがそれに感染している。頭足綱二鰓亜綱のなかのヤリイカの十腕目と蛸の八腕目のあいだにコウモリダコ目 *Vampyromorpha*《ワムピュロモルファ》というのが、こっそりはいりこんできている。これに属するものはコウモリダコ *Vampyroteuthis infernalis*《ワムピュロテウティス インフェルナリス》〔10〕ただ一種類だけである。一種の生きている化石で、火色をしていて、熱帯と亜熱帯の深海に住む。

　一九四〇年から一九五二年にかけて、グレイス－エヴリン－ピックフォードが研究した。シーラカンスと同じような、太古の生命の遺物である。私がこのコウモリダコのことに触れたのは、ただその名前のためにである。この名前は、想像力の奥深くにひそんでいる好み、その執拗な傾向を、不意をとらえた形で表現しているからである。

エピローグ

唐突の感があるかもしれないが、私の研究はここでいちおう終わる。私が明らかにしようとしたのは、蛸と、想像力が蛸に強制したさまざまな変身とについてであった。想像力は、現実を堂々と無視して、少なくとも現実が想像力の自由な進行の妨げになるときにはいつでもこれを無視して、この変身を蛸に強制してきた。

私はこれに関して、どんな結論もいま下すつもりはない。このような研究には真の終りはないのだから、結末をつける意味での結論は、もともと必要ないのである。それどころか、この研究は、新しい可能性に道を開いてさえいるのである。

蛸の空想物語は、判読はできるが非常に特異な、しかも厳格な修辞学に従って、ひとりでに他の空想物語、クモや、コウモリや、ヒルのそれと結びつく。これらはいずれも、蛸に劣らぬ注目すべき位置を、地獄の動物誌のなかで占めている。ここでもまた、私はあの発端を示す目じるし、あの希望や不安の反映、あの誇張したおしゃべりを見出す。それらはもともとは自然が提議したものだが、いまのような形に発展させたのは、主として純粋な空想である。

しかしながら、自由であるような見かけとは反対に、空想は実際はただ従うことしかしていないのである。というのは、空想が生まれるのは、必ず自然の可能な展開の一つとしてなのだからである。私はそう主張してよいと信じている。自然は、結ばれるやいなや砕ける無数のあわに、とらえがたい、つかの間の不確定な存在を許している。これらのあわは、不断の沸騰によって、原子の舞踏のようにかき立てられ、上方に押しやられ、ひしめきあい、予感されるやいなや消え去る。あわは、すぐその場で溶けてしまう。しかしながら、いくつかのあわは、鮮明になり、輪郭を表わす機会にめぐり会う。はかなくもろい安定性を、それらが手に入れることも起こりうる。たまたま記憶にとどまることがあると、これらの亡霊、これらの精神のもやは、突如として、最初の永続の恩恵に浴することになる。それらはいわば執行猶予を獲得したのである。この敷居を越えたとき、それらはこんどは宇宙の普遍的な法則に従うことになる。これらの精神のもやのなかに、自然の一つの展開を認めうると先刻私が主張したのは、このような理由によるのである。それらはしだいに消えていくあわ、むなしい騒乱であった。それらはいま、重さ、影響力、繁殖力を与えられてふたたび見出されるのである。そのなかで雪球のように大きさを増していったものが、思想、神話、信仰、詩になる。それらは感受性と知性と熟練を味方につけた。それらはとらえがたく流動的な不動性を獲得した。すなわち、熟慮反省の対象、感動の源泉、魅惑の中心がもっているような、あの不動性を、である。

同じように、過冷却の液体のなかで一つの結晶がつくられると、特定の法則に従って、次々に他の結晶がこれに加わり、ついには溶液全体が統一の見事にとれた角柱の建築物になる。拘束と隷従が耐久性と自律をもたらす。それらによって初めて実体が形をとることが可能になる。実体と夢想がたどる道筋は隔ってはいるが、類似のものである。この意味で物質と想像のあいだには連続性がある、と私は断言するのである。さらに一歩を進めて、私はいいたい。同じ一つの神経が単一の場を走っている。この場の両端は遠くはなれ、そこではすべてが正反対であるように見えるほど似ていない。しかしこの同じ神経の支配によって、この両端にも、同一とまではいわないにしても、少なくとも統一がとれてたがいに連帯した、等質のものごとの歩み、規範が強制されているのである。

このような展望をもっているので、私はこれまで幾度もくりかえして、正しい想像力の働きについて論ずることができると信じたのである。論理が遠慮がちで、厳密さが十分でないところもあるが――それはまさに想像力の不足による――、これら二つの極限が断乎として結びついていると考えている点では一歩も譲るつもりはない。物質の世界においてと同様に想像の世界においても、際限のない競争がおこなわれている。ここでも、最良のものが勝つ。しかし最良が必ずしも最も有用なものを意味しているとは限らない。反対に、最も神秘的で最もなぞのように見えるものであることもありうる。想像の世界での最良のものがそう見えるというのは、それが満たしている必要の真の重大性を人間が正しく認識していないからである。

自然の一部として人間もまたこの必要に全面的に支配されているのだが、直接の生存のための有用性、効力あるいは能力を、他のすべての価値より重く見ることに慣れてしまっているからである。しかしながら、貝殻のラセン形を描くこぶ、花冠、カメの背甲、動物の毛皮、鳥やチョウの羽などの模様とその洗練された左右対称形の存在を、彼も認めざるをえないにちがいない。彼は普通これらのものを一つにまとめて、装飾的なものと呼んでいる。装飾的なものの普遍性を否定することは、まずほとんど不可能であろう。気に入られたいという欲望の表現や喜びの追求の表示は、成長し繁殖するという本能に由来する隷従に劣らず、広く一般的なものであり、また専制的なものである。これらもまた、後者に劣らぬほど自然な、自己主張の本質をなすものである。とにかく、私が強く主張しておきたいのは、普遍的なものはどんなものであっても、けっして余分なものとか、せいぜい二次的なもの程度に見られるようなことがあってはならない、ということである。

好事情の重なり合いが、時をおいて、一つの構造、特性、あるいは種を出現させるにいたる。これらは、世界をつくりあげている織物の潜在的な連続性を保証するあの基本的な常数の存在を宣言し、あるいは明示するものである。それを示す光は普通よりは強いが、しかしその方法は、ほとんど強制的に時間的にずれ、また教会の地下聖堂のように深くうずもれてである。それゆえに生み出された対象物は合図をするのであり、前兆となるのである。それは正しい想像力を自分のほうにひきつける。正しい想像力はそれを発明するのではなくて、発見するのである。正しい想像力はそれが示している関係を予感する。幸運と洞察力に多かれ少なかれ恵まれて、正しい想像力はこの関係が何であるかをつきとめ、はっきりさせる。

このとき、正しい想像力は魂のなかにも一つの感動、ざわめきのようなものをひき起こす。共感の広がりがこのざわめきを、より説得的でより迫力のあるものとする。予想外の基準点とそれらをつなぐ道筋とから、この磁気の回線図は、少しずつ表面に浮かび上がってくる。この回線を組み立てている網の目が、漠然と見わけられるようになる。

最後にそれは安定した夢、隠喩、神話のなかに露出する。

神秘が人を動かし、異常が人を魅惑し、詩が可能であるのは、それはただ、世界の統一性がまき散らされている、あの複雑で人を面くらわせる交感が存在しているからにほかならない。この世界の統一性を思い出させるものはすべて、たがいに満足しあい、あらかじめ許しあった共犯的な反響、すなわち、渇望されている全員一致の郷愁を、感受性のなかに目ざめさせるのである。私が蛸の変身を研究した意図は、想像力が進んでいく、縦横にひろがり屈曲する経路の新しい例を、もっぱら明らかにすることにあった。

哲学者たちはこれまで、現実的なものと合理的なものとを同一視して、疑わなかった。しかし細心の注意をはらった調査を数多く踏まえ、そういう調査をさらに積み上げていくならば、根拠のある類推と人目につかない結合とが交差した格子が、別の大胆な精神によって、いつかは必ず発見されるにいたるだろうと私は確信している。想像の世界の論理は、これらの類推と結合とによって構成されている。

原注ならびに訳注

＊（　）は原注、〔　〕は訳注の表示。

序　言

〔1〕スフィンクスは、人頭で、身体がライオンの怪物。謎をかけ、解けない者を食べた。キマイラは、ライオンの頭、ヘビの尾、ヤギの胴で、口から火を吐く怪獣。ケンタウロスは、体が馬で、腰から上が人間。イポグリフは、頭がワシ、体が馬で、翼をもつ。

〔2〕半翅類のビワハゴロモの一種。

〔3〕ナス科の植物。薬用となり、また魔術に用いられた。

〔4〕『神話と人間』*Le Mythe et l'Homme* に収められている。

〔5〕イングランド南部にある海水浴場。

〔6〕『サミュエル - ジョンソン伝』〔一七九一年〕で有名。

〔7〕九つの頭をもつ水へビ。

用語について

〔1〕「多くの足」を意味する。

第一部　幻の発生

I　古代地中海地方でのたこ

（1）Otto Keller, *Die antike Tierwelt*, t. II, Leipzig, 1913, pp. 508-513 の注。ミノス文明については、Jean Charbonneaux, *L'Art égéen*, Paris,1929 および Arne Furumark, *The Chronology of Mycenaenen Pottery*, Stockholm, 1941 にある図版を参照のこと。

（2）たとえばウィリイ - リー。Willy Ley, *Animaux fabuleux, créatures imaginaires, trad. franc.*, Paris, 1964, P.126. しかしこれは、理性よりも空想の勝った作品である。

〔3〕キマイラを殺した。

〔4〕父親が新生児を認知する儀式。

（5）一アムフォラは約四〇リットルと見積もられている。

〔6〕一リーブルは約五〇〇グラム。

（7）*Elien, De nat. anim.*, XI, 45.

（8）*Athénée*, VIII,103.

（9）*Elien, op. cit.*, VII, 11.

（10）*Proverbes*, Liv. II.

（11）*Théognis*, 215-218.

（12）*Athénée*, VII, 100.

（13）Oppien, *Halieutica*, II, v. 232 et suiv.

〔14〕古代末期のエジプト人。象形文字の一つ一つには神聖な意味が秘められていて、深い知恵をもつ者のみが解きうると唱えた。

（15）Ulysses Aldrovandi, *De reliquis animalibus exanguibus*, Bologne, 1606, pp. 28-32 の注。

（16）Liv. VII, ch. 100.

（17）Plutarque, *An aqua igne sit melior.*

（18）Liv. VIII, ch. 13.

（19）*Halieutica*, I, v. 536 et suiv.

（20）私はここでブディバ氏にお礼を申し上げる。これらの知識は氏から得たものである。

（21）W. Kirby Green, *Report of the Tunisian Fisheries,* 1872, in H. Lee, *The Octopus*, London, 1875, pp. 84-85.

（22）Ulysses Aldrovandi, *op. cit.*, pp. 31-41.

II 「クラケン」から「超巨大だこ」へ

（1）Lib. XX, ch. 25.

（2）H. Lee, *op. cit.*, P. 100 に引用されている。

（3）Eric Pontoppidan, *The Natural History of Norway,* London, 1755, II, ch. VIII, sect. XI-XIII, pp. 210-218. Kraken は Krake〔枝や根が逆立った枯れ木〕からつくられた語である。

〔4〕ラテン語の医学用語で「臭鼻症」。

（5）*Ibid.*, II, p. 213.

〔6〕小宇宙イカ。

（7）Paris. 出版の年は不詳（一八〇二年）。たこが扱われている部分は t. II, pp. 135-412 および t. III, pp. 5-117。

（8）*Ibid.*, t. II, pp. 271-274. このデッサンはH－リーおよびフランク－W－レインの論文に、うやうやしく転載されている。

〔9〕ピエは約三二・五センチ。

（10）H. Lee, *op. cit.*, pp. 103-105.

（11）Denys-Montfort, *op. cit.*, t. III, p. 88.

III 科学のためらい

〔1〕生物変移論に従えば、生物種の安定した実体はないことになってしまう。「空の理論体系」の「空」は、この意味での「空」と「くだらぬ」という意味での「空」とを重ね合わせたもの。

〔2〕たとえば、生物変移論のサンチレールは、無脊椎動物から脊椎動物へ移行する中間にいるのがイカだとした。これに対し、生物種は固定したものというのがキュヴィエの説。

（3）*Mémoires...*, p. 25.

（4）*Ibid.*, pp. 37-39.

（5）*Dict. Pitt. hist. nat.*, t. VIII, pp. 338-340.

（6）*Histoire naturelle, générale et particulière, des céphalopodes*

acétabulifères, par MM. *de Ferussac et Alcide d'Orbigny, Paris*, 1835-1848, t. I, texte II, planches.
共著になっているが、フェルュサック氏の貢献度はわずかであるように思われる。氏は、この著作の初めにはいたが、最終的な仕上げのまえになくなった。それにもかかわらずドルビニが氏の寄与があったかのように扱っているのは、このような場合にふさわしい礼儀からである。
（7）*Op. cit.*, p. 31.
〔8〕第一部IIの〔6〕を見よ。
（9）*Ibid.*, pp. LI-L11.
（10）*Ibid.*, pp. 71-72.
（11）*Ibid.*, p.211, n. 1 et 4.
〔12〕*Octopus aranea* は直訳すれば「クモダコ」、*Octopus Cunulatus* は直訳すれば「半月ダコ」。
（13）たとえば *Eladone moschatus* を扱った図版（t. II, G, pl. 3）を見よ。
〔14〕マダコのこと。
〔15〕暗赤色を意味する。
（16）*Op. cit.*, pp. 20-21.
〔17〕第一部IIの〔9〕を見よ。
（18）*Comptes rendus hebdomadaires des séances de l'Académie des Sciences*, t. LIII, juillet-décembre 1961, p. 1264.
〔19〕ここですでに、ブイエ艦長の報告での「約二〇キロ」が誇張されている。
（20）この着色されたデッサンは科学アカデミーに提出された。現在は紛失している。しかしその複製が次の書物のなかにある。G. W. Tryon, *Manual of Conchyology*, Philadelphie, 1879, t. I, pl. 59.
（21）*Comptes rendus*, etc., pp. 1265-1267.
〔22〕*Architenthis dux* は直訳すれば「殿様ダイオウイカ」。

IV ロマン主義文学と蛸

（1）ミシュレの記憶の誤りであるように思われる。すでに見たとおり、ドルビニは、反対に、ドニ＝モンフォールの苦心の著作に強く反発していた。
（2）Paris, 1866, IIe partie, Liv. IV. 第一章〈ジリヤット、蛸にとらえられる〉、第二章〈蛸についての冥想〉、第三章〈ジリヤットの格闘と勝利〉。
〔3〕一八六三―七三年。
〔4〕*Octopus vulgaris* はマダコ。
（5）Encyclopédie de la Pléiade, *Zoologie*, t. I, P. 1122. 私がヴェネツィアで繰って調べることができた *l'Atlante linguistico mediterraneo* によれば *polpo commune* は *Octopus vulgaris*〔マダコ〕を指し（dossier no 710）、*stringa* あるいは *piovra*（フランス語のピウーヴルに当たる語）は *Octopus macropus* すなわち、大きな腕をしたたこを示す。
〔6〕目。

〔7〕ロベールによれば、polypus から puelve, pueuve, pieuve を経て pieuvre になるという。
〔8〕ホメロスは眠る。
（9）サーク島のブレクウで、「数年前に」蛸につかまり、逃げることができず、おぼれ死んだという、ウミザリガニの漁師のことを指している（*Les Travailleurs de la Mer, loc. cit.*）。付近の住民にいえば、この悲劇の起こった洞穴を見せてくれる、とユゴーは断言している。
（10）*Les Travailleurs de la Mer*, Paris, Ollendorf, 1911, *Le manuscrit*, pp. 490-491（édition publiée par les soins de G. Simon）.
〔11〕ユゴーは当時なおガーンジー島に亡命中であった。
〔12〕ニワトリの腎臓、とさか、キノコなどのごた混ぜ料理。
〔13〕人間を苦しめる怪物。
（14）André Maurois, *Œuvres complètes*, t. XVI, Olympio, p.426. からの引用。
（15）*Les Travailleurs de la Mer*, éd. cit., Paris, 1911, pp. 529-531.
（16）*Ibid.*, p. 544.
（17）これはユゴーがいい出した数字である。『挿絵入り博物誌辞典』〔四四ページに既出〕は、一二〇対を踏襲している。
〔18〕創造主のこと。
〔19〕ユゴーのこと。
〔20〕『マルドロールの歌』に関連した部分は、栗田勇氏の訳〔現代思潮社刊〕に負うところが多い。ここに記して、お礼を申しあげる。
（21）IIe partie, ch. XVIII.
〔22〕まさかり付のヤリを持つ兵士。
（23）私の推測をあえていえば、古代の博物学者の伝えていることではなく、むしろドニ＝モンフォールの自慢話の、曖昧な記憶から来たものでないかと思う。この自慢話のことはドルビニが伝えている。四六ページを参照のこと。
〔24〕ノールウェイ沖の大渦巻。
（25）Dessins de Victor Hugo, *Les Travailleurs de la Mer*, Paris, 1882. 原版の彫刻者はF－メオール。以後数回複製がつくられている。*Victor Hugo dessinateur*, Lausanne, 1963, p. 182, no 265 には、腕をひろげた蛸を同じように描いたもう一枚の水彩をほどこした線画が出ている。
（26）先に引用した一九一一年版の五七九ページに転載されている。ヴィクトル－ユゴーは、一八六六年十二月十八日オートヴィル－ハウスにて、という日付のある手紙で、ギュスターヴ－ドレに、絵を受け取ったことを知らせている。ユゴーは、この版画家が小説全体の挿絵を書いてくれることを希望していたように見える（*ibid.*, p. 535）。

（27） *Ibid.*, pp. 547-548.

（28） フィルム上のこの神話の存在の例は、数こそ少ないが、くりかえし上映されて生命が長いので、だれでもそれぞれの個人的経験のなかに簡単に見つけ出すことができるだろうと思う。ところで、蛸との決闘というような同じ筋書きが何度も現われる場合、その出現度数は、そういう筋書きで満足させられる強い欲望の存在を、逆に証明しているということができる。以下に私が述べる証言は、この出現度数とそれに対応する欲望の存在の具体例を示そうとするものである。一九四〇年ごろ、ブエノスアイレスの街の映画館では、シリーズものの映画がよく上映されていた。つまり、同じテーマを扱っているか、同じ人気俳優が出演している一連の映画である。わずかな金額でファンは長編映画を五本連続して見ることができた。この五本全部が、最後には自分の過去をとりもどす記憶喪失者とか、主人に忠実な犬とか、透明人間とか、吸血鬼の犯罪とかに当てられているのである。この吸血鬼は、火でやいて鋭く固くした鉄の梁で、心臓を突き刺されて死ぬ。最もよく上映されたシリーズの一つは、無謀な潜水夫あるいは素もぐりの漁夫と、そこに必ず現われる怪物との決闘を、ほとんど唯一の共通分母とするものであった。筋の展開に多くの変化がありえない同じ決闘のくりかえしばかりなのだが、それにもかかわらず観客たちを退屈させなかったのである。彼らをこの挿話がどんなに楽しませていたかをよく物語っている。

（29） A. Toussenel, *L'Esprit des Bêtes, Zoologie passionnelle*, Paris, Librairie Phalanstérienne, 2e édit., 1855, p. 281.

〔30〕 あの世のこと。

〔31〕 雑色の服を着た道化役者。

V 「蛸のボズウェル」

〔1〕 一二ページに既出。

（2） Henry Lee, *The Octopus or the "Devil-Fish" of Fiction and of Fact*, Londres, 1875, ch. III, IV et IX, p. 83.

〔3〕 蛸のこと。

〔4〕 原文では、tantalise（じらして苦しめる）と tentacule（触腕）が同意で重ね合わされて、「触腕で苦しめる」という洒落になっている。

（5） *Ibid.*, pp. 6-10.

（6） *Ibid.*, pp. 10-11.

（7） *Ibid.*, p. 22.

（8） *Ibid.*, p. 26; V. Hugo, op. cit., IV,2.

（9） サーク島のブティクという洞穴のなかで一匹の蛸が水浴者を泳いで追いかけているのを、「この目で」見たとユゴーは断言している。しかしこれは、ほとんど本当とは思えない。

（10） V. Hugo, *op. cit.*, IV, 2.

(11) H. Lee, *op. cit.*, pp. 29-31.
(12) *Ibid.*, p. 34.
(13) *Ibid.*, pp. 42-44.
(14) *Oppien, Halieutica*; cf. Lee, *op. cit.*, pp. 52-53.
(15) Frank W. Lane, *The Kingdom of the Octopus*, Londres, 1957, pp. 30-31.
(16) Eledone Moschata はジャコウダコ。
(17) Salvatore Lo Bianco, *Mitt. Zool. Stat. Neapel*, t. XIV (1904), pp. 513-761.
(18) Fr. W. Lane, *op. cit*, p. 84, n. 1 を見よ。
(19) H. Lee, *op. cit*, p. 36.
(20)「ふざけ」という意味。
(21) *Ibid.*, pp. 38-42.
(22) *Ibid*, p. 48.
〔ホレイショー、この天地のあいだには、人智などの思いも及ばぬことが幾らもあるのだ。——福田恆存訳〕
(23) ジャコウダコ。
(24) 三二ページ。
(25) *Ibid.*, pp. 51, 57, 65, 67-68.

VI 日本における蛸

(1) Jacques Schnier, *art. cit.*, pp. 5, 10, 21.
(2) *Lib.* 51, fol. 17, verso.

〔3〕ここにいう『本草綱目』は、明の李時珍の『本草綱目』ではなく、日本の小野蘭山の『本草綱目啓蒙』（以下『啓蒙』と略す）を指す。一八〇三年刊。「章魚《たこ》」の項は巻之四十にある。
〔4〕「凡章魚ヲ煮先以ニニ莱菔根牛蒡根一答レ之七八次而煮熟則軟美倍レ常」（『啓蒙』）
〔5〕『啓蒙』にはなく、李時珍『本草綱目』のほうにある。
〔6〕「章魚大ナルモノハ八九尺或ハ一二丈ニシテ雞犬ヲトリ食ヒ人牛ヲ捕モノアリ」（『啓蒙』）
「越中富山滑川の大蛸は、是亦牛馬を取喰ひ、漁舟を覆して人を取れり」（『日本山海名産図会』）
同書には、「其足の疣ひとの肌膚にあたれば血を吸ふこと甚はだ急にして、乍ち斃る」という記述もある。また「海中にて人にすひつけばはなれず。人のつばを以ておとせばよくおつるといふ」（『日本山海名物図会』）。
〔7〕「小ナルモノモ夜中陸ニ上リ腹ヲ上ニシ足ヲ下ニシテ健走スルコト飛ガゴトクシテ菜圃ニ入茄ヲツミ芋ヲホリ食フ昼ニテモ人ナキトキハ出ト云」（『啓蒙』）
〔8〕「雲州及讃州ニテハ石距ハ蛇ノ化ルトコロト云蛇化ノコト若州ニ多シ筑前ニテハイ、ダコノ九足ナルモノハ蛇化ト云」（『啓蒙』）
「章魚の内に、あるひは蛇の化するもの有りとい

ふ。ある人の話に、越前にて大蔵にふれて尾を裂きたるが、つひに脚に成りたり……」〔『閑田耕筆』〕
同様の話は、越前に通う商人の語ったこととして『笈埃随筆』にもある。
（9）Alcide d'Orbigny, *op. cit.*, p. 69 et p. 22, n. 1.
（10）蛸薬師。全国の各地にある。京都新京極にある蛸薬師、東京目黒の蛸薬師〔一〇一ページ参照〕がとくに有名。東京池袋にも有名な蛸薬師があった〔井上喜平治『蛸の国』〕そうであるが、現在ではなくなっている〔豊島区史編纂室の話〕。
（11）「たこの町」〔前掲『蛸の国』〕明石市で土産ものとして売っている「たこ珍人形」のたこも、すべてこのような格好をしている。「たこ珍人形」というのは、イイダコの実物を乾燥着色して、小さなコケシ大の人形にしたものである。しかし訳者が見たところでは、残酷無惨、悪趣味で、動物虐待としかいいようのない人形である。
（12）C‐ネット・G‐ワグナー共著『日本のユーモア』〔高山洋吉訳、刀江書院刊〕のなかに「蛸に化けた福禄寿」という絵が出ている。類似の絵がほかにもあるのであろうと思われる。
（13）これらの知識はすべてベルナール‐フランク氏から得たものである。氏のご好意に対する感謝の気持をここに書きしるすことをお許し願いたい。ルネ‐ド‐ベルヴァル氏とジェラール‐レヴィ氏にも、同様にお礼を申しあげねばならない。ルネ‐ド‐ベルヴァル氏は、その秘蔵の民間陶芸のコレクションを見せてくださった。ジェラール‐レヴィ氏は、V‐F‐ウェーバーの重要な著作に私の注意を喚起してくださった。
（14）北斎「薯畑の大蛸」。狂斎「そちらがそうなら、こちらはこう〔魚屋を相手に大あばれする蛸〕」〔前掲『日本のユーモア』〕
（15）「陸奥津軽領深浦といふところ、秋田領より、大間越をへて、此の国の富士といへる山をみんとて、此の浦を過ぎて浜にいたりしに、モウモウと牛の声しきりに聞ゆ。これは何事ならんと見れば、大なる牛これも野飼にして、浜に放し置きし所に、一匹の牛砂原に草を噛みながらねむり居りしを、沖より蛸子寄り来りて、其の牛を海へ曳込まんとす……」〔『周遊奇談』〕
「勢州飯野郡藤原村辺に、七足の蛸有り……此の蛸の大きく成りし物陸へ上り野墓へ行く……新葬有れば、葬所に建てる喪仮竹を足に巻付けて苦もなく引抜き……遂に死骸を取り出し……海中に持ち行く……此の蛸は至りて足早く、其の上風のごとくに、人の隠れ忍ぶを能く知りて来らず、中々尋常にては打殺す事は出来ずとなり……」〔『想山著聞奇集』〕
（16）*The Netzuke Handbook of Ueda Reikichi*, trad. angl., Tokyo, 1961, p. 150, fig. 155. 寿玉がとくにこの場面を

よくとりあげている。

〔17〕訳者が知っているのは、クラゲまたはカメが使者としてサルをつかまえに行く話である。原著者に確かめたが、タコで間違いない、という返事であった。

(18) V. F. Weber, *Ko-ji Ho-ten*, Paris, 1923, t. I., pl. XLV, 2; cf. t. II pp. 171-172.

(19) *Collection D. Rouvières.*

〔20〕漏斗は、実際には、頭巾の後ろがわ、したがって目と反対の位置にある。外套の下に隠れて、ほとんど見えない。たこは後ろ向きに力強く泳ぐことができるが、それはこの水管の働きによる。

(21) *The Netzuke Handbook*, p.133, fig. 123.

(22) Raymond Bushell, *Collectors Netzuke*, New York et Tokyo, 1971, no 301, p. 163.

〔23〕「正英、姓黒川、初期の人なり」〔上田令吉『根付け研究』〕

(24) この品物は京都の古美術店で見つけたもので、現在は私が所有している。仏教の崇拝の対象物に、蛸が描かれているということは、まったく例外的であるように見える。

(25) *Catalogue de l'Exposition itinérante de Sengai en Europe*, Tokyo, 1964. n. 76.

〔26〕弾正坂の近くにある「美喜井稲荷」。

〔27〕「美喜井稲荷」を祭っている生駒さんという人の話である。

〔28〕参考までに、たこについての迷信を調べてみた〔文部省迷信調査協議会編『日本の俗信』第一巻、第三巻による〕。

妊婦がタコを食べるとタコ膚になる。〔千葉、漁〕

妊婦がタコの足を食べると子供の頭髪がちぢれる。〔愛媛、農〕

産後は、イカ、タコ、エビを食べるものではない。〔香川、漁〕

ネコがタコを食うと腰ぬけになる。〔岩手〕

たこに当たることも実際にあるようである。「テナガダの生殖腕を食べると、人によって、発疹の出る事が知られている」「毎年夏になると、タコの中毒が新聞を賑わす。それは鮮度の悪いタコを食べると起きるとか。従って煮蛸を販売する関東以北に多く、関東以北では海岸に遠い所だけではなく、海岸に近い所でも起こっている」〔前掲『蛸の国』〕

〔29〕五・七六メートル×一一・一五メートル。四・五、六畳の平面である。雨が降って表面がぬれると、蛸の形が浮き出て見えるところから「千石」と呼ばれるようになった〔牧村史陽『大阪城物語』による〕。

花崗岩が不純で、鉄分を含んだ層が空気にふれて酸化し、この赤くなった部分が蛸の頭の形に浮かび出ている。石に向かって左側。水にぬれるとさらにはっきりする。大きさは三〇センチぐらい。江戸時代中期ごろからいわれはじめた〔大阪城天守閣学芸部渡辺氏の話〕。

　このような「蛸石」のいわれを、本文にあるように、原著者に説明できる人が「だれもいなかった」といわれて、黙って認めては、われわれ日本人のがわの面目が立たなくなる。かといって、簡単にわかったはずのことを、よく調べないで、原著者がこのように書いたのだということになると、こんどは原著者の権威にかかわることになる。両者の名誉のために、訳者自身がこのいわれを探し当てた経緯を、ここにあわせて書き記しておこうと思う。

　訳者の地元の富山県立図書館にまず尋ねたが、同図書館の資料では不明である、とのことであった。数週間後に上京、国立国会図書館で十数冊の大阪城関係の本を借り出して、ようやく必要な記事を見つけ出すことができた。この十数冊のなかのただ一冊だけ〔前掲『大阪城物語』〕が、このことにかろうじて触れていた。他方、大阪城にも直接電話をしてみた。いろいろな係をわずらわせたが、わからず、最後に天守閣学芸部でやっと解答を得ることができた。その数日後、さきの富山県立図書館から、わかったという通知があった。同図書館は大阪府立図書館に照会し、大阪府立図書館はさらに天守閣学芸部に問い合わせて初めてわかった、という話であった。

　原著者が期待していたような、神秘的な意味が含まれていなかったことは残念である。しかし前記の事実から、原著者の最上の努力にもかかわらず、短時日の滞在期間中に、教えてくれる適当な人をだれも見つけることができなかったということはありうるといえると思う。だからといってわれわれのほうも、まったくだれも知らなかったわけではないことが明らかになった。双方の名誉が傷つかなかったことは喜ばしいことであった。

(30) J-シュニアのすでに引用した論文のなかに転載されている版画（pl. III, p.17）。彼は、好戦的なカニのなかに、男根にあこがれる去勢された母親の象徴を見ている（p.26）。

(31) 国立国会図書館にある。同図書館での資料調査のさいには椎名慎太郎氏と杉村武氏にたいそうお世話になり、有益なご教示を得た。あつくお礼を申しあげる。

(32) V. F. Weber, *op. cit.*, t. I, p. 272.

(33) たこのことは『古事記』にはない。しかし「蛸、フナののどから小判を探す」という絵が寒村にある〔前掲『日本のユーモア』〕。たこを医者に仕立てた作品も存在するのであろうと思う。

(34) 目黒蛸薬師、秋葉山成就院。

(35) *Ibid.*, t. I, pp. 338-339.

(36) 「そののち大師、諸国巡化のみぎり、肥前の松浦に行かれますと海上に光明を放ち、さきに海神にささげられたお薬師さまのお像が、蛸にのって浮んで帰られました。のち東国をめぐり天安二年〔八五八年〕目黒の地に来られました時、諸病平愈《ママ》のためとて、さきに松浦にて拝み奉った尊容をそのままに模して、一刀三礼、霊木にきざみ、護持の小像をその胎内に秘仏として納め、蛸薬師如来とたたえまつられました」〔『東京目黒蛸薬師如来縁起』〕

一、五、九月の各八日の特別大護摩修行のときにこの蛸薬師如来を見ることができる。

(37) *Ibid.*, t. I, p.428. 国芳の版画は p. 429, fig. 466 にある。

(38) しかばねのごとく。

(39) 兵庫県明石市に、西窓后、東窓后という二人の美しいお后に思いをかけて、悩ました大蛸の伝説が残っているという〔前掲『蛸の国』〕。浮須三郎左衛門という人がこの大蛸を退治しようとする。三郎左衛門は、この蛸が二里も先から足をのばして、お后をとらえようとしたところを、待伏せしていて斬りつけた。しかし、蛸はすばやく足をひいたので、斬り落とすことのできたのは、ほんの先端だけであった。しかしそれでもその長さは七、八間もあり、太さは直径三、四尺もあったという。

(40) Laurence Oliphant, *China und Japan*, in H. Lee, *op. cit.*, p.106.

(41) Frank W. Lane, *op. cit.*, pl. 47 et p. 186.

(42) 勁文社『原色怪獣怪人大百科』。

(43) これらの怪物の登場した映画やテレビ番組の名前をあげれば、次のとおり〔前掲『原色怪獣怪人大百科』による〕。

「大ダコ」、昭和三十七年八月上映『キングコング対ゴジラ』ほか〔東宝〕。

「スダール」、昭和四十一年六月五日放映『南海の怒り』〔ウルトラQ〕。

「スパーキー」、昭和四十二年十一月二十九日放映『電流怪獣スパーキー』〔ジャイアントロボ〕。

「ドゴラ」、昭和三十九年八月上映『宇宙大怪獣ドゴォ』〔東宝〕。

(44) 目だけの怪物は「ガンモンス」。昭和四十二年十二月二十七日放映『悪魔の目ガンモンス』〔ジャイアントロボ〕。手だけの怪物は「ガンガー」。昭和四十二年十一月八日放映『巨腕ガンガー』〔ジャイアントロボ〕。〔いずれも前掲書による。〕

(45) 訳者補遺。愛知県知多半島の先端にある離れ島、南知多町大字日間賀島では毎年旧暦の正月元日に「蛸祭り」という珍しい祭りがおこなわれている。むかし、この島のタイ網のなかに、仏像をいだいた蛸がかかったことが縁起になっているという〔刀禰勇太郎『海と常民』〕。

さて、蛸に関係の深いこの南知多町の総務課長間瀬真一氏が、同町豊浜に伝わる「千代取り岩」の伝説を知らせてくださった。他の文献には出ていないようなので、ここにぜひ紹介しておきたい。蛸の足を一本ずつ切っていって、最後の足を切るとき、自分も殺されるという話の骨子は、各地の民話にあるのと同じである。しかし「千代取り岩」の場合は、これに、千代という若い娘の「白いもも」と、それに誘惑される「蛸の好色性」がからんでいるところが、他と違って独得である。

豊浜墓所の海の千代取り岩についての言い伝え

昔、須佐のあらいそ松の近くのとまやに、千代という若い娘が母親と二人で住んでいた。千代は愛らしい美人で、土地の若者たちのあこがれのまとであった。春の引潮に、千代は沖の岩まで出かけて海草や貝をとっていた。そのとき、何かが千代の足にからんだと思うと、たちまち白い腿の上までのびてきた。大きな大きなたこであった。千代は抱きつかれてもがいたが、夢中になって振りまわした鎌が当たって、たこの足が一本切れた。たこは驚いて岩のかげに逃げ、千代は助かった。この足は、太さが千代の白い腿ほどもあって、千代のかごに入りきらないほどであった。

翌日、千代が昨日のところまで行くと、同じ大きなたこがいた。千代が赤い腰巻から白い腿を出して誘うと、たこは足をのばして、千代に抱きつこうとした。千代は構えた鎌です早くこの足を切り取って、その日の獲物とした。

翌日も同じところへ行ったが、このときはたこはもういなかった。一五日過ぎて、また同じ岩のところへ行くと、たこは彼女を待つかのようであった。千代はこのとき、たこの足をさらに三本切った。たこの足はあと三本しか残らなくなった。春が過ぎて、初夏になった。麦の黄色の穂の上をさわやかな風が渡っていった。千代が同じなぎさに出てたこを探していると、たこが出てきた。千代はまた同じようにして、足を一本切り取って家へ持って帰った。次の日も千代はたこのところへ出かけていった。千代は残る二本の足の一本を、これまでと同じようにうまく切った。しかし、たこは最後の足を彼女の白い腿から腰にからませ、千代の顔に黒いすみをはいて目つぶしをくわせると、そのまま千代を海のなかに抱き込んでしまった。

お千代はこうして、せっかくの娘盛りを男に抱かれることなく、たこに抱かれて海に沈んでしまった。母親はなぎさをかけまわって、「お千代、お千代」と叫びつづけた。村の若者たちも、お千代を失って悲しみにくれた。しかし、千代取り岩には、ただ波が寄せたり返したりするだけであった。

（1）J. Schnier, Morphology of a Symbol: the Octopus, *The American Imago*, XIII(1956), pp. 3-31.
（2）S. Freud, Medusa's Head, *Collected Papers*, Londres, 1950.
（3）J. C. Flügel, Polyphallic Symbolism and the Castration Complex, *Intern. Journ. Psychanalysis*, V, 1924, 2, pp. 155-196.
（4）E. Jones, *Nightmare, Witches and Devils*, New York, 1931.

第二部　神話の勝利

I　大ヤリイカ

（1）第一部IIIの〔21〕を見よ。
〔2〕*Architenthis monachus* は直訳すれば「坊様ダイオウイカ」。
（3）H. Lee, *op. cit.*, pp. 107-109; Lane, *op. cit.*, p. 184.
（4）Verh, Akad. Wet., IX, 1860, Amsterdam ; Lane, p. 184.
（5）H. Lee, *op. cit.*, p. 109.
（6）*Transactions of the Connecticut Academy of Arts and Sciences*, décembre 1879. Cf. Lane, *op. cit.*, p. 191.
（7）W. J. Rees, On a Grand squid "Ommastrephes" Caroli Furtado stranded at Love Cornwall, *Bull. Brit. Mus. (Nat. Hist. Zool.)*, I, 1950, pp. 31 et suiv.
（8）F. W. Lane, *op. cit.*, pp. 194-208.
（9）cf. F. G. Wood et J. F. Gennero Jr., An Octopus Trilogy, *Natural History, The Journal of the American Museum of Natural History*, vol. LXXX, no 3, mars 1971, pp. 15-24 et 84-87.
　一八九六年にフロリダのセントオーガスチン海岸で一匹の海の怪物の死体が発見された。この発見によってひき起こされた長い論争を解説したものである。この論争は一度はおさまっていたが、一九六六年に突然、再燃して、その後は少しも終わりそうに見えない。この怪物が、大だこ *Octopus giganteus* なのかクジラ目の動物なのかが問題になっている。組織のこのうえなく細心綿密な分析までおこなわれた。結果はこの討論の目的には無関係なものであった。というのは、*octopus* という言葉が絶えず使われているのだが、この分析報告の論文においては、明らかに *octopus* は「頭足類」全体を示すのに使われている。すなわち、たこだけではなく、ヤリイカをも指している。一方、正確な用語に心をくばっている他の論文においては、問題はまさに未知の頭足類、たこの隣接種にしぼられている。これでは議論がかみ合う道理がないからである。この論戦で記憶に残っているのは、octopus〔蛸〕という言葉の明らかに間違った使い方だけである。
（10）Fr. W. Lane, *op. cit.*, pp.177-178.

〔11〕スルメイカ科の一種。
（12）*Ibid.*, pp. 178-179, d'après David D. Duncan; *The Times*, 26 avril 1921; *The New York Times*, 25 avril 1921.
（13）Fr. W. Lane, *op. cit.*, pp.179-180, d'après *The News Chronicle*, 21 octobre 1941, et *The Illustrated London News*, 1er novembre 1941.
（14）*Ibid.*, pp. 203, 204, 208.
（15）H. Lee, *op. cit.*, p.114.
〔16〕大八腕類。
（17）第二部IIの（9）を見よ。

II　吸盤か毒液か、触腕かくちばしか

〔1〕*Octopus hongkorgiensis* はミズダコの一種で、直訳すれば「ホンコンダコ」。
（2）Fr. W. Lane, *op. cit.*, ch. XI, *Danger*, pp. 163-184.
（3）Références dans Lane, *ibid.*, p. 163.
（4）*In* Le Monde du silence, Paris, 1957, pp. 139-141.
〔5〕*Octopus bimaculördes* は直訳すれば「二斑点ダコ」。
（6）Lane, *op. cit.*, pp. 73-74.
（7）John D. Craig, Diving among Sea Killers, *Pop. Mechan.*, 1936, LXV, pp. 508-511; Lane, *op. cit.*, pp. 169-170.
（8）*Light on a dark Horse*, Londres, 1952. Cf. Lane, *ibid.*, pp. 176-177.
（9）Sir Arthur Grimble, A Pattern of Islands, Londres, 1952;Lane,ibid.,pp.142-144.
（10）Lane, *ibid.*, pp. 22-23.
（11）*Ibid.*, pp. 166-171.
（12）*Ibid.*, pp. 22-23 et 164-165.
（13）*Ibid.*, pl. 42 et 43.
（14）*Cité* Par Lane, pp. 168-169.
（15）Bruce W. Halstead, Octopus Bites on Human Beings, 1949; et B. W. Halstead et S. S. Berry, Octopus Bites: Second Report, 1954. Lane, *op. cit.*, pp. 172-174.
（16）D'après une communication de K. Virabhadra Rao à Fr. W. Lane et James Hornell, The edible Molluscs of the Madras Presidency, *Madras Fish. Bull.*, XI (1917), pp. 1-51.
（17）H. Fleeker et Bernard C. Cotton, Fatal Bite from Octopus, *The Medical Journal of Australia*, XLII, août 1955, pp. 428-431.
〔18〕*Octopus rugosus* はスナダコの一種で、直訳すれば「シワダコ」。
〔19〕*Octopus maculosus Dayle* は直訳すれば「斑点ダコ」。
（20）B. W. Halstead, *Dangerous Marine Animals*, Cambridge (Maryland), 1959, pp. 44-47.
〔21〕*Hapalochlaena maculosa* はヒョウモンダコ。
（22）Patricia M. McDonald, The venemous Ringed Octopus, *The Education Gazette*, Sydney, décembre 1967, pp. 681-682. このたこの毒をもった器官のスケッチが出ている。

III 絹のまなざし

（1）J. Charbonneaux, *op. cit.*, Arne Furumark, *op. cit.*, et J. Charbonneaux, R. Martin, Fr. Villard, *Grèce hellénistique*, Paris, 1970, pp. 182-183, fig. 189 et 190. を見よ。
（2）Denys-Montfort, *op. cit.*, t. II, pl. XXVI.
（3）Herbert Wendt, *Les Animaux*, trad. franç., Paris, 1958, p. 47.
（4）H. Lee, *op. cit.*, p.48.
（5）*Ibid.*, p.45.
（6）*In* Herbert Wendt, *op. cit.*, p. 168.
（7）*In* Fr. W. Lane, *op. cit.*, p. 168.
〔8〕現在のハワイ諸島。
（9）H. Lee, *op. cit.*, pp. 96-97.
（10）J. ten Cate, Nouvelles observations sur l'hypnose dite animale. État d'hypnose chez Octopus vulgaris, *Arch. Neerl., Physiol.*, XIII (1928), pp. 402-406.

IV 好色さ

（1）本書二八および一〇四ページを参照のこと。
（2）V. Hugo, *op. cit.*, II, IV, 2.
（3）Aristotle, *Hist. Anim.*, 541A.
〔4〕直訳すれば「百吸盤虫」。
（5）Henry Lee, *op. cit.*, p.65.
（6）E. G. Racovitza, Notes de biologie. Accouplement et fécondation chez l'Octopus vulgaris Lamarck, *Arch. Zool. exp.* gén. (3), 2, pp. 21-54. このデッサンは次の書物のなかに転載されている。Zoologie (*Encyclopédie de la Pléiade*), t. I, p. 1068.
〔7〕*Octopus horridus* は直訳すれば「粗暴ダコ」。
（8）J. Z. Young, Courtship and Mating by a Coral Reef Octopus (O.horridus), *Proc. Zool. Soc.*, Londres, vol. 138, I, 1962, pp. 157-162.
〔9〕「ヘクトコチルス」〔第二部VIの〔4〕に既出〕というのは、最初はこの寄生虫に与えられた名前。
（10）Guillaume Apollinaire, *Lettres à Lou*, 141, 28 avril 1915, Paris, 1969, p.330.
（11）Saint-John Perse, *Œuvres complètes*, t. II, Paris, 1960, p. 179, *Amers*, str. III.

V 脅し

（1）M. Detienne et J. -P. Vernant, La métis du renard et du poulpe, *Revue des Études grecques*, LXXXII, juillet décembre 1969, nos 391-393, pp. 291-317.
（2）Detienne et Vernant, *art. cit.*, p. 305, n. 79. の注
（3）Plutarque, *Quest. Phys.*, 916 B; *Soll. anim.*, 978 E-F; Detienne et Vernant, *art. cit.*, pp. 305-308.
（4）*Eusthathe*, p. 1381.

〔5〕大いに錯雑なる。
（6）Detienne et Vernant, art. *cit.*, pp. 304-305.
（7）Andrew Packard et Geoffroy Sanders, Ce que la pieuvre montre au monde, *Endeavour*, vol. XXVIII, no 104, mai 1969, pp. 92-99.
（8）J. A. Beerens de Haan, Versuche über den Farbensinn und das psychische Leben von Octopus vulgaris, *Zeitsch. f. vergl. Physiol.*, 1926, IV, pp. 766-796.
（9）*Proc. Zool. Soc.*, Londres, CXL, 229, 1963, cité par Packard et Sanders.
（10）Endeavour, *loc. cit.*, p. 97.
（11）Endeavour, *ibid.*

VI　頭

（1）Martin J. Wells, Invertebrate Learning, *Natural History*, New York, vol. LXXV no 2, février 1966, pp. 34-41.
（2）Jacques Monod, *Le Hasard et la nécessité*, Paris, 1970, pp. 165-167.
（3）Fr. W. Lane, *op. cit.*, pp. 79-84. ここにB－B－ボイコットとJ－Z－ヤングの実験の文献の目録がある。
（4）M. J. Wells, *art. cit.*
（5）本書四三ページを参照のこと。
〔6〕*Architenthis princeps* は直訳すれば「宮様ダイオウイカ」。
（7）*Psychanalyse de Victor Hugo*, Genève, 1943, ch. VI, Arachné-Ananké, pp. 127-148.
　ユゴーにおいてはクモのほうが蛸よりもはるかに重要な役割を演じていると、著者は指摘している。多様さの面では、おそらくそうかもしれない。しかし、及ぼした結果という点では、蛸の役割のほうが決定的である。
（8）J. Schnier, *art. cit.*, p. 25.
〔9〕吸血コウモリ。
〔10〕直訳すれば「地獄の吸血コウモリダコ」。

解説　知的蛸としてのロジェ＝カイヨワ

蛸——幻想の美学の探究者。点滅する新鮮な好奇心。分泌する感受性でおおわれた変形自在な体。迷路の微妙なすき間をも見落とさぬしなやかな触腕。対象にたちまち完全に同化する擬態の名手。直立不動で交尾し、卵を守るのに食を断つ、自己にきびしい倫理家。巨大な頭脳と巨眼の賢者。権威の殻を砕くくちばしと必殺の毒液。絹のまなざしを固定して、歓喜のなかの微かな苦悩の表情を追うさめた観察者。宇宙を取り込む無限の腕の広がりと、理解し尽くすまで放さないねばりつく吸盤。人の意表をつく分野への神出鬼没。創造主とわたりあう不敵の存在で、同時に人間の親切で人なつっこい友人。その肉は栄養に富む内容をもっている。凝った道具立てで敵を驚かす演出家。そして、辛苦の収集品を勤勉に積み上げる王国の建設者。ロジェ－カイヨワが暗黙にもたらしたとの好ましいイメージの蛸、この知的な蛸は、よく考えてみると、ロジェ－カイヨワその人であった。

I 『蛸』について

本書は、Roger Caillois; *La Pieuvre, essai sur la logique de l'imaginaire*, 1973, La Table Ronde の全訳である。

ロジェ－カイヨワの著作はすべて明快で、かつ難解である。本書『蛸』もまた例外ではない。何が明快かといえば、カイヨワ自身の「日本版への序」にもあるように、この書物が「蛸の多様な変身を研究したもの」だということである。このことを見誤る人はだれもいないであろう。古今東西の神話、伝説、風俗、美術工芸品、文学、等々に現われた蛸が、ここには丹念に集められている。

「日本における蛸」という一章がある。われわれは、日本のことなら何でも、生れながらにして知っているような気持でいるので、半ばくすぐったい、冷やかし気分で読みはじめることになる。しかしカイヨワのほうが、われわれよりはるかにたくさんの材料をもっていることを認めざるをえなくなるのに、長くはかからない。何か種本があるのだろう、とわれわれは考える。ところが意外なことに、「蛸の国」日本に、著者が試みたような幅の広さで組織的に蛸に関する資料を集めた書物は、一冊もないようなのである。蛸の伝説・民話に限れば、井上喜平治氏（神戸市立須磨水族館前館長）の『蛸の国』（神戸新聞社出版部、昭和四十年刊）をかろうじてあげることができる。日本人によって書かれた蛸のモノグラフは、信じがたいことだが、ただこの一冊があるだけのように見える。それゆえに、カイヨワは謙遜して「行き当たりばったり」に集めたといっているが、とくに根付けや版画などの蛸についての情報は、われわれにとっても完全に新しい未開拓の分野に属するものである。文化財の流出という点では残念だが、カイヨワが京都で見つけて買った、蛸とハスを刻んだ「正英」作の如意棒も、蛸と仏教との関係を今後掘り下げようとするときには欠かすことのできない貴重な発見ということができる。蛸と仏教との関係は、カイヨワのまったく独創的な指摘であることはいうまでもない。

ヨーロッパから最も遠くはなれ、最も知られることの少ない日本の資料についてさえ、これほど野心的な配慮がなされているとすれば、他については推して知るべしである。古代、中世の、蛸に関係があると考えられている怪物の話も、すべていちいち原典にさかのぼって、その系譜についての正しい考証がおこなわれている。これを読み、他の類書を読めば、孫引き曾孫《ひまご》引きの材料ででっち上げた、かたはら痛いあやしげな書物が、世の中にいかに氾濫しているかに、いまさらながら驚かされることになる。現実の蛸に関する生物学的知識も、同様に類書とくらべてみれば、専門的立場から見ても最も信頼のおける最新のものであることはもちろん、さらに、重要なものが公平に網羅され、読みやすく整理されていて、この点でもまったく文句のつけようのないものであることがわかる。要するに、この一冊だけで、たちまちすっかり蛸通になり、蛸が好きになってしまう、非常に楽しいすぐれた書物であることに感心させられる。

ところで、ここで最初の疑問が生まれる。カイヨワは生物学者ではないし、科学読物の作家でもない。社会学者であり、哲学者であり、思索家である。それ自体がいかに興味深いテーマであろうとも、哲学者が何のために蛸にこれほど熱中しなくてはならないのか。カイヨワは、その『美の全般に関する美学』*Esthétique généralisée* を見ても明らかなように、読者に不親切というのではなく、自分自身に対する厳しさから、くどい説明をひどくきらう。この潔癖さのおかげで、読者もカイヨワもはかり知れない損をしてきたと思う。カイヨワが謎の作家に見えはじめるのは、この疑問を感じたときからである。幸いなことに、カイヨワも最近では、彼自身の予想以上に自分が理解されていないということに少しは気づいてくれるようになったように見える。『蛸』に関しては、「想像の世界を支配する論理をさぐる」という、比較的丁寧な副題がそえられている。また、

「日本版への序」でも、カイヨワは重ねてこのことに触れている。しかしだからといって、この書物に対するわれわれの疑問がすべて氷解するというわけにはいかないのである。

「想像の世界の論理」についてカイヨワのいっていることは、おおよそ次のことに尽きる。哲学者たちはこれまで、現実的なものと合理的なものとを同一視して疑わなかった。しかし超現実的なものと考えられている「想像」のなかにも、合理的な「論理」の働いていることが、明らかに認められる。カイヨワは、自分は作家活動を始めた最初のときから、ずっとこの問題に心を奪われつづけてきた、という。カイヨワがこの問題を非常に重大だと考えていることは、その熱心な口調でよくわかる。われわれもそれに感染して、その重大性が理解できたような気分に一瞬はひたることができる。しかし立ちどまって考えてみると、依然としてあまり何もわかっていないことに気づくのである。何の目的のために、このことがそんなに重大なのか。カイヨワは、それが世界の秘密を解く魔法の杖であるかのようにいう。しかしわれわれには、どう見ても、せいぜい非常に念入りにみがきあげた綺麗な棒にしか見えないのだからである。魔法の杖に見えなければ、カイヨワが理解できたことにはならない。

　カイヨワがこの定理をあきることなく求めつづけてきたのは、さしあたっては、詩のイメージをめぐる、アンドレ‐ブルトンらとの論争に決着をつけるためであった。カイヨワはつねに好んで最も困難な立場を選択する。詩においてはイメージの役割が非常に重要であると強く認める点では、両者ともに同じである。この場合、隣りあわせと一般に考えられている、たがいに似かよった、二つの言葉を結びつけることによってつくられるイメージが、最も効果のうすい、平凡なイメージであるという点でも、両者の見解は一致している。結びつけられる二つの言葉の関係は、驚きであり、スキャンダルであり、断乎たる啓示でなくてはならない。ブルトンはここから、よりかけ離れた言葉をより気まぐれに結びつければ結びつけるほど、より強い効果をもつイメージが得られるという結論を引き出す。この主張を発展させると、やがては、最高の効果をあげるためには、二つの言葉の関係は、感覚によっても、理性によっても、さらに想像力によってさえも、是認されるようなものであってはならないというところまで行きつくことになる。この方針にしたがってシュールレアリスムの詩人たちは、「宇宙の感覚を鈍らせる」（ポール‐エリュアール）だけでなく、イメージをますます想像もつかないものにしようと、さまざまな努力をしている。しかしこれでは、詩は、何の脈絡もなく積み上げられた雑多なイメージの集りにすぎなくなってしまう、とカイヨワは考える。

ブルトンらに反対して彼は「正しいイメージ」という基準を持ち出すが、何をもって正しいとするかを解明することは容易ではない。その最初の試みが、「序言」のなかでも触れられている、カマキリについての研究であった。これは一九三七年に出版された。二四歳のときの作品である。

神話や伝説のなかには、人の心を不思議な力でとらえてはなさない、現実ばなれした異様なイメージが、非常に豊富に見出される。シュールレアリストたちが求めてやまないようなイメージである。歯の生えた膣、抱擁によって新婚の夫を殺す毒をもつ処女、誘惑した犠牲者をセックスをしている間に膣のなかにのみ込んでしまう美しい女の幽霊などもそのなかに数えることができる。ところで、これら一群のイメージは、交尾中にメスがオスを食べてしまうカマキリの習性に対応するものであることを、カイヨワは指摘する。未開といわれる人たちの、でまかせの空想から作り出されたものではけっしてない。昆虫でありながら、その気になって見れば見るほど、いくつもの点で気味悪いほど人間に似た姿をしているカマキリが、最も思いがけない習性をもっていることを知った驚きも、多かれ少なかれ動機になっていることは明らかである。しかし同時に見落としてはならないより重要なことは、人間のなかにもある同じような性と食の衝動の結びつき、食人本能に人間自身もまたおびやかされているその恐怖の表現が、ここには認められるということである。人間はこのカマキリの習性を、自分に関係のないこととして見過ごすことはできなかった。カイヨワはこれらのイメージが、昆虫と人間を等しく支配している宇宙の根源的な力に、いわば直接根ざした客観的なものであることを証明する。

たしかに、詩のイメージは、人の意表をつくものであればあるほど、一見効果的である。しかし記憶や感覚に深く消えることのない印象を残すためには、まずこのイメージが正しいものでなくてはならない、とカイヨワは主張する。すなわち、「歯の生えた膣」などの場合のように、普通は気づかれないでいるが、自然のなかに存在する根源的な関係によって結びつけられていることが確認されるようなイメージでなくてはならない。効果的なイメージを生み出す想像力は気まぐれに浮動しているのではなく、実際は、この根源的な関係の格子の目を、いいかえれば「想像の世界の論理」を厳密にたどっているのである。

ところで、もし、この「想像の世界の論理」とは関係のない、人を驚かせるだけの空虚なイメージを、あたかも価値のあるものであるかのように、詩がまき散らすとすれば、詩はごまかしをしていることになる（『詩のごまかし』*Les Impostures de la Poésie*）。また、実のある正しいイメージは、地道な骨のおれる意識的な努力によってのみ求めることができる。しかし現代の多くの詩人たちは、むしろ、なげやりな思いつきのほうを尊重しているように見える。彼らにとっては、すぐれた詩をつくることなどはもはやどうでもよいことになり、いまはただ詩を口実に特権を得ようとしているだけのように見える。とすれば、それはたいへんな思い上がりであり、人間の共同社会における責任を裏切っているのである（『バベル』*Babel*）。

「想像の世界の論理」の考え方は、単に詩論のなかだけではなく、カイヨワの他のいろいろな著作のなかにもとり入れられ、それらを支える重要な柱の一つになっている。しかしそれを理解するためには、カイヨワの主な作品を一通り知っておく必要がある。この展望については、II章にゆずる。

カイヨワは、カマキリのほかにも、この理論をより強化し裏づけるような現象を見つけようと、その後も探究をやめない。二、三の例にとどめるが、religion（宗教）の語源は、橋のけたをつなぐ「なわの結び目」で、ローマでは法王を今日でも「偉大な橋かけ人」と呼んでいるという。しかし法王が言葉どおりの「橋かけ人」であった事実はない。これらの言葉を結びつけた謎、また、世界のいたるところで人類に仮面をつけさせ、続いて仮面を捨てさせた動機、あるいは、「宝島」の伝説や、将棋のルールを定める場合の意外な制約、さらに、鏡の住人をめぐる言い伝えのなかにも、普遍的で厳密な同じような「想像の世界の論理」が見出される、と彼は考えている。『蛸』はこれらをふまえ、「蛸」が対象にしっかりと吸盤でねばりつきながら触腕をのばすように、さらに一歩を進めたものである。「想像の世界の論理」が存在することを指摘するだけではなく、その働き方と発展の具体的な態様、その普遍性と一貫性、科学的事実との関係を、「蛸」という格好の材料を使って、もはや議論の余地のないように、だれにでもはっきりわかるように解きあかそうとしたものである。

II　カイヨワの作品と思想の展望

蛸の研究は、「これまでの……私の仕事の全体の基盤を強化するもの」であり、この研究が「明確に定められた一点にかかわりをもちつつ、その背後にあるつねに一貫した意図をも、明らかにしてくれることを願っている」とカイヨワはいう。作家の一つの作品がその作家の全体と切り離せないということは、一般的には、いまさら断わるまでもないことである。しかしカイヨワに関しては、彼自身がここでわざわざ触れないではおれないほど、この当然のことがこれまでつねに忘れられがちになってきた。カイヨワの作品は、最近、相次いで日本語訳が各社から出版されている。いずれも非常な好評をもって迎えられている。しかし残念ながらその好評は、個々の作品に対する、そのまったく独創的な発想と徹底的な主題の掘下げに対する、感嘆にとどまっているように見える。一つ一つがそれぞれあまりに手ごたえがありすぎるために、読者はそれに応接するだけで、すっかり満ち足りた気分になってしまい、さらにそれ以上のものが含まれている可能性があるとまでは、考えつかなくなるのであろう。これらの作品は、実際は、カイヨワが築き上げようとしている知的王国の、要所要所に配置されて、そそり立つとりでの塔の一つ一つにすぎない。塔の迫力は、王国そのものの壮大さをすでに暗示している。

しかしそうはいっても、カイヨワの全体を展望する試みはけっして容易なことではない。まず人を不安にするのは、選ばれている主題の、あまりに広い範囲にわたる、移り気的とも見える多様性である。神話、聖なるもの、本能、遊び、夢、戦争、詩法、幻想的なもの、美学、動物の擬態、石、そして蛸、等々。これらはいったいどのようにつながるのか。二、三冊を任意に読んだだけでは、なかなか見当がつかない。主題だけではなく、思想の傾向もはっきりしないところが多い。かつてシュールレアリスムの熱狂的党員で、いまもシュールレアリストを自認している。非合理なものの魅力を語るカイヨワの文章は、それに酔う者のみが知っている秘密の味わいを、だれよりも深くとらえている。われわれは単純に彼を非合理主義者のなかに分類してしまいかねない。しかし、彼が現代文学を告発してやめないのは、最も妥協のない戦闘的な合理主義者としてである。

　現代文学と詩の弾劾者だということはその否定的反対者なのだと理解していると、あいにくなことに彼は詩人として高く評価され、セゲル社の「今日の詩人」双書のなかにもとり入れられている。倫理的な気むずかし屋かと考えていると、一方ではチョウとか石の美に凝《こ》っているという。あるいは「蛸」に。趣味の悪いディレッタントのようにも見える。たいていの場合は、このような誤解の芽があっても、作品を読めばたちまち解決されて問題は残らないのだが、カイヨワは、先にも述べたように、自分自身についてのくどい説明をひどくきらう。そのために、読者が自分好みの先入見をもって読む場合、ひどいときにはカイヨワの意図とは反対の方向に、作品をまげて読んでしまうことさえ少なくない。まさにつかみどころのない「蛸」である。

　しかしとにかくカイヨワの作品を、初期のものから順を追って読んでみると、たしかに明らかに一貫したもののあることがわかる。さらに、触腕でからみあうように、たがいに何重にも結びついたものであることさえわかる。カイヨワの期待にどれだけこたえられるかはわからないが、以下に、彼の関心と思想の発展のあとを、各作品の相互の関係に重点をおいてたどってみることにしよう。

(1)　戦闘的探究者

カイヨワは一九一三年にフランスで生まれた。ルネ－ユイッグによれば、実のある確かなものを求めるカイヨワの性向は、彼の祖先がシャンパーニュ地方の農民、すなわち地上生活者であったことと関係があり、とくに父方の祖母が海を見たことがなかったという事実は重要だという。

自我に目ざめたカイヨワは、あらゆるものに貪欲な好奇心をもつが、彼が望むような確実な答えがもどってこない芸術や文学や哲学に、まず疑惑と嫌悪をいだくようになる。芸術と文学はその技巧と文体で、哲学はその長たらしい抽象的な言葉で、内容が空っぽであることを隠しているのだ、と彼は考える。時の移り変りに耐えうる絶対的な原理を彼は知りたいと願うのだが、これらの分野でそれが得られないのは、道徳的、知的、あるいは美的な配慮が、思考のなかにあまりに入りこみすぎていて、思考そのものの純粋な流れが妨げられているところに問題があるのでないか。ブルトンの「宣言」によれば、自動記述はあらゆる道徳的、知的あるいは美的な制約から思考を解放し、思考の真の機能を発揮させる企てであるという。カイヨワはシュールレアリスムを、すべての文学的な不純なものを決定的に清算する運動だと早合点して思いこむ。一九三二年に、大学入学準備クラスの生徒たちの文学的好みを調査する、ある夕刊紙のアンケートに答えたカイヨワの意見が、ブルトンの注意をひいた。ブルトンの誘いをうけて、カイヨワはシュールレアリスムに加盟する。

彼は他方で、マルクス主義と精神分析学にも熱中していた。マルクスは、各人の政治的・社会的思想のなかに、その人の社会的立場の反映があることをあばき出した。いいかえれば、自分たちの階級だけの利益をはかろうとする、本能の強い衝動が働いていることを明るみに出した。精神分析学は、日常生活のささいな言い違い、思い違いのなかにまで性本能のはっきりした影を見つけ出した。空しい技巧をありがたがることが文学だとすれば、そのような文学は無用のものであって、文学的衣裳《いしょう》の下に隠されている人間の本能や衝動を、マルクスやフロイトがしたように研究することがいまは最も必要なのだ、と彼は考える。

しかしシュールレアリストたちは不徹底である。情緒過剰で、問題を掘り下げようとはせず、依然として文学的特権のなかに安住して、独善的な主張に有頂天になっている。彼らのなかにいてカイヨワは、しだいに居心地の悪さを感じるようになる。

このころ、メキシコから、この地方の土産物屋でよく売っている、はねるインゲン豆を、ブルトンのところへ持ってきた人がいた。ブルトンは居あわせた人たちに、この驚くべき神秘に感動し、夢想にふけることを望んだ。しかしカイヨワは、この神秘の正体を見定めることこそ重要だといいかえし、このインゲン豆の一つを割って、中に昆虫か幼虫がいるのでないか、確かめるべきだと主張する。この事件を契機にして彼は、ブルトンおよびシュールレアリストたちと訣別する。一九三五年のことである。

カイヨワが一九二九年にパリに出てきたのは、「高等師範学校」を受験する準備のためであった。受験準備と並行して、ブルトンに出会ったころから、ソルボンヌのなかにある「高等応用学術研究所」に通って、マルセル－モースやジョルジュ－デュメジルの講義をも聴講しはじめる。一九三三年に「高等師範学校」に入学。一九三六年に卒業して「文法」の教授資格をとる。同じ年にカイヨワは「高等応用学術研究所」のほうでも宗教学の学士試験に合格している。

彼が宗教学に関心をもったのは、人間の心の歴史を知るには宗教史の研究が最も適しているのではないかと考えたからだといわれる。彼はこのころまで科学に好意をよせていた。しかし、科学もまだけっして絶対的なものではないことに気づく。科学はなお変化の過程にある。新しい発見がなされると、それまでの発見は無効となり、安定したものはほとんど何もない。彼は科学的な宗教史に期待をかけていたのだが、科学はその性質からして、彼が第一に重視している人間の心や魂に関する問題では、ごく限られた一点にしか近づくことができないのではないかと、彼は残念に思う。

(2)『神話と人間』*Le Mythe et l'Homme*（一九三八年）
異常なものは、その正体が何であろうとも、熱狂に値するのか。同様に詩のイメージも、人の意表をつくものでありさえすれば、強い印象を与えることができると単純に信じてよいのか。正しいイメージ、正しい想像というべきものがあるのではないか。いったい人間とは何なのか。世界や人間を動かしている原理は何なのか。正しいとか正しくないというのは、この原理との関係で定められるものではないのか、等々。これらの問題は、カイヨワにとっては、それぞれ分野を異にした個別の問題ではなく、たがいに緊密に結びついて同時に解答を要求している、同じただ一つの問題であった。カマキリについての研究はこれに答えるものであった。その内容と詩論との関係については先に述べた。

カイヨワはここから、次のような彼の以後の「探究の論理」あるいは原則をひき出す。想像力の最も気まぐれな産物と考えられかねない神話でさえも、根拠のない孤立したものではない。しかし人間が、注意深い昆虫学者のように、たとえばカマキリを観察してその異常な習性に驚き、カマキリの神話をつくりあげたというだけの理解では十分でない。姿その他いろいろな点でカマキリは、人間の化身と信じられるほど、気味悪いほど人間に似ている。それだけでも想像力を刺激するのに十分だが、さらに、人間はカマキリのオスがメスに食われるのを見て、それを他人事だとは考えることができなかった。このことが最も重要な点である。自分も食われるかもしれないと、人間は深刻な恐怖を感じた。「歯の生えた膣」や「毒をもつ処女」など一群の神話は、この恐怖の表現としてとらえる必要がある。事実、性と食の衝動の結びつきは、カマキリの場合ほど劇的ではないが、自然界に広く見出される。この恐怖は、この同じ本能の支配を感じているところから来たもので、人間とカマキリとが自然のなかの同一の次元のところに位置づけられていることを、逆に示している。ただ表現の方法が、カマキリの場合は直接的な行動で、人間の場合は神話で、というように違っているだけである。

人間は文明への道を歩み、自然からは遠く隔たっていると考えているが、人間のなかには、ほかにもまだ、このような原始的な本能が死なずに残っている可能性があるということを、カマキリの神話の分析は示している。人間を知るということは、そのような見えないところで人間の考えや行動に影響を及ぼしている本能の動きをもつかんだ、全体的な理解でなくてはならない。この原点でとらえるのでなければ、人間についての知識は浅薄なものとならざるをえず、その議論は空論となる。

ところで現在、人々の関心を強くとらえている神話があるとすれば、この神話を分析することによって、人々がそれによってどのような願望を表現しようとしているのかを知る必要がある。それが現実ばなれしていて異常であればあるほど、その根が深いものだということを表わす。従来の神話研究でもたらされて、神話と自然現象・歴史・社会制度などとの関係を明らかにした知識は、たしかに有益なものではある。しかしそれらは、神話の外部的な構成要素を教えてくれるだけで、それらによって神話の核心に触れたという印象を得ることはできない。肝心なのは、神話の内面からの把握、神話をとおしての人間と社会の新しい精神分析である、とカイヨワはいう。すなわち、あらかじめ定められた象徴のリストにしたがってすべてのものをこじつけて説明する、これまでのような精神分析ではなく、自然の本能や社会の圧力と、人間のひそかな願望との動的なからみあいを、神話のおおいの下から、そのまま活き活きとつかみ出す新しい種類の精神分析である。

(3)　『人間と聖なるもの』*L'Homme et le Sacré*（一九三九年）

こうしてカイヨワは、現代の世界と人間の状況をまず正しくつかむために、当時彼の周囲で急速に信者をふやしつつあった、神話的なものの分析に向かって進んでいく。一九三八年に、ジョルジュ＝バタイユ、ミシェル＝レリスとともに「社会学研究会」をつくる。そのカイヨワの目に映じた最初の、そして最大の不思議な現象は、宗教が衰え、宗教的な神聖なものが廃れたはずの近代化された社会のなかで、それとは反対に「聖なるもの」という観念がいたるところでますます獲得しつつある魔術的な影響力であった。余談になるが、日本の戦争が「聖戦」という名前でおし進められたことはわれわれの記憶にまだ新しい。「聖なるもの」とは、いったい何なのか。いったん何かが「聖なるもの」と名づけられると、人々はそのために命を捨てることさえこばまない。人間をこれほどまでに魅惑する、この力の秘密は、何なのか。「聖」と「俗」の区別は、あらゆる宗教の教義のなかに含まれている最も基本的な観念であって、神のない宗教はあっても、「聖なるもの」の信仰を前提としない宗教はない、とさえいわれている。しかも「聖なるもの」は、意識によって直接に感じとられるもので、感覚と同じように、言葉では定義のできないものである。「聖なるもの」は、軽率に近づくと命を落とすことになるほど恐ろしく危険なものだが、あらゆる救いとあらゆる成功の源泉でもある。雷に打たれないように注意しながら、この絶対的な力を、自分のために動かすことはできないか、とだれでも思う。

「聖」の世界と「俗」の世界は厳重に分離されている。両者が触れあい、まざりあうことは何よりも禁じられている。両者が触れあうと、「聖なるもの」の力はそこなわれ、反対に「俗」の世界は、「聖なるもの」の破滅的な危険な力に感染すると考えられているからである。このために、「聖」なる力の加護を得ようとする者は、「俗」の世界で自分がもっているものをあきらめ、ささげることによって、これを動かそうとする。「聖」の世界と「俗」の世界との一種の均衡を、「聖」の世界に直接触れることなく、乱すことをねらったものである。「聖」なる力は世界の秩序を回復するために、彼の望みをかなえるという形で、彼のささげたものを返さざるをえないことになる。「聖なるもの」と犠牲とは、こうして密接に結びつくことになる。

他方また、体系化されたほとんどの宗教では、「浄」と「不浄」という対立した概念が、重要な機能を果たしている。人々は「不浄」を避け、自分を清らかな状態にたもつことによって、神の保護が永続的に保証されることを願っている。

日常の生活のなかには、「不浄」を伝染させるものがいたるところにある。死体、喪に服している家族、月経中や出産後の女、不注意にか故意にかタブーをおかした者、等々。「浄」なるものがけがれないように、「不浄」がまわりにひろがらないように、人々は通常これらを遠ざけて隔離している。ところで「浄」と「不浄」は、人々に良い結果をもたらすか不幸をもたらすかの違いはあるが、その力の強さはそれぞれの程度に比例したものである。いいかえれば、両者の力の効果の大きさは同じで、単に方向が違うだけということである。ここから、「不浄」の力を、ただ閉じこめるのではなく、良い結果をもたらすものに、たとえば他の「不浄」なものを清めるものに、変えられないかという考えが生まれる。聖職者が仲介してこの転換をおこなう。しかし、彼の手におえない重大な「不浄」、「聖」なる規則に対する違反がおこなわれたときには、この「不浄」はそのまま「聖なるもの」になってしまう。神以外のだれも触れることができないものだからである。

「浄」は望ましいものにつながり、「不浄」はいとわしいものに結びつく。歴史上のある時期にはすべてのものが「浄」と「不浄」とに完全に分類されていた。両極端を選ぶ二値的発想は起源が非常に古いものであることがわかる。この連想で、「真理」や「生命」を、それを腐敗させる悪――日常の生活のなかの気楽さや安全さに対立させることが起こる。この気楽さや安全さを破壊することを「聖」であると見なすところまでは、ほんの一歩の距離にすぎない。いったん実行に移され、枠が越えられると、もはや限度はない。「聖なるもの」は、一般的には、確立された秩序を乱す恐れのあるものを禁止して、この秩序を守る働きをもっている。しかし先に見たように、過度の違反は「聖なるもの」に変わり、この循環は無限に加速されていくからである。

「聖なるもの」は何にでも付着しうる。「聖なるもの」の付着する対象は、社会によって異なる。部族社会においては、「聖なるもの」はトーテム信仰と結びついている。トーテムとは、その部族・氏族と特別の血縁関係にあると信じられている動植物・自然物をいう。この場合、重要なことは、一つの部族社会全体が一つのトーテムで支配されていることはなく、また、同じ種類の非常に多くのトーテムで、小さなたくさんの集団に分割されてもいないということである。「赤い血の動物」と「黒い血の動物」というように、対立すると同時にたがいに補いあう関係にある二つの原理が必ず基本になっている。

これらの社会では、部族全体、そこに住む動物全体、植物全体、自然物全体、宇宙全体が二分されている。二分された各グループの人たちは、自分たちの血縁と定められている動物や植物などを「聖なるもの」と認め、食べたり殺したりしない。しかし他のグループの人たちは、これを殺したり、食べたりすることができる。自分と同じグループの女と結婚することはできないが、他のグループの人たちは彼女と結婚することができる。要するに、この場合の「聖」は、限られた食物に好みが集中して、奪いあいの争いが起こることを防ぐ働きをしていることが明らかである。同族婚の禁止は、二つのグループの間の結びつきを、結婚によっていっそう強くするのに役立っていることがわかる。

また、人間の生贄を出したり、弔いなどの儀式をするとき、一方のグループには「不浄」になることが、他のグループの人たちには「不浄」ではなく、何の結果も及ぼさないものであるように決められている。それゆえに、たがいに助けあうことが可能であると同時に、不可欠でもあった。部族社会における「聖なるもの」は、部族間の連帯と協力をゆるぎないものにする、じつに巧妙に組み立てられた見事な制度であった。

しかしながら、社会が複雑になり、権力が生まれるようになって、「聖なるもの」の付着する対象が変わるとともに、それが守る規範の性質も微妙に変化することになった。権力、または権力をもつ者が「聖なるもの」となった。すべての王は神であるか、神の子孫であるか、神の恵みによって治める者となった。王は雲の上に祭りあげられ、隔離されることになる。権力者が一般から遠ざけられれば遠ざけられるほど、その威光は増し、ますます人々から服従されるようになる。

ところで、問題はそのあとである。すべてのものは自然の死に向かう。秩序を保っている「聖なるもの」による禁止は、秩序が偶然の事故によって乱されることを防いでいるが、すべてのものに避けられない死から秩序を守るものではない。若がえらせなければ、ほろびてしまう。部族社会では、それを避けるための行事として、「祭り」をもっていた。現代の神聖化された権力は、何を「祭り」に代わるものとして持ち出すのか。

未開といわれている社会では、「祭り」は何週間も何ヵ月も続く。この間に人々は、何年もかけて集めた食料やその他の富を食べつくし、使いつくし、破壊しつくす。これは原初の、すべてが入り乱れていた、神話の時代を再現するものである。この時代こそ、まだ死が人間たちのあいだにしのび込んで来てはおらず、禁止されたものは何もなく、人々が思いのままに生きていた、創造的な黄金時代であった。安定と秩序が生まれるとともに、老化が始まり、死が近づいてくる。「祭り」は原初の時代を再現することによって社会全体を若がえらせ、これを死から救おうとするものである。

仮面や飾りによって人々は祖先に同化し、混沌の時代を演技する。あらゆる規則が破られる。共同社会と自然の生命を体現していると見なされている王が殺される。人々は自分のグループの崇拝している動物を食べ、他のグループに嫁いだ女たち、すなわち同じ血族である禁じられた女たちと性関係をもつ。「祭り」が「違反の聖」と呼ばれるのはこのためである。このようにして、繁殖や、創造や、再生に役立つと想像されるあらゆる力が解放される。他方、この激しい熱狂の騒ぎのあいだに、人々は他のグループや社会階級の人々とまざりあい、連帯を確かめあう。

しかし「祭り」は、いまではこのように大規模にはおこなわれなくなっている。それは暦のなかに、水うすめされた状態でおかれているだけである。何が「祭り」の機能をうけついだのか。何が「祭り」のエネルギーを取り込んだのか。バカンスか。違う。管理された日常の生活で押し込められた個人個人の本能を、同じように大量に解放し、同時に同じように広範囲の集団的熱狂にまでかきたてるもの、それは戦争だ、とカイヨワはいう。

共同社会の全員が認めるような宗教的な「聖なるもの」が存在していたとき、「聖なるもの」は、タブーと祭りによって、静と動の両面から、人間の本能の要求を満足させ、共同社会の成員の連帯と協力を強め、共同社会の安定と存続を守る働きをしてきた。しかし文明が進み、分業が始まり、国家が生まれるとともに、社会はその機能を「祭り」によって中断されることを避けようとし、「祭り」の重要性は失われることになった。こうして宗教は集団のものではなくなり、個人のものとなった。

「聖なるもの」という言葉は、宗教の分野以外でも使われるようになり、その人が自分の最上のものをささげてもよいと思うほどの最高の価値を認めるものを何でもさすようになった。とくに、何かの主義に自分の全存在をかけ、自分の行動をそれによって律しようとする者は、好んで自分の周囲に、一種の「聖」なる雰囲気をつくり出そうとする。この「聖」なる雰囲気は、激しい感情をよびおこす。これがさらに進むと、こんどは、何かを「聖なるもの」に仕立てあげるためには、それに最高の目的を与え、盲目的にそのために生命をささげて働きさえすればよいというようになる。「聖」が献身を生むのではなく、献身が「聖」を生むのである。ここまでくると安定は、もはや尊重されるべきものとは認められなくなる。あらゆる限界を打ち破って、あきることなく自分の野心をつらぬいた神話の英雄たちが、彼らには偉大さの象徴に見える。度はずれた「不浄」は「浄」に変わる。

だれだって、冷静でいるときは、自分を犠牲にささげることを恐れており、自分がおこなわねばならない選択を知っているつもりでいる。しかしこのまま衰え、空しく死ぬのかという恐れが、人をともすれば現代の「聖なるもの」の、真っ赤に燃える炎のほうに向かわせるのである。

(4)　『シーシュポスの岩』*Le Rocher de Sisyphe*（一九四五年）

『状況（一九四〇―一九四五）』*Circonstancielles* (*1940-1945*)（一九四六年）

一九三九年九月、対独開戦。たまたま招かれてアルゼンチンにいたカイヨワは、帰国できず、そのままそこに滞在を強制されることになる。心ならずも支えられることになった特権的立場は、しかしまた、参加したくても許されない、この上なく不都合な、いらだたしい立場でもあった。このいらだたしさに耐えながら、カイヨワはできるだけ冷静に、文明と野蛮、人間的なものの価値、人間として生きるとはどういうことなのか、等々の問題に彼自身の答えを見出そうと努力する。

民主主義とは何か。どこに欠点があり、長所があるか。全体主義の、どうしても容認できない欠陥はどこか。フランスはなぜ負けたのか。このような最も身近な問題からカイヨワの反省が始まる。ナチスを前にしたフランス人の態度、とくにその自己弁護に明け暮れている姿は、かつてマケドニアのフィリッポスを前にしたアテーナイ人たちの態度に似てはいないか。破壊されてもなお、人類の最高の傑作であることをやめないような、完全な美をつくりあげたとアテーナイ人はいわれているが、それが何の役に立つのか。大事なのは、貴重なものをつくりあげるだけではなく、同時にそれを守りぬくことではないのか。そのためには、非常な勇気や犠牲や力が必要である。

しかし、この結論だけでは十分ではない。力をもつ者は、自分の力におぼれ、何が真の目的であったかを忘れてしまう危険がある。『人間と聖なるもの』のなかでも見たように、目的はすり替えられやすい。全体主義の野蛮国と同じになってはならない。この場合、教訓的なのは、古代中国の歴史である。秦の始皇帝は絶大な武力を背景に焚書坑儒《ふんしょこうじゅ》というようなことまでやったが、人望を得ず、永続する秩序をうち立てることはできなかった。これに反して、新しい時代を開いた有徳の君主たちは、いずれも、力をもちながら謙譲を忘れず、自分自身をおさえることのできる人たちであった。人類の連帯と共同社会と文明を守る努力は、シーシュポスが山の上に岩を無限に繰り返して運び上げるのに似た、この上なく骨の折れる仕事である。しかし、われわれは人間であるかぎり、それをやらねばならないのである。

(5)　『詩のごまかし』*Les Impostures de la Poésie*（一九四三年）

『バベル』*Babel*（一九四八年）

現代の文学と詩についてのカイヨワの告発は、まえにも触れたように、ブルトンらとの訣別のときに、さらにカマキリの神話の研究を書いたときに、すでにある程度予測されたものであった。野蛮と専制が不意を襲おうとねらっているときに、文学は汚物ばかりを称え、詩はごまかしに明け暮れている。彼の告発は激烈なものであるが、この激しさに目をうばわれて見落としてならないことは、普通に想像される告発者とはカイヨワは微妙に違うことである。共同社会に対する責任を忘れているというのが、要するにその非難の最大の論拠である。しかし、社会の目的とか利益という、窮屈であやしげなものを一方的につくりあげ、それと文学を対立させ、文学がそれに進んで奉仕していないと断罪する、よくある単純な倫理道徳家たちの立場を、カイヨワはとってはいない。

文学が自分の信ずる固有の目的を追求することは、文学にとっても、共同社会にとっても、必要なことである。その時代の権力や道徳や常識と鋭く対立することが起こるとしても、文学が共同社会を裏切ったということにはならない。これまでも何度もそういう形で文学は共同社会の停滞を打ち破り、共同社会をより豊かにするのに貢献してきた。文学に反抗は必要である。権力や道徳に逆らうことを恐れてはならない。言葉のもつ可能性を広げる努力もしなくてはならない。詩の規則を破る試みも禁じることはできない。一般の人々から遠ざかった冥想も必要である。カイヨワはこれらの必要性を断乎として要求し、認めている。そういうものも大切だが社会に対する責任があくまでも優先するというような形に問題をすり替えるための見せかけの譲歩として、カイヨワは認めているのではない。小説家も詩人も、それぞれの信念にもとづいて、反抗が必要であると思うなら、だれが何といおうと、反抗に立ち上がらなければならない。

問題は、「聖なるもの」についての研究でも見たように、いつの間にか反抗そのものが目的にすり変わり、自分で自分を統御することができなくなり、真っ赤に燃える炎のなかに自ら飛び込んでいく本能の自動作用が、ここでも現われるということである。反抗は反抗のための反抗となり、なすべき努力をしない怠惰を、まず自分自身に対してごまかす口実になっている。あらゆる規則が放棄され、意志と知性も追放されて、この上なくなげやりに作られた詩がいたるところに氾濫している。また小説では、人間の心の奥深くにある真実を明るみに出すとか、すべてに誠実でなくてはならぬという主張にしたがって、卑猥なこと、卑劣なことの微に入り細をうがった描写が、これでもかこれでもかと競いあって紙面をうずめている。言葉を分解して、単なる音の連続にすぎなくしたもので、組み立てた詩もまかり通っている。

彼らのやっていることを、妨げようとする者はだれもいない。彼らはまったく自分たちの思いどおりのことをやっているように見える。それでみんなが満足しているのなら、それもよい。みんなとまではいわなくても、少なくとも彼らだけは満足していなくてはならないはずである。ところが意外なことに、文学をのろい、書くことを恥じているのは、ほかならぬ彼らなのである。事実、誇張の多い、冗漫な、効果のない、混乱したイメージの羅列にすぎない詩に、だれが感動しうるであろうか。昆虫学者の前におかれた昆虫、医者の前の患者のように、人間らしさをも奪われて投げ出された主人公に、だれが切実な関心をもって同一化できるであろうか。

文学や詩を告発するというとき、これまでのほとんどすべての場合、文学や詩に属さない原理を持ち出して裁くということがおこなわれてきた。この場合、論争は、結局は価値観の相違にもどされ、水かけ論になってしまう。しかしカイヨワは、現代の作家や詩人たちが自分を弁護する論理をそのままたどり、彼らの迷い込んだ袋小路をあばくという形で彼らの過《あやま》ちを告発する。外からの攻撃ではなく、彼らのねらいを十分に理解した上で、彼らがそのねらいを実現する道から自ら遠ざかる方向へ進んでいっているということを、文学そのものをより深く論じることによって、いいかえれば彼らと同じ土俵の上で明らかにするのである。しかも、才能の乏しい、あるいは通俗的大衆を対象にした金銭目当ての質の悪い作品は、初めからカイヨワの視野にははいっていない。現代の最もすぐれた才能をもった、自分の信念に最も忠実な作家たちをとらえている狂気、だれもが認める現代文学の最良の部分をとりあげて、その非を衝くのである。

ここにカイヨワの告発のユニークな価値と、相手に有無をいわせない説得力の秘密がある。出発点では正しかった、少なくとも間違ってはいなかった意図が、称えられるべき熱意で献身的に追求されていくあいだに、ほかから圧力をうけてとか重大な過失とかによってではなく、自らの論理の必然的帰結として、いつの間にか明らかに自分を裏切るものにすり変わってしまっている。この残酷な事実をふまえて、文学や詩自身のために、道をふみはずす一歩手前で立ち止まるための配慮は必要ないか、とカイヨワは問いかける。行き過ぎるか行き過ぎないかの紙一重のところに、天地を隔てる深いふちがある。共同社会に対する責任、人間との連帯を忘れないことが、間一髪のこの危機から文学を救う。

(6)『本能と社会』*Instincts et Société*（一九六四年。ただし、実際の執筆は一九三九―五〇年）

何かを思いつめると、もうどうにもとまらなくなって、やがては真っ赤に燃える炎を救いだと錯覚するところまで進んでいく本能の自動作用あるいは惰性作用は、ほかにもわれわれの周囲のいたるところに見出される。狂気は、昆虫や人間個人にとりつくと同様に、社会にもとりつく。われわれは、われわれ人間が社会をつくっているのであり、しかも高度に文明化された時代に住んでいるのだから、人間の取締りや管理意志が当然、社会を支配していると考えがちである。しかし社会の動きは盲目的で、無感覚で、愚かしく、結局は自然の動きとあまり変わらない。

とるに足らぬ空想の次元に属することだと見なしたり、あるいは幼稚な子供だましにすぎないと見過ごしているものが、霧のように消えることがないばかりか、時がたつにつれて抜きさしならないものとなり、やがて逆らうことのできないものとなり、ついには勝利を得るにいたる。気がついたときには、すでにわれわれは専制独裁の奴隷にされ、戦争のなかに引き込まれていた、ということさえ起こりえないことではない。そのときわれわれは、反射人間に変えられてしまっていて、自分の運命のみじめさをむしろ誇らしく思い、デモクラシーを守っていると心から信じながら、専制的偶像に熱狂的な歓呼の声をあげるように、すっかり条件づけられてしまっているかもしれない。

たとえば、死刑執行人がいたとする。社会は彼を「不浄」のものとして扱う。ただの「不浄」ではなく、「不浄」の極限である。「不浄」の極限は、『人間と聖なるもの』で見たように、「聖なるもの」に変わる。その社会で最も「聖なるもの」、すなわち王と対応する存在となり、王にまつわると同じだけの神話や伝説が、彼のまわりにつくり出されることになる。ジャーナリズムは、本来の使命からいえば、神話や伝説とたたかわねばならぬはずなのだが、不意を打たれたときには、ジャーナリズムさえも、この想像力の自動作用にすっかり乗せられてしまうことが、いまでも起こりうる。現に、アナトール－デプレという死刑執行人の死について、パリの多くの新聞は大見出しつきの一面記事で、あることないことをこまごまと報道した。カイヨワはこの記事を分析しながら、神話を生み、また神話に動かされる人間の情熱が、いかに根強く残っているかを見事に指摘している。

子供たちは水銀の粒や、小川で見つけたペーパーナイフ、薬品や香水のはいっていたガラスびんの数々を、秘密の宝ものとする。これらは大人の目から見ればつまらないものだが、子供たちにはきらきらと輝いて見える。このがらくたものこそ、子供の魂を教育し、自分の魂そのものに対する最初の誠実を教え込む。すなわち、子供の魂が自らの存在に気づくのを助け、他人が何をいおうと、自分が信ずる内的な価値、内的な富だけを重んじる精神力を鍛える。この情熱は、この段階までは、活力の核そのもの、この上なくしあわせな芽生えを約束された種子として、好意的に見ることができる。

しかしそれは、容易に、裏切られた希望や消え失せた幻影の避難所にも変わりうる。その場合でも、子供の情熱が社会をおびやかすところまで発展することはまずありえない、と人は考えている。しかし青年たちをとらえる「セクトの精神」は、この情熱と同質のものであって、さらにいっそう大きなエネルギーをひき出し、社会全体をまき込み、ついには権力をにぎり、やがて堕落して戦争を生む。社会は初めはセクトに抵抗している。しかし、セクトが権力をにぎり、セクトが守る「聖なるもの」を神がかり的なものに神秘化し、大衆を自動人間化し、彼らのなかにねむっている衝動を集団的陶酔の技術で解放した瞬間から、もはや権力者自身もとどめることができない恐ろしい勢いで、社会は戦争に突き進んでいく。

どんなものでも、人間を条件づける「聖なるもの」に変わりうる。アメリカ合衆国の文明は、「聖なるもの」をできるかぎり排除することに、まさにその独自性があるような文明だが、「管理」ということが、この文明のなかで「聖なるもの」の位置を占めつつあるように見える。映画における死の取扱い方にまで、管理社会のイメージがしだいに定着しつつある事実からそれは推測できる、とカイヨワはいう。賭けの遊びの情熱も、遊びの枠を越えて、その国の経済に深刻な影響を与えるほどの、一種の「聖なるもの」になりうる。ラテン＝アメリカにその例がある。アドルフ＝ヒトラーがどのように神格化されていったかも十分よく頭にいれておく必要がある。

われわれの文化のもろさについて、思い違いをすることがあってはならない。

(7)『サン＝ジョン＝ペルスの作詩法』*Poétique de Saint-John Perse*（一九五四年）

『詩のごまかし』と『バベル』で、間違ったロマン主義が広めて現代の文学を支配している、純粋なインスピレーションと純粋な反抗を無限に追求するという教義を、カイヨワは攻撃した。しかし、効果のない詩にまじって、傑作も相変わらず現代文学のなかに現われつづけているということを否定はしなかった。彼は、これらの傑作がこの教義のゆえに生まれたとは考えない。傑作を生み出している詩人たちは、注意深く、自分たちの行為と教義とを一致させないようにしているからだという。たとえば、彼によれば、ブルトンは自動記述をとなえたが、一方では文体に非常に気をつかっていた。また、すべての束縛から精神を解放するために発明された自動記述そのものも、文法の規則だけは守っていた。しかしこういう例外があるために、問題がより複雑になっていたことは確かである。

行為と主張を一致させて、しかも見事な傑作を確実に世に出している詩人の作詩法を明らかにして、詩に何が必要かをカイヨワはより具体的に呈示しようと考える。サン＝ジョン－ペルスこそその稀れな詩人である。サン＝ジョン－ペルスの詩は、現代の主流をなしている詩とは正反対である。サン＝ジョン－ペルスの詩の各行は、的確な技術で規則に合わせて入念に仕上げられている。これに反して、叫びと感嘆と喚きと託宣と呼びかけの連続が、現代の主流の詩である。サン＝ジョン－ペルスの詩においては、韻律にも細かな配慮がなされている。また、彼の詩は宇宙のさまざまなものをとりあげて、分類している。しかし現代の詩人たちの大部分は、動物や事物や人間や事件を軽蔑しており、世界に生起するものはすべて彼らの目には映らないかのようである。彼らはもっぱら、意識の奥深いところに浮かび出ては消える束の間の印象のほうに心をうばわれている、等々。

カイヨワは、用語、文法をはじめ、韻律、イメージ、題材、作詩態度にいたるまで、さまざまな角度から、サン＝ジョン－ペルスの詩の特徴を解明している。カイヨワは詩のなかにも彼が求めているような最も高度の厳密さが存在することを発見して、以後、詩に対して積極的な関心をもつようになる。なお、カイヨワはサン＝ジョン－ペルスの詩を扱いながら、作者であるサン＝ジョン－ペルスその人には最後までいっさい触れずにとおしている。作者は作品の後ろに隠れているべきだという主張にもとづくものであるが、これまでの作家・作品論の常識を破るものである。

(8)『夢に起因する不確実性』*L'Incertitude qui vient des rêves*（一九五六年）

カイヨワが若いころ、一時、フロイトに傾倒していたことは、先に述べた。その影響で彼は、夢にも早くから関心をもっていた。夢を解釈することによって、自分にかかわりのあるさまざまな秘密を手に入れることができるという考えに、まずひかれたのである。この秘密は、意識が自分自身にも隠しておかねばならぬほど恐ろしいもので、通常は無意識の奥に抑圧されている。精神分析学によれば、夢が、表面上は無邪気な象徴の助けをかりて、その意味をこっそりと語るのだという。しかしカイヨワは、自分の夢をふりかえってみて、この説に疑問をもつようになる。

精神分析学者たちが集めた種類と程度の恥ずべきことは、どんな象徴の衣裳もまとうことなく、そのままの形でいつでも彼の夢のなかに現われた。また、この夢に現われた恥ずべきこと、あるいは恥ずべき欲望といわれるものそれ自体、カイヨワには何の印象も残さなかった。カイヨワの意識はそれらを少しも恐れてはいなかったから、目ざめているときでも、自分に隠す必要はまったくなかった。とすれば、恐ろしい欲望の秘密の啓示とされる夢のイメージも、カイヨワにとっては、何ら新味のない、単に常軌を逸した、無意味な絵巻ということになる。

しかし、だからといって、カイヨワはすぐに「夢」を捨てるわけではない。精神分析学者たちが見つけたよりもっと恐ろしいものが、なお隠されている可能性もあると、彼独自の探究を続けていく。彼の探究は夢占いにまで及ぶ。しかし結局は、コーヒーの出がらしや動物の臓物などまで、何としてでも意味のあることを引き出そうとする、人間の精神の最も高尚な欠点の一つに、彼の仮説は対応するものだということを悟る。こうして彼は、彼にとってさまざまな夢は、ほとんど雲の形か、あるいはチョウの羽の模様以上の意味をもっていないという大胆で画期的な確信に到達する。

しかしそれにしても、夢のもっている、あの辻褄《つじつま》の合ったまとまりは、どこから来るのかという問題が残る。たとえば、精神分析学では、夢は、前意識の働きが弱まることによって、無意識のなかに抑圧されていたものが、意識のなかに無断ではいってきたものということになっている。他の学説も、知能や、意志や、想像力を統制している意識の機能が停止しているときに現われるのが夢だという点では、どれも一致している。とすれば、夢に含まれるイメージは、それぞれの間で何の関係もない、てんでばらばらなものばかりであってよいはずだし、そのほうが自然だということになる。意識に代わって何が夢のイメージを秩序だった物語に仕立てているのか。この問題はまだ解決されていない、とカイヨワはいっている。しかしこの反省は、他方で、彼に、巧妙で厳密なまとまりをもった夢の場合、現実と混同されることが起こりうるということに気づかせることになる。事実、われわれはそれぞれ、そのような経験をいくつももっている。そのような場合、夢と現実をどのようにして区別すればよいのか。

夢は現実の上に何の結果ももたらさないから、すぐ忘れられてしまうが、現実の場合は、結果が残るし、記憶にも残る、と単純な人はいうかもしれない。しかし現実のなかにも、とるに足らない、すぐ忘れられてしまう出来事がたくさんある。それゆえに、確かに記憶に残る夢は少ないが、どこかの図書館で本を借りるとか返すとかいった、当たり障りのない短い夢がたまたま記憶されて残った場合、夢か現実かいっそう判断しにくいことになる。事実をおぼえていたとしても、記憶はあてにならない。混同し、前後を間違えるなどは常のことである。事実にあたって実際に確かめてみればよいという意見もあるかもしれない。しかしこれは、たいへんなことである上に、いつでもうまくいくとは限らない。手がかりになるいちばん肝心のことを、思い出せないことが少なくないし、せっかく尋ねあてても、相手が忘れてしまっていることもありうる。

過去の夢のことについては、不確実の影を完全に消すことができなくても、日常生活のなかでとくに困るということはないから、われわれは普通は無関心をよそおって暮らしている。夢と現実との区別の困難が、遠いものとなった過去の記憶のなかでだけ起こるというのであれば、無視という解決法もやむをえない一つの知恵かもしれない。しかし夢と現実の不確実性の問題は、いま、この瞬間にも存在するのである。夢をみている人が、夢を夢として認めるのは、目がさめたときのことでしかない。夢をみているとき、彼は夢を現実と見ている。その人は、外から見れば明らかに睡っており、夢をみているのだが、その人自身としては、自分はいま夢をみているのであって、目ざめてはいないのだとどのようにして気づけばよいのか。もしその答えが見つからなければ、われわれ自身も、いま自分が間違いなく目ざめていると思っているが、夢のなかでただそのように思っているだけではないのかどうか、はっきりした断定は下せないことになる。

かくて、もっと確実な正しい基準を求めてカイヨワは、哲学者たちの見解を知ろうとする。中国の哲学者も、デカルトも、すなわち洋の東西、古今に関係なく、同じ問題に同じ困惑を表明しているのを見ると、これはカイヨワだけが感じている問題でないことがわかる。カイヨワの努力にもかかわらず、彼らもまた説得的な解決法はもっていないように見える。現代では、サルトルがこの問題に一部触れている。サルトルの分析は、反省的意識、つまりさめた意識と、イメージの押しつける宿命に全面的に従属し魅惑されている意識、すなわち夢の意識との、絶対的両立不可能性を証明することに向けられている。そしてサルトルは、夢のなかでの反省はまったくの想像上のものであるという。

サルトルの分析はそれで正しいが、ここで提起されている問題の有効な答えとはならない。どんなに複雑で困難な知的作業でも、夢がその錯覚を与えないようなものは存在しない。想像上のものであろうと、錯覚であろうと、夢が、夢のなかで自分に問うている人に、実際に問うているのだと完全に信じこませているであろうという状況に変化はない。それゆえにわれわれは依然として、自分は夢をみているのでないと、人生のいかなる瞬間においても確信することができない。このような命題を証明しようと骨折っているこの瞬間においても、自分が夢をみていないかどうか、まったく確かでないということを認めざるをえないのである。

ところで、この結論だけを聞くと、何かあまり意味のない研究であるように見える。しかしカイヨワは、彼のこれまでの一連の研究をさらに発展させるための非常に貴重な、いくつかの発見を思いがけず手に入れることになる。

たとえば、まず、文学作品における夢の扱い方について。作家たちは夢を霊感の源泉と考え、自分の夢を記録にとどめることに熱中している。夢は幻想的で支離滅裂なものであると彼らは信じている。彼らは支離滅裂をねらっている。しかし夢をみている人にとっては、夢のもつ不条理や矛盾や不可能性は、けっしてそのようには見えてはいない。夢をみている人には、それらは日常生活の現実の自然で否定しがたい性質・厚味・堅固さを示していると映っている。作家たちは彼らの夢の物語をむりやりに人を面くらわせる奇怪なものに仕立てあげようとしているが、まさにこのゆえに彼らの物語は夢であるという印象を少しも与えない。夢の本質が、必然性の印象を与え、現実にとって代わるところにあることを、彼らは忘れているのである。

これに反してカフカのいくつかの物語が、きわめて見事に、夢の雰囲気をつくり出すことに成功している秘密は何か。彼の小説は唐突な事件で始まり、この事件は一挙に人を途方に暮れさせる。しかし、この事件はきわめて冷静に、異論の余地のないものであるかのように提出されているので、読者はその異常さを疑ってみることなど思いつかないほどである。そのあと、こまごました具体的な、最も平凡で日常的なことがらの描写が続く。夢を文学で扱うときに注意すべきことは、夢の奇怪さを際立たせることではなく、反対に、夢の奇怪さを絶対的に拒否することのできない不可避のものとして読者に受け入れさせることである。カフカはこのことを見破っていた。カイヨワは、カフカのこの方法をカフカ独占の方法とは考えず、修辞学の一つの規則として認めるよう提唱する。これに成功するためには、もちろん、この上なく厳密な構成が必要である。この着想はのちに、「幻想的なもの」の美学の発見にカイヨワを導くことになる。

また、夢が生み出されるためには、放心した意識がそのすべての力を放棄しなくてはならないのだから、夢というのは純粋の自動現象、完全な隷属であることは明らかである。しかるに夢を、どんなわずかの束縛からも解放された自由のすばらしい楽園として称えようとする、根強い誘惑が存在する。理由は想像できる。人間は絶えず努力し、忍耐し、犠牲をはらわないかぎり、自分の企てを成功させることができない。どんな小さな成功に対してでも大きな労苦をはらわねばならない。彼は苦しみ、いらだち、ときには自分の企てが空しいものだという感情を味わう。休息を欲する。このこと自体は間違っているとはいえない。しかしやがて、少しなげやりな気になって、空想にふけるようになると、束縛も抑圧も統制もないところにこそ自由は存在すると本気で思い込むようになる。

知性と注意力を働かせることをやめ、責任を放棄すれば、たちまち、意識が自分を失ったときのすべての状態と似た、充実、完全な安らぎ、絶対的な真実のようなものが、そこにありありと現われることは確かである。しかしそれはあくまでも幻影であり、本能への隷属であり、要するに「夢」である。夢を自由の楽園と錯覚させ渇望させる衝動は、ガを炎にひきつけるのと同じ、目まいの誘惑であるといえる。この誘惑のからくりは逆に、真の自由は、知性と勇気が本能の自動作用とたたかって、これに打ち勝つところにしか存在しないということを教える。

しかしここでそれを確認しても、相変わらず問題は残る。目まいの魅惑にいったんとらえられた人間は、それが自分の破滅を生むことを明らかに知りながらも、もう立ちどまることができないのである。現代の文学者たちの企てのなかにも、セクトの精神のなかにも、同じ衝動が働いていることは、すでに見た。魅惑された人は、夢みる人と同じで、その瞬間には、自分が魅惑されているのだとはけっして思っていない。自分の耳をひっぱったり、指をかんだりして、自分は断じて夢をみているのではないと確かめている夢をみることがあるように、彼らもまた、完全に冷静かつ慎重であることを確かめながら、道を選んでいると信じている。

この魔術にかかった状態から彼らはどのようにしてのがれればよいのか。ここまでくれば、やはりどうにもならないだろう。行き過ぎるか行き過ぎないかの紙一重で、すべてが変わる。眠りにおちいるぎりぎりの瞬間を境いにして夢想が夢に変わる。どんな企てでも、それぞれの立場から見れば、この上なくしあわせな芽生えを約束された種子であるように見える。人はそれに熱中しすぎることによって自分を失ってしまう。自分を失わないためには、いつでも立ちどまることができる程度に、それから距離を保っていることが必要だということになる。この距離が保てないほど緊急を要する、議論の余地のない企てなどはない、とカイヨワは断言する。

逆にいえば、自分のやっていることが、理屈を超えた緊急を要する企てだと見えはじめたとき、われわれはすでに自分を失いはじめているということを示している。熱中しなくてはならないが、熱中しすぎてはならない。この考えは、『遊びと人間』のなかにうけつがれていくことになる。

(9)『詩法』*Art poétique*（一九五八年）

『サン゠ジョン・ペルスの作詩法』でカイヨワは、確実にいくつもの傑作を生み出している詩人の作詩法が、他の詩人たちのそれといかに異なっているかを、一行一行、一語一語、ときには一字一字にまで目をくばった、きめの細かな研究によって明らかにした。しかし彼はなお、それだけでは十分だと考えず、さらに世界じゅうのすぐれた詩を集めて、それらに共通の原則はないかどうかを確かめようとする。カイヨワの探究はつねに「蛸」のように徹底的で、あきることを知らない。熱中しすぎてはならないというのは、何よりもまず、カイヨワの自分自身に対する戒めではなかったかと疑われるほどである。

ところでわれわれは詩について、ある程度のことは何となく知っているつもりで議論をしている。しかしそれは、本当に信頼のおける知識なのか。自分を反省してみるとき、ごく初歩的なことのなかにさえ、正直にいって、あまりよくわかっていないことがいくつもあるのに、とまどいを感じる。詩と散文との正確な区別というようなところから、もうおぼつかない。詩はどうあるべきかなどといっても、詩の位置や、どこから出発してそこに到達したのかというような基本的なことについての共通の理解もないありさまでは、詩の論議が水かけ論になっても不思議ではない。

今日、詩の役割はしだいに小さなものになっていっているが、熱狂的な人々は、詩にますます例外的な使命を与えようとしている。彼らは、詩に少しの場所しか認めない新しい野蛮を断罪し、かって詩が言霊として信仰されていた聖なる時代を、絶望的な思いでなつかしんでいる。

さて、現代における詩と、最も古い聖なる時代における詩と、ここには、同じ詩という言葉が使われているのだが、はたして同じ内容のものなのであろうか。たしかに、最初は詩がすべてであった。しかしそれは、聖なる言葉としてというよりは、むしろ今日の書かれた言葉の代用としてである。記憶にそのままの形で残す必要のあるものはすべて韻文にして固定された。それ以外のものは、内容を伝え終われば忘れられるその場かぎりの言葉であった。なかでも、まじないの文句などは、ほんの少しでも違ったら、効力を失うものと見なされている。まじないやおはらいの言葉にとくに強く詩が結びついているのは事実である。しかしそれは、これをとなえるとき、一音節をも間違ってはならないからで、詩と魔術の間に、一部の人たちがいっているような、特別に神秘的なつながりがあったためではない。

告示、教訓、物語その他、すべての分野を詩がおおっていた。俗か聖か、魔術に属するか宗教に属するか、を問わない。詩はさらに、音楽、舞踏、歌、演劇とも結びつき、個人的・集団的なあらゆる重要な儀式に必ず使われた。この時代の詩とは韻文を意味し、ものごとを正確に名づけるよりは、記憶を手なずける法則にしたがっていた。

文字が生まれ、とくに印刷術が発達すると、これらが言葉を固定するから、言葉のコルセットとしての韻は必要ではなくなった。以後は、わざわざ韻を使うためには、それが必要であるという理由を明らかにしなくてはならなくなった。詩は、散文のほうがより正確に、より容易に表現できるものを避け、とくに、教えたり物語ったりすることをやめるようになる。詩は、言葉のもつ意味以上のものを好んで呼びおこそうとするようになる。韻文で書かれる作品は少なくなり、短くなる。こうして、散文と韻文というこれまでの対立に重なって、韻文と詩という対立が現われる。

しかし言葉の喚起作用は、韻文だけではなく、散文にもある。一方には、散文でしか書かないが、詩人というにふさわしい作家がいる。他方には、韻文を書くのには熟達しているが、規則にしたがっているだけで、それ以上のものは何もない詩人もいる。ということになると、韻文の技術は詩に役立たないのみか、詩の妨げになっているところもあるのでないかという疑いもたれるようになる。こうして、自由詩という考えが生まれる。

しかし自由詩というのは、印刷が作り出した錯覚にすぎない、とカイヨワはいう。ロンサールのソネットやボードレールの詩は、それらの詩句を各行の終りで改行せず、続けて印刷しても、詩句としての性質が変わるわけではない。反対に、はっきりしたリズムをもたない詩句は、どんな形に分けて並べても、詩のような様子を示すだけで、詩にはならない。あまりに目立った韻律は、やがてうるさく感じられるようになることは事実だから、それを避けようとする配慮は当然あってよいのだが、逆の極端までいって、あらゆるリズムの規則性から切り離してしまった自由詩は、詩にはならない。過去の定型に限らず、何らかの形式、何らかの規則が必要である。この形式が、詩の第一の特徴である。そしてこの形式につけ加えて、言葉の喚起作用が、散文的韻文および散文的散文と詩とを区別する詩の第二の特徴となる、とカイヨワは問題を明確に整理する。

言葉の喚起作用に、近年とくに詩人たちの関心が集中しているのだが、これはけっして最近の発見ではない。すべてが韻文であった時代の最初から、詩と散文を区別するものであった。言葉の喚起作用は、イメージの使用によって最も効果的になる。このイメージの使用も新しい発見ではない。古代の謎々詩や、未開社会の謎解き合戦、謎々遊びのなかに、原形が認められる。このことは逆に、詩に使われるイメージのあり方を考えるのに、有力な手がかりを与えてくれる。すなわち、「正しいイメージ」でなければならない、ということである。詩は、音や韻律を扱う技術であると同時に、さかのぼりうるかぎりの遠い昔から、感覚と記憶のなかに最も説得的で強い反響をよび起こす最も暗示的な事物の間の関係を、見わけ選択する技術であった。

ここからカイヨワは次の公式を引き出す。詩は形式の技術であり、同時にイメージの技術である。詩は、形式によって不変のものになろうとし、イメージによって内容の汲み尽くせぬものになろうとする。別々でも、詩といおうとすれば、いえる。しかし両者が一致したとき、偉大な詩が生まれる。別々でも詩といえるといったが、リズムやメロディだけの詩や、イメージだけの詩で、人は満足できるのだろうか。前者は結局、音楽にしかない。後者は、われわれの経験と何の関係もないのだから、つまらぬというに尽きる。

さて、詩の領域が日に日に狭められてくるにしたがって、詩はいよいよ純粋で濃密なものにならねばならないと詩人たちは考えた。他の領域に近づいたり、まざりあったりすることを、彼らは厳しく自らに禁じた。これは彼らの自発的な選択であった。サン＝ジョン－ペルスのように、すべてのものに関心をもちつつ、しかも詩人でありつづける選択も可能であったのに、である。彼らは、詩がすべてであることを望まないでいながら、詩がすべてであった聖なる時代の復興を願っている。自分の道を自由に選びながら、その当然の結果を嘆いている。

このような原点をおさえた、幅広い考察から、カイヨワは二十三条からなる詩法をひき出す。彼はこれを前面にかかげ、現代の詩人たちにとっては耳の痛いこと、また詩の各流派のなかではタブーになっていることに、遠慮なく斬り込み、大胆に勇敢に論争を挑んでいく。

⑽　『遊びと人間』*Les Jeux et les Hommes*（一九五八年）

カイヨワが、ホイジンガの『ホモ－ルーデンス』を読んで、『遊びと聖なるもの』（『人間と聖なるもの』の第二版に付録として収録）を書いたのは一九四六年のことである。彼はこのときから一〇年以上も、「遊び」の問題をどう考えたらよいのか模索を続けることになる。

『遊びと聖なるもの』は、「人間と聖なるもの」の観点から『ホモ－ルーデンス』を批評したものである。「聖なるもの」の感情が、人間を混乱させ、魅惑し、奴隷化する、曖昧だが圧倒的な力をもつ感情であることを、カイヨワは一方では警戒していた。しかし他方では、絶対的な、だれも異議を申し立てる者のない、すべての人をまき込んでいく、活性状態の酸素のように激しい、目まいを起こさせまき散らすような「聖なるもの」を、社会にふたたびよみがえらせたいと熱望もしていた。ホイジンガは彼に、この新しい「聖なるもの」の芽を、かい間見させたのである。外から押しつけたものでないもの、すなわち、人間を奥底から強くひきつけるもの――人間の根本的な本能にもとづくものでありながら、人間や文明の破壊を招かず、人間の連帯を強化し、知性と意志による、宇宙の真に人間的な調和を実現する原理を、カイヨワは求めつづけていた。ホイジンガが描き出した「遊び」は、まさにそれを発見する手がかりを啓示するものであった。ホイジンガは、社会を秩序立てる諸制度、その栄光に貢献する諸学問、これらの大部分の源を「遊び」の精神に求める。「遊び」の精神は、さまざまの能力や野心をかきたてたり、働かせたり、場合に応じた働きをするが、結局、それらによって文明というものが形成されてきたとホイジンガはいう。

カイヨワは、ホイジンガのこの独創的な考えに非常な感銘をうけたが、全面的にこの説に賛成するということはできなかった。カイヨワはアルゼンチンに滞在中、ラテン－アメリカの諸国で、一国の経済に大きな影響を及ぼすほど人々が賭博に熱中していることに、強い印象をうけていた。これと文明とはどう結びつくのか。これが、カイヨワの最初の疑問である。「遊び」という同じ名前で呼ばれているが、それはただ名前だけのことで、一つの名の下にいくつかの違った活動が隠されているのではないかと彼は考える。ホイジンガの論証は、「遊戯的なもの」と「聖なるもの」との同一視の上にもっぱら成り立っていることを、彼は発見する。この先入見のためにホイジンガは、逆に、「遊び」を「聖なるもの」に関係のあるものに限ってしまい、「遊び」を全体として見ることができなくなってしまったのではないか。「遊び」を全体として見るということは、そこに含まれるすべての個々の遊びに共通に当てはまるような特徴にもとづいて「遊び」を考えるということである。しかしホイジンガがとりあげているのは、「遊び」の一種類である「規則のある競争の遊び」でしかないことを、カイヨワは確認する。

「聖なるもの」の研究者であるカイヨワは、直感的に、「遊戯的なもの」と「聖なるもの」とは、表面的には似ているが、本質的にはまったく違ったものであることを疑わない。形式を尊重する点は、「遊び」も「聖なるもの」も同じだが、「遊び」は形式そのものであるのに対し、「聖なるもの」は逆に内容そのものである。「遊び」の領域も「聖なるもの」の領域も、慎重に世俗的生活から隔離されているというところから、ホイジンガは、「遊び」と「聖」を一つにして、俗に対立させている。しかし、その隔離の目的は明らかに違う。「聖」を隔離するのは、世俗的生活を「聖なるもの」の恐ろしい力から守るためである。「遊び」の場合は、そのもろい約束事が、世俗的生活の偶発事、支離滅裂、気まぐれによってこわされないようにするためにである。人は「聖なるもの」の世界では、全能の源泉によってとりかこまれているかの感をもつ。これは内的緊張の世界である。世俗の生活に移るとき、人はほっとした気分になる。しかし、世俗の生活での悩みごとや、次々に起こる事件から、「遊び」の雰囲気に移るとき、人々はさらにいっそう重荷をおろした気持になる。「遊び」は人をくつろがせ、解放してくれる。このようなことを見ても、「聖なるもの」と「遊び」とは明らかに同じではない。

カイヨワは、一九四七年に『構造としての遊び』を発表したパンヴェニストにも、彼のこの直感が彼ひとりの片よったものでないことを確かめている。彼はパンヴェニストからの引用を注として追加し、自分の主張を裏づけるのに使っている。しかしパンヴェニストとの一致は、「遊び」と「聖なるもの」が違うという点においてだけである。要するにカイヨワは、このようにして、ホイジンガが固めた「遊び」と「聖なるもの」の結びつきから、「遊び」をふたたび分離し、とり返すことによって、ホイジンガにとらわれない、より広い視野で、「遊び」を見なおす権利をまずとりあえず確保するのである。

ホイジンガが、「規則のある競争の遊び」以外のすべての遊びを見落としてしまった、この奇妙な欠陥の原因は、その分析の出発点となっている「遊び」の定義を検討してみるとよくわかる、とカイヨワはいう。ホイジンガの定義の要点を箇条書きにすると、次のようになる。(1)自由な、(2)「ほんとのことでない」として、ありきたりの生活の外にあると意識されている、(3)遊ぶ人を完全にとらえる、(4)何かの物質的利益とはまったく結びつかない、(5)何らの効用も織り込まれてはいない、(6)自ら進んで限定した時間と空間のなかで遂行される、(7)一定の法則にしたがって秩序正しく進行する、(8)自らを好んで秘密でとり囲み、あるいは仮装をもって、ありきたりの世界と別のものであることを強調する、共同体規範をつくり出す行為。

さて、このうち、まず「遊び」と神秘や秘密との間にある親近性の指摘は、実り多いものだが、「遊び」の定義のなかに入れることは適当ではない、とカイヨワはいう。秘密や仮装は「遊び」の活動にふさわしいものをもっているが、「遊び」では神秘は尊重されてはならず、神秘をいわば消費するところに成立するのだから、通常の場合の秘密と性質が違う。「遊び」はむしろ、ほとんどつねに見せるものである。次は、物質的利益とはまったく結びつかないとする部分で、これは正確でない。賭けは金銭とはっきり結びついている。もっとも、その場合でも、あるのは所有権の移動だけで、富の生産はない。その意味では、この表現でも通じないことはない。しかしホイジンガは、この定義によって、賭けや偶然の遊びをあっさり締め出している。意図的な無視であるように見える。規則をもたぬ遊びも多い。ごっこ遊びなどはそうである。ここでは、なぞらえる感情、虚構が規則にとって代わっている。規則をもち、同時に虚構であるというのではなく、規則をもつか、虚構か、どちらかであるから、定義でも、これを区別しておく必要がある。ホイジンガの定義には、この区別はない。

この考察から、カイヨワはホイジンガの定義を次のように整理し、おぎない、あらためる。(1)自由な活動、(2)隔離された活動、(3)未確定の活動、(4)非生産的活動、(5)規則のある活動、(6)虚構の活動。ホイジンガのもとの定義では、規則のある競争の遊びしか十分にとらえることができないようになっていたが、この修正によって、賭けと偶然の遊びの領域、物まねと演技の領域という、新しい二つの領域がつけ加えられることになった。しかしなおこぼれ落ちているもの、これだけではあまりうまく解釈できない遊びも、数多く残る。たとえば、タコやコマ、パズル、メリーゴーランド、ブランコ、縁日のある種のアトラクションなどがそうだ、とカイヨワはいう。これらは規則ももたないし、虚構でもない。

ホイジンガの定義は、カイヨワの修正にもかかわらず、ここでふたたび行きづまる。この定義はもっぱら「遊び」の形式的な特性にもとづくものであるが、⑴から⑷までが、「遊び」を全体として他の現実と対立させるものであり、⑸、⑹は明らかに分類にかかわる。すなわち、⑴-⑷で他から切り離した「遊び」の宇宙を二分して、それぞれのグループの遊びの特徴を述べたものになっている。⑴-⑷については問題はないと思われるが、⑸、⑹の二つの範疇で、「遊び」の宇宙全体を有効に完全におおい尽くすことができているかどうか、問題である。初めからはみ出しているものがあるし、二分しただけでは、あまりに目が粗すぎる。⑸、⑹、すなわち規則と虚構は、たがいにほとんど相容れない性質をもつ二種類以上の遊びの存在を、すでに暗黙のうちに予告していた。とすれば、当然、このいろいろな種類を枚挙して、一部でももらすことがないように、すべてを同時に視野のなかにおさめることのできる配慮をしておく必要があった。⑸、⑹はそれを要求していた。しかしホイジンガはそこに深く立ち入ろうとはしなかった。文化的創造性を証明することが困難な「遊び」に直面することをホイジンガは避けたように見える。

「遊び」は、あらゆる本能のうちで、永続的で貴重な文化の基礎となるには最も不適当な本能と思われてきた。一部の遊びにおいてであるが、ホイジンガが初めて「文化」と「遊び」が結びつく可能性を示した。カイヨワはすべての遊びについて、それを検証できないかと考える。すべての遊びについて確認できて、はじめて「遊び」と「文化」の関係を立証することができたことになる。ホイジンガ自身は、彼のとりあげた遊びを、「遊び」の一部であるとは思っていなかった。一部の遊びにとどまることを認めた場合は、それがどんなに緊密なものであったとしても、「遊び」と「文化」の関係を説明するのに、「遊び」以外のどこからか借りてきた原理を介在させざるをえないことになる。そうなると、「遊び」と「文化」の関係は、一次的・直接的なものではなくなり、二次的・間接的なものであることになる。「遊び」が「文化」と結びついたのは、「遊び」が「遊び」そのものの原理以外の何らかの原理に偶然したがったからだということになる。しかし「遊び」は、人間の本質に根ざした第一義的な活動であるということが基本的な大前提となっていた。すなわち、「遊び」は他のものを基礎づけ、説明する原理となりうるが、「遊び」以外の原理には従属しない根本的範疇であるということになっていた。これがくずれることになる。また、「遊び」が他の原理にしたがってはじめて「文化」に結びつくと認めることは、「遊び」そのものはありのままでは「文化」に不向きであると暗黙に認めたことになる。これでは、ホイジンガ以前へ逆もどりすることになる。それゆえに、「遊び」には多くの種類があるとしても、すべての遊びを含めた「遊び」そのものの発展と「文化」の発展との必然的で直接的な結びつきが、証明されなくてはならないのである。

無数にあるものを一つ一つとり出して調べるというわけにはいかないから、当然、いくつかのグループに分けることになる。この場合、目の前に集めた事例を、単にそつなく分割するだけでは十分でない。メンデレーフは既知の元素だけでなく未知の元素をもすべて包括する元素周期律表をつくりあげた。カイヨワの「遊び」の分類も同様に、世界じゅうに存在する遊びをことごとく、組織的・体系的に予見し網羅するものになっていなくてはならない。新しい事例が報告されると、たちまち時代遅れになってしまうような、あやふやな基盤の上に、彼は自分の理論を築くことを望まない。カイヨワの野心はつねに遠大である。さまざまな可能性を検討したのちに、「遊び」をする者の心的態度によって、ごくわずかの例外を除いて、四つの項目にすべての遊びを分類できることを、彼は発見する。(1)競争、すなわち、他に対する優越を立証する魅力に基礎をおく遊び――将棋、スポーツ競技など。(2)偶然、運にかける遊び――ルーレット、富くじなど。(3)模倣の遊び、空想を楽しむ遊び人形遊び、演劇など。(4)目まいで自分を忘れる遊び――ぐるぐるまい、ブランコ、スキーなど。

ごくわずかの例外というのは、タコあげ、クロスワード、トランプの一人占いのような、一人でするいくつかの遊びである。しかし、はっきりした相手がいないというだけで、これらの遊びの楽しみも、たとえば前回の結果に対する挑戦という形の競争にある。実際、これらはコンクールに仕立てあげられることが少なくない。一種の競争の遊びとしてよいものだが、ふざけ、はしゃぎ、ばか笑いなどとともに、カイヨワは欄外にまとめている。カイヨワは、この分類によって「偶然の遊び」と「目まいの遊び」を発見したといわれている。しかしそれだけでは正確でない。それらの存在は知られていないわけではなかった。文化との関係で再発見したというところに、より大きな意味があるのである。

欄外にまとめたものを含め五つのグループに、枚挙しうるすべての遊びを配分したカイヨワは、各グループごとに、単純なものから複雑なものへという順序に、集められた遊びを排列する。すると、どのグループでも例外なく、初めのほうに、自由、くつろぎ、気晴らし、気まぐれを求める衝動がより強く表面に出た遊びが並んだ。この自由を求める衝動は遊びに不可欠の原動力である。それゆえにすべての遊びには、この自由がその源に残っている。しかし、より複雑な遊びに進むにつれて、この自由に直接結びついた即興と歓喜はしだいに姿を隠し、反対に、より厳しい規則、より高度の洗練、より大きな忍耐というような要素が目立ってくる。この傾向は各グループに共通である。そして各グループの遊びは、厳密な規則、高度の洗練、困難への挑戦という一方の極限において、明らかに「文化」に結びつく。偶然の遊びは確率論を生み、目まいの遊びは目まいを起こさせる手段や機構の発明を生む。他方、競争、模倣、目まいの遊びは、動物も知っている。動物の「遊び」は人間の「遊び」のうちの原初的なものと結びついている。このことは、一般に評判のよい「競争の遊び」「模倣の遊び」も、そのまま無条件に「文化」と結びつくわけではないことを示している。

単純から複雑へ、はしゃぎから規則へ、即興から洗練への移行をつかさどっているものが問題だということになる。「遊び」外の力が加わって、「遊び」にこの移行を強制しているとすれば、「遊び」と「文化」はつながらないことになり、文化の原動力は実際はこの力だということになる。この力が「遊び」の内部から、「遊び」の自然的発展にともなって生まれてきたのだとすれば、「遊び」と「文化」は自律的・必然的に結びつくことになる。「遊び」は、気晴らし、騒ぎ、即興、無邪気な発散から始まる。最初はそれで満足しているが、いつも初歩的な同じ遊びばかりでは、やがて人は退屈するようになる。より窮屈な規則にそれを従わせたり、より面倒な障害をことさらにもうけて、いっそうそれを縛ろうとしたりするようになる。カイヨワは、この無償の困難を求める好みを「ルドゥス」と呼んでいるが、この好みは「遊び」外から来るものではなく、明らかに「遊び」のなかで生まれ、「遊び」のなかで育てられるものである。「遊び」の自発的な強い本能の力と、「ルドゥス」の厳しい制約の好みとが結びついたとき、誇張でなく、文明をもたらす一偉力と認めうる、さまざまな遊びが生まれることになる、とカイヨワはいう。彼はこれまでくりかえし、文明を生み出し維持する仕事には規律、忍耐、努力が必要だと強調してきたが、「遊び」においてもそれが証明されたことになる。よりおもしろく人がより熱中する遊びは、文句なしにより厳しい遊びなのである。

ところで、いくら良いものでも、いつの間にか文明を破壊し、人間の生存をおびやかすものに変質していく恐れがあるというのでは困る。初めは称賛すべきものにも見えた情熱が、自らの目的を追求していくうちに、他の人間や社会のことを無視し、これに敵意をいだく不吉なものに発展していった例を、カイヨワはいくつも知っている。「遊び」はどうか。厳しさを限りなく求めていくうちに、「遊び」は「遊び」以外のものを必要としなくなるかどうか。

「競争の遊び」では、相手がいなくては成立しないが、相手だけがいればよいかというと、そうではなく、さらに応援団がいたほうがより張合いがある。「偶然の遊び」の場合は、遊びをする者たちは電話で賭けを伝えて、ひとりで運の判決のスリルを楽しんでもよい。しかし彼らはそうはせず、競馬場やカジノの人波のなかに出かけていくことのほうを好む。彼らの楽しみと興奮は、未知のたくさんの群衆がスリルを共にすることによって倍加される。劇場でも、映画でも、観客が自分ただひとりというのは、たいへん居心地が悪い。テレビドラマの場合、テレビの前にいるのは一人であっても、人は孤独でないことを楽しんでいるのである。変装や仮面は、明らかに他人のためである。メリーゴーランドやジェットコースターの陶酔感は、集団的興奮と熱狂によっていよいよ活気づけられる。カイヨワが欄外においた「ひとりで遊ぶ技の遊び」においても、見物人がいたり、競争の要素が加わった場合のほうが、はるかに人を熱中させる。

一般に、遊びをしていて本当に満ち足りた気持を味わうのは、その遊びが周囲の人たちをまき込む反響を生んだときだけである。「遊び」は、社会へ向かうこの性向によって、ときとして集団全体の交流と喜びの表現媒体になることがある。「遊び」は個人的な娯楽の追求から始まるが、このように社会のなかに浸透していく働きによってもまた、社会の安定と連帯を強めるのに貢献し、さまざまな文化に、一目でそれとわかる「遊び」の慣例と制度を持ち込む。

しかし、ここで異議が出るかもしれない。「競争の遊び」で、負けた腹立ちから相手を傷つけた、あるいは殺してしまったとか、興奮して乱闘騒ぎになったという話は少なくない。「偶然の遊び」でも、深入りするにつれて、しだいに迷信につきまとわれるようになり、すべての行動がそれによって左右されるというところまで行ってしまうことがある。「模倣の遊び」の場合は、現実の自分と空想の自分を区別することができなくなって、誇大妄想狂になったり、爆弾事件の模倣者を生んだりすることが起こる。「目まいの遊び」と麻薬やアルコールとの間の関係を否定することはできず、嵩じたときは、麻薬中毒やアルコール中毒を生む。これらは「遊び」の反文化的要素の現れではないか。

もちろん、カイヨワは否定する。逆である。これらの現象は「遊び」が堕落して、むしろ「遊び」でなくなったところから生じたものであって、「遊び」そのものから必然的に生まれたものではない。先にあげた「遊び」の定義は、「遊び」が本質的に隔離された活動であり、「遊び」の世界が現実の世界と鋭く対立するものであることを明らかにしている。ある特定の遊びに遊びをする者を向かわせる心的態度、他人に勝ちたい、運にすがりたい、他人になってみたい、目まいによって自分を忘れたい、という衝動は、「遊び」のなかにだけ存在するものではなく、日常の生活のなかにも存在する。「遊び」はこれらの強力な本能を形式的に、観念的に、一定の限界内で、日常生活から分離して満足させるはずのものであった。現実と「遊び」の境界が曖昧になるとき、「遊び」の堕落が始まる。「遊び」を支配する本能が、絶対的な規約を前提としてもたず、時間と場所のきびしい限界の外に広がるところに、前記のような逸脱が起こるのである。

どんなに激しく遊ぶことも、全財産や生命まで賭けることも、遊ぶ者の自由である。しかし「遊び」であるためには、あらかじめ定められた限界で立ちどまり、いつでも現実にたちもどることができなくてはならない。そのためには、立派な遊戯者は、たゆまず努力した結果が失敗に帰するのを、あるいは法外な賭金が無に帰するのを、他人事のように、少なくとも表面的には冷静に直視できなくてはならない。この立派な遊戯者の態度は、『夢』で触れた、熱中するが紙一重のところで熱中しすぎないという態度に通じる。「遊び」によって人は本能を馴らせ、制御することを学ぶのである。反対に本能は、「遊び」に導かれて、文化を多様に豊富にするのに役立つものとなる。競争の本能は「遊び」のなかでは規則を生むが、むき出しになった場合は、戦争、それも大規模な破壊と民衆の大量虐殺を生む。

「遊び」と「文化」の本質的な結びつきは、以上ですでに明白であると思われるが、それでもなお、「遊び」不信派の人たちの疑いは消えない。「遊び」と「文化」の関係は、「遊び」から「文化」が生まれたという形での結びつきではなく、儀式や武器類の質の落ちたものが「遊び」になり、おもちゃになったことによって生じた関係にすぎないのではないかという疑いである。

「遊び」が先か、「文化」が先か。「遊び」と「文化」のどちらが先に存在したかについては議論の余地はほとんどない。動物はすでに「遊び」を知っている。人間も、「文化」の生まれる以前から遊んでいた。これは疑いえないことだからである。しかしこのときに人間の遊んでいた「遊び」は、動物のそれと変わらぬ単純幼稚なものでなかったかと疑うことはできる。「文明」や「文化」が進むにつれて、「遊び」はこれをまね、また、そのうちの機能の退化した、役立たなくなったものをとり入れて、はじめて洗練された複雑なものとなった。これが不信派の人たちの言い分である。しかし、だれでも自分の周囲をふりかえってみれば、この説に無理があるのはすぐわかる。たしかに、弓や吹き矢はもはや使われなくなった過去の武器である。しかし子供たちはロケットや潜水艦や飛行機でも遊んでいる。さらに、現在はまだ実用化されていない原子力宇宙船や超人ロボットでも遊んでいる。古代においても、インドの子供たちは、神官が典礼用のブランコに乗って儀式をおこなっていたときに、同じようにブランコで遊んでいたと思われる。「遊び」と日常生活が、時代と場所に関係なく、つねに同時的・対立的分野であることに、不信派の人たちは十分な注意をはらっていない、とカイヨワは指摘する。

「遊び」の原動力になっている四つの本能は、すでに述べたように、日常生活のなかにも存在する。この四つの本能を、日常生活のなかでは隔離することができないので管理し、「遊び」のなかでは隔離して解放している。しかし「遊び」の自律作用によって本能は訓練され、洗練されて、規則を生み、人間の知的・肉体的などの能力を開発し強化する。人は自己をおさえることをも学ぶ。文明の歩みとは、ときには権利と義務の、ときには特権と責任の、均衡のとれた一貫した体系をよりどころにしながら、粗雑な世界から管理された世界へ移行することである。「遊び」は、このような均衡を人々に思いつかせ、自律的純粋社会の理想的イメージを与える。このように、「遊び」がモデルを提供して、「まじめな」活動がこれをまねることもある。「まじめな」活動がいっそう発展させ完成させたものを、「遊び」がふたたびとり入れることもある。「遊び」がこれをさらに大胆に飛躍させ、「まじめな」活動がそれをまた利用するということもある。このような例はいくつもある。それゆえに「遊び」と「まじめな」構造の、どちらが先かという問題は、あまり意味のないものだ、とカイヨワはいう。共存し、まざりあい、密接に結びついている事実が歴然としているからである。むしろ、「遊び」

と「文化」のこの同質性と同時性を重視して、「文化」を「遊び」で、「遊び」を「文化」で説明する可能性に着目したほうが、はるかに実りが多いのではないか。

「遊び」全体を他の現実と対比して考察する研究は、ここで終わる。しかし知的「蛸」的なカイヨワの好奇心はなお満足しない。全体的な現象としての「遊び」対全体的な現象としての「文化」という関係のほかに、「遊び」と「文化」の間には、特定の社会の「文化」対そこで特別に好まれている「遊び」という関係も他方に存在しうることに、彼は気づく。その社会で広く好んでおこなわれている「遊び」は、人々の性癖傾向や好みや最もありふれた考え方を示していると同時に、他面では、遊戯者が本来もっていた美徳や欠点をさらに強め、知らず知らずの間に彼らの習慣や好みを固定していく。それゆえに、ある社会の「文化」の運命は、その社会が選んでいる「遊び」の種類によって決まってくるのではないかとさえいえるほどである。

ここからカイヨワは、「遊びを出発点とする社会学」の着想を得る。「遊び」による一文化あるいは一文明の診断である。しかしこれを実際に具体化することは、見かけほど簡単ではない。同一文化圏で好まれている「遊び」の数は多く、その種類はさまざまであるから、どれを代表的なものと考えるか、微妙である。その社会の理想をあらわし、その実現に寄与している遊びもあれば、反対に、これに逆らい、あざけり、そうすることでこの社会における代償作用や安全弁の役を演じているものもある。エピソード的な相関を追うだけのものになっては困る。いろいろな可能性をためしてみたのちに、社会の型を根本的に決めているのは、「遊び」というよりも、むしろ「遊び」を支配している諸原理と考えたほうがよいのではないか、と彼は考える。社会は、ある原理を選ぶことによって、その原理に結びついた、あるいは何らかの関係をもつ「遊び」を選んでいるのである。「遊び」はこの原理が隔離された離れ小島のようなものにすぎない。

他方、「遊び」の四つの原理は、それぞれ切り離されて現われるよりは、他と結びついて出てくることが多い。これらの原理の二つ、あるいは三つの、あらゆる組合せを調べてみると、「競争」と「偶然」、「模倣」と

「目まい」の間に根源的なつながりがあることがわかる。「競争」と「偶然」とは相似的であり、補足的である。どちらも絶対的に公平な、数学的に平等な機会を要求する。一方は、この平等の上に自分の個人的な能力を発揮し、他方はその使用を拒むことによって、勝利を得ようとする。チェスとさいころ、サッカーと富くじという例に見られる両極端の間には、二つの態度をさまざまな割合で結合する多くの遊びが、扇状に広がっている。運の上に技を競うトランプや花札は、人生のイメージそのものであるかのような印象を与える。「模倣」においては、演技者の意識は、本来の人格と演技する役割の間で、分裂をおこした状態になる。自他の区別がつかなくなるにしたがって、演技者は大胆になり、熱狂し、陶酔する。仮面をかぶると、それはいっそう確実で容易になる。興奮はついには、演技者の意識のなかから現実世界が一時的に消えてしまうほどの激しさにまで達し、演技者は神がかりの狂乱におちいる。これはそのまま「目まい」である。

「競争」と「偶然」は規則の領域を占めている。「模倣」と「目まい」は脱規則の世界を想定している。それゆえ「競争」と「偶然」の組合せと「模倣」と「目まい」の組合せとは、完全に対立したものであることがわかる。「競争」と「偶然」という原理を選んだ社会と、「模倣」と「目まい」の支配する社会と、二つの型の社会の存在が理論的には可能となる。次の問題は、現実のどのような社会がこの分類に適合するかである。「競争」と「偶然」を選んだ社会では、これらの原理は日常生活を支配するとともに、並行して「遊び」にも現実の縮図のようにそのまま現われていると推測することができる。これに反して、抑えがたい全身的な興奮への扉を開く、「演技」と「目まい」の結びつきは、幻を見るほどの狂乱状態にまで達する場合には、もはや「遊び」ではなくなると思われる。意志だけではなく意識さえも失うに至り、そのときには、この興奮をだれも、明確に限定された領域にとどめておくことはできないからである。この発作状態は権威・価値・強度という点で現実世界を超える。もし、「模倣」と「目まい」という原理を選んだ社会があるとすれば、これらの原理は、日常生活と「遊び」のなかにではなくて、おそらく「聖なるもの」の世界と日常生活のなかに現われると考えることができる。

こうして、対立する二つの社会の像がしだいに浮かび上がってくる。前者は発展した複雑な国家という様相をとる社会、後者は人が「原始的」と呼びならわしている社会を暗示している。これら二つの社会の間には、明らかなコントラストがある。両者の違いを、科学や技術などの発達、行政や法律などの役割などによって説明することがこれまでずっとおこなわれてきた。しかし、いずれも根本的な説明にはなっていない。これらとは次元の違う対立関係が、二つの社会の集団生活の型のあいだに、まずあるのではないか。すなわち、官僚機構、法規と計算法、管理された階級的特権などを特徴とする秩序社会においては、「競争」と「偶然」とが、いいかえれば「能力」と「家柄」とが、社会的機能の最重要の、ただし相補的な要素となっている。原始的な、すべてが混沌未分の状態にある社会では、「模倣」と「目まい」、いいかえれば仮面と神がかりの陶酔が支配している。約言すれば、前者を「計算の社会」、後者を「混沌の社会」と名づけることができる。もしこの比較が正しいとすれば、混沌から計算へ、「仮面」と「目まい」から「競争」と「偶然」への移行のなかに文明への決定的な歩みが読みとれる、ということになってくる。「遊びを出発点とする社会学」というのは、社会を名ざすための、単なるラベルや種・属の命名の新提案ではなく、はるかに内容の豊かな研究に道を開こうとするものだということがわかる。

「祭り」のとき、仮面をつけるものは、神に、精霊に変身する。神々の出現によって、神話の時代が再現する。熱狂が集団全体をとらえ、興奮はつのるばかりである。こうして集団的目まいと発狂が、神話の時代や神の模倣にとって代わる。この周期的爆発が、人々を接近させ、結集させる。ここでは、分業はほとんど知られておらず、各家族とも独立体制で自給自足している。要するに「仮面」が社会のきずなになっている。このような模倣と熱狂・陶酔を、混沌の社会では、「祭り」のなかだけではなく日常生活のなかでも見ることができる。政治的・宗教的諸制度は、人を驚かせ、おびやかす幻影の生み出す威信の上に築かれていることが少なくない。シャーマニズムはその代表的例である。シャーマンは精霊にとりつかれた演技をし、失神に陥る。見物人もこれに協力する。また、仮面は秘密結社の道具であり、政治権力にも利用されている。このように、「目まい」と「模倣」は、原始文化の偶発的要素でない、と断言することができる。

ところで、「目まい」と「模倣」が「競争」と「運」に席をゆずりわたしたときに文明が始まると理論上いうのは簡単である。しかし、「仮面」と「目まい」の結びつきが生み出す魔術から人類が実際に解放されるのには数千年を要したといわれている。いかにこれらの結びつきが強固であるかを示している。「仮面」と「目まい」のあいだに目に見えぬほどのすき間をつくり出していくことによって、文明へのきっかけとなった原動力をもカイヨワはあわせて模索している。道化師、あるいは神話のトリックスターの働きは、この原動力の一つではないかと彼は考えている。彼らの「模倣」は「目まい」のほうへは向かわず、対象を諷刺することによって「目まい」の歯止めとなった。これが証明されるならば、「文化」と「遊び」の結びつきの新しい重要な例がつけ加えられることになる。

「競争」と「偶然」という、逆に働く二つの要素のどちらに重点がおかれているかによって、計算の社会での政体には無限の多様性がある。出生の偶然の不平等を、可能なかぎり恒久化しようとつとめる政体は、世襲制を選ぶ。しかし家柄とか財産とかに結びついた特権がいかに重みをもった場合でも、大胆、野心、勇気などを発揮する機会は、たとえわずかでも、やはり存在している。この場合は、「競争」が閉ざされた階級組織に対するカウンターバランスになる。

近代社会は出生や遺伝の領域、すなわち「偶然」の領域をせばめ、規則のある「競争」の領域、すなわち能力の領域をひろげようとつとめている。しかしそれは、なかなか実現しない。いまのところ、思慮分別のできる年齢になると、だれしもが時期はもう遅く、賭けは終わったとあっさり納得する。じたばたしても、大したことはできない。近道を求める気持が出てくる。この気持は、くじで満たすほかかない。それに、多くの者は、じたばたするにも、まず自分の才能が当てにならないと考えている。自分より器用で、より精力的で、より野心的な人間がいくらでもいる。こういう自分の劣性を意識している人々も、運のほうに顔を向ける。こういう状況においては「偶然」は、「競争」にとって、なくてはならない償いの役割を果たす。

幸運の魅惑がいかに根強いかを示すために、ソ連での富くじつき定期預金と富くじつき国債の例を、カイヨワはあげている。本来、幸運を最もにくむ経済制度さえも、偽装してだが、幸運に一つの場所を与えているのである。他の国々では、「偶然の遊び」は、予想よりもはるかに根をいたるところに広げている。以前からある「偶然の遊び」のほかに、「競争の遊び」と見せかけながら、じつは「賭けの遊び」にほかならない遊びが少なくない。いろいろな賞、コンテスト、大金のかかったテレビのクイズ番組は、「形をかえた富くじ」である。コンクールやクイズの場合、この遊びに賭けるのは、出場している本人だけではない。自宅で成行きを見まもっているおびただしいファンたちもまた、出場者に自分を同一化して賭けに参加し、「代理」を通じて、自分が勝ったかのような気分に酔うのである。「偶然の遊び」は一方では運命に対するいさぎよさを育てるが、同時に、根本的な怠惰、なげやりの習慣を生む危険なものでもある。しかし表面に現われた「偶然の遊び」だけを禁止しようとしても、その社会の基本的なあり方が変わらなければ、偶然の遊びはどこまでも地下にもぐり、またどのようにでも姿を変えて生きつづける。ラテン-アメリカの例はそれを教えている。

さて、「計算の社会」に移行してからすでに久しい。「仮面」と「目まい」の魔術の支配する世界にふたたびもどることはありえないと人は信じている。「仮面」は「目まい」から切り離され、それぞれ孤立させられ、公共生活の周辺へ押しやられるか、あるいは、錯乱や妄想をともなわない、遊戯と虚構の限定されたルールのある領域のなかに閉じ込められている。狂乱者はもはや彼にとりついた神の代弁者であるとは見なされない。権威は理性と平静の問題であり、熱狂とは関係がないというのが一般の一致した考えである。

しかしそれにもかかわらず「模倣」と「目まい」の誘惑は、現代でも少しも衰えてはいない。たしかに、現代の社会は万人の平等の上に成立し、またそれを公言している。しかし、最高位に生まれつき、あるいはそこに到達する者は、これからもごく少数者に限られる。はみ出した者は、空想のなかで自分の夢を満たす以外にない。「代理」を通じてのコンテストへの参加は、すでに「模倣」である。「模倣」の重点は、もっぱら勝利者との同一化のほうに移っていく。ここから、スター崇拝・チャンピオン崇拝が生まれる。スターは、日々の生活の汚れた圧倒的な無力感に対する復讐の象徴である。スター崇拝は際限もなくひろがって、いまでは民主主義社会の重要な代償的調整機構の一つになっている。ときにはドラマチックな個人的行動や伝染性ヒステリーをひき起こすことも珍しくない。「仮面」を奪われているので無害なものにとどまっているが、「仮面」の働きをするものが現われたら、いつでも「目まい」に結びつき、「目まい」に転化するエネルギーを蓄えつづけているということである。ナチの黒シャツは現代の「仮面」となった。軍服や制服は少しのきっかけで同じ働きをする。

「目まい」そのものの消費は、いまでは子供の遊びのなかに残るだけになっている。大人のあいだでは、「目まいの遊び」の腐敗したものであるアルコールや麻薬による陶酔のなかで、かろうじてその欲求が満たされつづけているにすぎない。これだけではとうてい、かつて祭りで消費されていたあの熱狂的なエネルギーが十分使い果たされているとは考えられない。このエネルギーは必ず何らかの形で、おそらく暴動や戦争の形で、噴出してこずにはいないと思われる。「目まい」のルドゥスに当たる遊び――スキー、登山、空中サーカスなどは、「目まい」との戦いであったり、「目まい」の統制を目ざす訓練であって、「目まい」の欲求そのものを満足させるものではない。「目まい」の爆発は、おそらく一時的錯乱をもたらすだけであろうが、警戒すべきものであることに変りはない。偽善的・倒錯的形態にカムフラージュされて現われた「目まい」の再噴出の例は、すでに少なくない。

これらの危険に備えるにはどうすればよいか。カイヨワは次のものが緊急に必要だという。人類という種族の保存と文明への進化を絶対的なものとする、すなわち「聖なるもの」とする教育の推進。自分を動かす本能との間に距離を保ち、どんな場合でも冷静な自分をとりもどすことができる「遊び」の精神の確立。有毒のエネルギーを集団の連帯を強化する方向に発散させ、また訓練して、「文化」に結びつける役割を果たす、「祭り」の復活と「遊び」の重視。カイヨワはこれらを、単に結論としてだけではなく、同時に訴えとして提起しているように見える。

⑾　『メドゥサとその仲間たち』*Méduse et Cie*（一九六〇年）

カマキリの研究においてカイヨワは、昆虫の本能的・自動的行為と人間の神話とは、自然の同じ圧力に対する相称的な反応であることを指摘した。これに対して、主として二つの批判が集中した。偶然の一致か、あるいは個人的な夢想にすぎない、というのがその一つであり、人間の心理や感情を動物や無生物に当てはめる一種の神人同形同性説だ、というのがもう一つであった。前者の批判に対しては彼は、さらにいっそう大胆な新しい二つのテーマを用意する。神人同形同性説という非難に対しては彼は、逆に反問する。神人同形同性説の過ちをおかさない配慮は当然必要であるとしても、それが反対にひどくなりすぎて、人間と自然の間にどんなわずかの類似も認めないという現在の状態にまで進むと、これはすでに人間だけを特別視する、別の形の神人同形同性説――人間中心説ではないか。人間も動物や昆虫と同じように自然の一部である以上、人間を自然のなかにもどして考えるという考え方以上に妥当なものはない。彼はあらためてそれを再確認する。

さらに、例によって、彼の知的「蛸」的な反省はそこでとどまらない。すなわち、問題をそのすべての広がりにおいて、ありのままに眺めるのではなく、できるだけ狭くしぼり、他から分離し、いわば貧しくして追究する、似かよった傾向がいたるところで目立つ。詩や文学の分野でのこのような偏向については、先に告発した。それは学問の分野にもある。学問の進歩は、その専門化をおしすすめることと引換えに得られたというのは事実である。その結果、いまでは、ほとんど無限小の分野のことを何でも知っているのが学者だということになっている。全体についての統一のとれた、まとまった像を描き出すことは、ほとんどだれにもできなくなっている。これで不都合がなければよい。しかしそうはいかず、新しい発見は、ほとんどつねに、他の分野で実りの多いことを証明された方法や仮説を、まだだれも応用できるとは想像しなかった分野に、天才が借りてきて適用することによって得られるというようになってきている。この学問の行きづまりの現状をも、あわせてここで反省する必要はないか、とカイヨワは問い返す。

ところで、各学問間の相互協力の必要を説いている人は、カイヨワ一人ではない。その試みはすでに中世からあった。何をどのように結びつけるかが重要である。隣接科学といわれているものの間の壁をとりはずすという程度のことなら、これまでもよくおこなわれている。しかし、無限小に細分されたものを、いくつ合わせてくっつけてみても、五十歩百歩の差にすぎない。現在の学問の分野や分類法は、そのまま尊重する。それらは無数の努力によって築き上げられたものであり、組織的で確実な、より完全な知識の体系をうち立てるのになくてはならぬものであったのである。カイヨワが提議するのは、これらの分類が採用されたときに、第二義的・第三義的な特徴にもとづく分類だとして退けられたもののなかに、観点を変えることによって、ふたたび重要な意味をもつようになるものはないかを見つけて復活させることである。

十八世紀にはまだ、足の数で動物の分類がおこなわれていた。それゆえに、ネズミのとなりにトカゲが並べられていた。コウモリは羽をもっているので、鳥であった。しかし、動物学の研究をはなれて、新たに羽の機能を調べようとするときには、コウモリを鳥やチョウと結びつけて考えなくてはならない。だが、表面的に見て、それとすぐわかるような類似点というのは、これまでの研究によってたいていは乗り越えられてしまっていると考えなくてはならない。それは中世への逆もどりであってはならない。とすれば、残されているのは、遠くはなれたところに散らばっていて、一見したところ何の関係もないように見えている現象の間に存在する、まったく思いもかけないつながりだけであろうと思われる。共通の宇宙を斜めに横断して、これらの現象を結びつける網の目を発見するには、まず大胆な想像力の働きが必要である。次いで、厳しい調査が想像力のたどった道筋を確かめる。伝統的な学問のいくつかの分野にまたがって、それらをこのように対角線で結んで対話させる新しい学問を、カイヨワは「対角線の科学」と名づける。いま必要なのは、まさにこの「対角線の科学」ではないのか。これはけっして単なる学問間の交流ではない。

このような見通しのもとに彼が持ち出す、カマキリの研究よりいっそう大胆な、新しいテーマの一つというのは、チョウの羽と人間の絵とが同じ自然の本能に対応したものだというものである。すなわち、生物のなかには、色彩模様をつくり出す本能が一般的に存在していて、チョウの羽はそれが行きついた一方の極限であり、人間の絵はもう一方の極限である、とカイヨワはいう。もちろん、猛烈な反対が予想される。しかしチョウの羽の模様は、人間の絵と釣合うチョウの絵だと考えないかぎり、説明がつかないのである。色彩や、濃淡や、目立った色・くすんだ色の必要性は、説明できる。しかし、なぜあれほど豪華な模様が必要なのかを説明できる人はいない。

それにもかかわらず人は、絵とチョウの羽とは同じでないと主張しつづけるであろう。たしかに違う。しかしそれは、あくまでも美学的な観点からの違いではない。このことを認めた上で、先に進むことが重要である。どこが違うのか。チョウの羽は、チョウの意志によってつくられたものではなく、器官の進化の結果生じたものので、何万年もまえから同種のすべての個体において同じである。一方、人間の絵は、人間が自分の意志と熟慮にもとづいて、自分の手で書いたものである。これに異議を申し立てる人はいまい。それでは、なぜそうなったのか。人間は立っていて、手を使うことができ、親指がほかの指と離れてついていて、筆をつかむことができるようになっているからだ、と一般には説明されている。カンガルーは立っている。ウミザリガニは、はさみでものをつかむことさえできる。しかしどちらも人間と同じではない。

一方、この説明の背後には、人間は最も進化した高等動物であるから、立つようになり、ものをつかむようになったという考え方が暗黙のうちにあるが、これは疑わしい。立つことは、生存競争の面からいえば必ずしも有利だとはいえない。人間は、生存競争での不利にもかかわらず、立つことを選び、手を選んだのである。手をヒヅメや、羽や、ヒレにしてもよかったのだが、それを避け、また断念した。この不利をうめることは容易ではなかったが、できるだけいろいろな行動ができるように、人間は、自分の各器官を、すばらしくても一つの用途にしか使えない、特殊なものにはしないことを選んだ。人間はそのかわりに、自分の周囲にたくさんの道具を作る。人間は、立ちあがったから、ものを作ることができるようになったのではない。器官を特殊化させずに生きのこるために、道具を作らねばならず、立ちあがらねばならなかったのである。絵も、人間が立ちあがったことの結果ではない。他方、自然界には、チョウの羽以外にも、美しいものはたくさんある。鉱物の結晶、ある種の動物の毛皮、熱帯魚や金魚の体の模様も美しい。これらはいずれも、幾何学的な規則正しさから生まれた美しさである。幾何学は宇宙の不変の特性の一つである。しかしチョウの羽はこれらとは少し違っている。その模様は単純な幾何学を超えていて、ぜいたくな装飾という感じが強くする。

チョウそのものの形は、人間の体の形と同じように、生物のなかで最も単純な相称形となっている。しかし、対になっているチョウの羽の一枚一枚を別々に見るとき、そこに描かれている装飾は、相称に由来するものを何ももっていない。他のもののように、単純な規則性がすみずみまで支配していて、それが全体的に調和をつくりあげているというようにはなっていない。チョウの羽の色には気まぐれと豊かさと変化が存在し、しかも見事な調和を構成しているのである。単純な法則では説明できない美がある。チョウは飛ぶために羽を発達させたが、羽そのものの形は最も初歩的なもので満足し、そのかわり模様を複雑にすることを選んだと考えることはできないか。このように解釈すれば、同じ自然の法則に従いながら、人間が自分の体の外に絵を、チョウが自分の器官の内部に模様をつくったという対比のほかに、チョウとほかの生物、ほかの昆虫との間の違いも、同時に明らかになる。

しかしこれでもなお納得しない人たちがいる。適者生存の自然淘汰の考え方が、生存のための器官の変化の可能性は喜んで認めるが、装飾のための変化というようなものはいっさい認めないからである。生存に何の役にも立たないものは、器官の決定に影響を及ぼす力をもちえないと彼らは信じこんでいる。しかしこの考え方こそ神人同形同性説ではないか。自然のなかに、有用性という人間的な価値観を持ち込むことではないか。自然のなかには、生存競争のための規則のほかに、自動的に美に向かう秩序も存在する。この本能も、種族の保存の本能におとらず強力なものである。チョウは醜い羽をつくることはできなかった。しぜんに調和と美をつくり出すこの力の発展を妨げる力を、チョウは自分の内部にもたなかったからである、とカイヨワはいう。この最後の指摘は、アリストテレスの自然と生物についての思想の大胆な復活であると同時に、たとえば現代の生物学の第一人者と見なされているジャック－モノーの乗り越えを、いわば射程のなかに置いた発言でもあることはいうまでもない。

チョウの羽の美は、何万年もの間、同じ種類の無数のチョウで、無限にくりかえして完成されたものである。不変の完全さに確実に到達するこのような法則を人間はもってはいない。人間が自由だというのは、この点においてであるが、それは不器用であるということをも意味する。彼はつねに自分の責任で考え、計算し、実現しなくてはならない。このことによって彼は自分の絵の真の作者になるのだが、その絵は自然界で最悪のものであることもありうる。ところで、最近の画家たちの行動を見ていると、人間の置かれているこのような条件の、長所短所をよくわきまえた上での選択だとは、とても思えないふしがある。たとえば、無形象的絵画の場合、この方面ではとくに圧倒的な強味をもつ自然が、恐るべき競争相手として、彼らの前に現われることになる。しかし画家たちは、勝つ見込みがわずかでもあると考えているのであろうか、とカイヨワは危ぶんでいる。

カマキリ、チョウの羽に続く、もう一つのテーマは、動物の擬態に関するものである。擬態のなかには、たがいに非常に異なった、非常に多くの現象が含まれている。最近になって、いろいろな分類が試みられている。しかし提案されている分類には、二つの根本的な欠陥がある。一つは、これらがそれぞればらばらで、一致するところがないことである。もう一つは、擬態そのものの枠をはずれて、動物の色彩および形態全体の理論にすり変わっていることである。

生物学のこの分野においての、いわば支離滅裂的現状をまずおさえたのちに、カイヨワは彼自身の分類を持ち出す。彼は擬態を、その求められた、あるいは得られた結果にもとづいて、変装、カムフラージュ、脅しの三つの範疇に分ける。「変装」とは、動物が自分を他の種類の動物に見せようとしていると見なされる場合を、「カムフラージュ」とは、動物が周囲のものとまざりあって見えなくなっている場合を、「脅し」とは、動物が、自分を攻撃してくるものであれ、自分が攻撃するものであれ、相手をたじろがせ脅かす場合を、それぞれいう。しかしこの分類を提議することによってカイヨワは、彼自身の明敏を誇ろうとするのではない。偏見にとらわれていない者の目には苦もなく見えることが、深い学識をもち、研究の労をおしまない、尊敬すべき生物学者たちの目には、ほとんど見えないでいる。まったく注意をひかないわけではないにもかかわらず、最後には結局、見落とされてしまうことになっている。この奇妙な錯覚を、彼は問題にしているのである。すべてをいってしまえば、自然淘汰の説にあまりに縛られすぎている現代の生物学の偏見を、その原因として告発しようとしているのである。

擬態については、分類が試みられる以前から、数えられないくらいの議論がおこなわれてきた。しかしこれらの議論はつねに同じ二つの概念をめぐってのものであった。すなわち、二つの種の間の類似は観察者の錯覚ではないかということ、および、この類似はその昆虫にたしかに有効な保護を与えているかということの証明をめぐってのものであった。賛成の側も反対の側も、どちらも自然淘汰の説をよりどころにしているので、類似が疑いえないとなると、自動的に、有効な保護が現実に与えられているにちがいないという結論がひき出されることになった。反対に、この擬態が何の役にも立っていないということになると、こんどはそれは、観察者の単なる目の錯覚であると判断されてしまうことになるのであった。これでは、絶えず積んだり崩したりの繰返しで、分類どころか、対象を定めることさえも容易ではないことになる。これでは、自然淘汰ですべてを説明しようとする現代の生物学の偏見に一石を投じようとするカイヨワは、当然、類似が疑いえないと同時に、この類似が昆虫の生存に少しも有利になっていないことが明らかな例を、集めて並べたてる。こういう例はいくらでもある、と彼はいう。それでは、いったい、自然淘汰で説明できないこれらの模倣、これらの類似は何のためにあるのか。昆虫も変装の好みをもつ。モードのようなものではないか、とカイヨワは推測する。個体ではなく、種全体に関係し、シーズンごとにではなく、何万年という単位で変化するモードである。チョウのなかには、メスだけが何種類もの違った形をしているものがあるという。

「カムフラージュ」についても、自然淘汰だけでは理解できない例がたくさんある。カムフラージュに使われている手段はいろいろある。まわりにある小石や草やコケで体をおおうもの、周囲の雪や砂と同じ色をしているもの、迷彩色のもの、カメレオンのように皮の色が変わるもの、さらに、色だけではなく形そのものも岩や木の葉のように変化しているものなどが代表的なものだが、昆虫の例は最も見事なものである。ナナフシムシは小枝とほとんど区別がつかない。しかしこれはまだ序の口である。単に木の葉に似ているという程度ではなく、カビが生えて、虫が食って、ところどころ腐って穴があいたところまでそっくり同じチョウもいる。葉を食べて、そのために欠けた部分に自分の体をのばして、虫のいない完全な葉であるように見せかける毛虫もいる。葉をまねたカマキリは、風が吹くと、ほかの葉と同じようにゆれる。シャクトリムシは木の芽とあまりに似すぎているため、庭師がそれを切り落としてしまうこともある。

これらの擬態は実際に彼らの生存競争にそれほど重要な役割を果たしているのであろうか。彼らの敵はまず彼らの匂いや動きでその存在を発見するのであって、目で見て気づくというのは非常に稀れである。外見より、動かないということのほうが大切だし、腐ったところまでいっしょでなくても用は足りるはずである。とすれば、ここまでの洗練は何のためなのか。変装の好みと同じほど普遍的な、姿をくらますことを求める傾向が自然界にはあるのだ、とカイヨワは考える。人間のなかにもそれはある。隠れみのや魔法の帽子の話はいたるところで知られている。子供の遊びのなかにも多い。教訓的な物語のなかでは、だれも注意をはらわなかった人が、本当はいちばん賢い主人公である。ふしぎな、すばらしいランプは、人の目に見えない。しかし姿を隠すことは、なぜまたそれほど追求されてきたのか。脅しを最も効果的にするために、である。

脅しの手段は、見かけほど多くはない。それゆえに「カムフラージュ」がどうしても必要なのである。「カムフラージュ」の擬態をもつものと「脅し」の習性をもつものとは同じ種であることを、カイヨワは確かめている。「脅し」の手段としてよく使われている最も基本的なものは、円《まる》い大きな「目」である。カマキリの前脚にもある。ガはたいていこの眼状斑をもっている。初めから見えているものもあるが、たたんだ羽のあいだに隠しておいて、急にひろげて出し、さらに激しくふるわせてぐるぐるまわすものもある。危険を感じると、頭部を大きくふくらませ、そこについた「目」で脅す毛虫もいる。この毛虫は、頭をふくらませることによってヘビのような錯覚を鳥に与え、身を守るのだと信じられている。しかし「脅し」は一瞬のものであり、「目」そのものが驚かせるのだ、とカイヨワはいう。「目」は現実にいる何かの動物の目をまねたものではなく、すべての固定した円は催眠術的な効果をもつ。

目が不気味なのは、円《まる》いからである。人間もガリー船や盾に「目」を書いたが、現実の目を描いたものではなかった。いろいろな目立った色を使った同心円であった。不気味な「目」は、不幸を招く目に通じ、隠れることと脅しとの結びつきは、仮面を連想させる。カイヨワは、この着想にもとづいて、有名な「メドゥサの神話」の新しい解釈を試みる。彼はそこに、仮面の秘密伝授をともなった、未開社会の成人式の物語を見る。ペルセウスは死者の国におもむいて、恐ろしい目をもったメドゥサの首を斬りとる。メドゥサの目は、それを見た人をすべて石にしてしまう。ペルセウスはこの首を持って帰り、これを敵に向けて、こんどは自分が他のものを石にする。このメドゥサの首は「仮面」にほかならない。未開社会では、秘密を明かされていないものが仮面を見ると死を招くと信じられている。「目」の恐怖と、この力を自分のものにしたいという願望は、昆虫においては、羽や体の眼状斑になって現われ、人間においては、「目」を描いた武器や、仮面や、神話になって現われている。動物の習性と人間の神話との対応は、ここでも明らかである。

『遊びと人間』のなかで、「仮面」を捨てるか捨てないかに未開から文明へ脱出するかいなかの賭けがあった、とカイヨワは書いた。彼は、これまでに知られている民族学のすべての知識にもとづいて、あらゆる文明についてそういえると断定したのだが、新しい発見によってこの仮説がくつがえされる恐れがなかったわけではない。しかしいま、「脅し」の擬態と「仮面」との結びつきは、人間を「仮面」に導く力が、人間だけのものではなく、自然全体を支配している、はるかに普遍的で根深いものだということを証明した。カイヨワの仮説は、いわば、今後提起されうる未知の反論にも対抗できるよう、あらかじめ強化されたことになる。彼はここでもまた、有用性の偏見の害を告発する。この偏見のために人は、昆虫が自分を隠すことは理解できても、昆虫が自分をむき出しにすることがありうるとは、想像もできないでいる。

人間と昆虫とはどちらも自然の一部であるという点で同じである。違うのは、昆虫の世界が本能の世界、本能によって定められたままの機械的な世界であり、人間の世界が想像力の介入する世界だという点である。この想像力の働きによって人間は、自然が体の器官を通じて伝える暗示に、すぐに盲目的に従うことを拒否する可能性を獲得する。すなわち、この想像力の働きによって、人間と本能のあいだには、イメージというクッションが置かれることになる。本能の働きかけは、人間においては、必ずまずイメージに翻訳されて、意識に現われるということである。このイメージは、ときには、麻薬から生まれる幻覚のように人をひきつける。このイメージの魅惑にどう耐えるかが問題である。しかしこれは、要するにイメージにすぎないから、不服を申し立て、つくりかえ、追い出すことができる。どんなに圧倒的な力をもっていようと、少なくともためらうことは許す。人間はためらい、間違い、手さぐりをしながら進んでいく。この不器用な試行錯誤が、自由というものである。自然の巨大な厳重にかみ合った歯車装置のあいだに、このわずかなすき間、いいかえれば「遊び」を導き入れたことが、まさに人間の成功の原因であった。

⑿『ポンティウス－ピラト』*Ponce Pilate*（一九六一年。コンバ賞受賞）

カイヨワの作品は、主題が一作ごとにいろいろな分野に飛躍して、一見したところ、まったくつかみどころがないような印象を与える。しかし彼自身の一貫した関心はつねに明らかに人間の生き方に向けられている。これまでの研究で彼はすでに重要な原則のいくつかを手に入れた。チョウや見事な結晶をもった石と人間との比較は、人間の本質が自由であることを、重ねて決定的に立証した。さらに、自由であることによって、たどたどしいことしかできなかったり、失敗ばかりすることになったとしても、少しも悲観して嘆く必要はないということをも新たに保証した。しかし人間は真空のなかに生きているのでないから、好きなように気まぐれに行動することがそのまま自由であるということにはならない。当人が自由だと考えているだけで、実際には本能に支配されて、その奴隷になっているにすぎないということもありうる。現代の専制政治は、国民に専制を自由だと信じこませるくらいは、簡単にやってのける。自由万歳と熱狂している人たちが自由であるという証拠はない。

自由な判断を下したつもりでも、疲労のために、最も安易な道をただ選んでいるだけかもしれない。初めは自由な決断であっても、それに熱中するあまり、途中で立ちどまることができなくなり、極端なところまで突っ走ることになれば、そのときは、すでに衝動に動かされて、一種の神がかりの状態になっているのであって、これを自由ということはできない。その目的が正しい良いものであればかまわないではないか、という反論は可能である。しかしこの反論そのものが、いったん冷静な状態にもどって、よく考えた上での自由な判断にもとづくものなのか、あるいは、いまさらひき返すことができなくて、苦しまぎれにいっているにすぎない強がりなのか、簡単に区別はつかない。夢のなかに落ち込んでしまうと、もう自分自身さえ信用ができない。夢と現実の違いは、ほとんど見分けることが不可能である。強いていえば、夢のなかでのほうがより自由な感覚があり、ものごとのつながりがよりはっきりし、思い迷っていることは少ないように見える。とすれば、緊急な決断や献身の要求に対しては、ぎりぎりまでためらって、もう一度よく考える距離と時間を、少しでも確保する努力をすることが賢明だということになる。

このわずかな猶予を最大限に利用して知性と注意力を動員し、できるだけ広く公平にいろいろな角度から問題を見なおす。そして、そのあとは、その結論を断固として実行する勇気が必要である。熱狂、軽信、あせり、弱さ、貪欲、卑劣、等々は人間の自由の敵である。卑怯になる自由、貪欲になる自由というのも、言葉としては考えることができる。しかし、そのありのままの中身を見ると、自由が連想させるようなゆとりはどこにもなく、落着きなく右往左往している、人間らしくない人間がいるだけである。要するに、自由の錯覚にすぎない。

カイヨワは、これらの原則が、実際の人間のなかで具体的にどのように働くのかを小説の形で示そうと考える。この目的のために選ばれた主人公がポンティウス－ピラトである。ポンティウス－ピラトというのは、ユダヤに駐在していたローマ帝国の代官で、実在の人物である。イエスが裁判にかけられたとき、有罪の理由を一つも見つけることができなかったのに、イエスを鞭打たせ、はりつけにした。このことによって神の予言は成立し、イエスの受難であがなわれて、人類は救われることになった、ということにキリスト教ではなっている。他方、ピラトの行為は卑劣さの象徴と見なされている。ピラトの態度は、それ以前も、一貫しないことが多かった。強く出るかと思うと、すぐまた譲歩した。反対を押しきって新しい事業に手をつけるが、上のものから苦情が出ると、たちまち打ち切った。ときどき、無用の残酷な圧政をおこなうこともあった。これらはピラトの心のなかの弱さを表わすものである。

イエスの処刑において、ピラトが見せたことになっている卑劣さは、ピラトの平常の振舞いからすでに十分に予見できるものであった。カイヨワはピラトが、いつもは卑怯であったにもかかわらず、この歴史上で最も重大な決断においては、最後には勇気をもって、自分をおびやかしまた誘惑するいろいろなイメージを追い払い、イエスの釈放にふみ切ったのだ、と仮定する。一般に信じられているのとは反対の仮定である。この仮定によれば、イエスは死ななかった、したがってキリスト教は存在しなかった、ということになる。

物語は、ピラトが夜明けに、イエスの逮捕を知らされるところから始まる。前後して七十一人会の代表がやって来てイエスの死刑を認めるよう求める。ローマは住民の自治を尊重していたが、重要な決定は、形式的にはローマの代官の名によっておこなわれることになっていたからである。七十一人会はすでに全会一致でイエスの死刑を決め、その日のうちにも執行したいという。ピラトはこの一方的な申し出と、イエスという人気のある邪魔者を、ローマに罪をかぶせて始末してしまおうとする身勝手なずるさに腹を立てる。彼は、自分でもローマの法に照らして考えてみたいと回答する。代表たちは、ピラトが彼らに敵意をもっていることは知らぬわけではなかったが、ピラトのよく知られた弱さから、結局は妥協して承認するだろうと信じていた。彼らは、ピラトが認めなかった場合、あることが起こりうることを力説する。会談ののちにも、さらに使いを送ってきて、地方長官に訴えることや、イエスの処刑を求めて暴動が起こりうることを強調する。いずれも、ピラトの最もこたえる泣きどころである。

このとき、妻がはいってきて、不思議な夢をみたと告げ、イエスは助けたほうがよいという。ピラトは、夢で行動を決める時代ではもうない、といいかけた。しかし、妻が怯えているのをかわいそうに思い、宗教や信仰のことにくわしいマルドゥクという友人に、夢の意味を聞いてみることを約束する。しかし、さしあたってまず、部下の執事の長を呼んで、状況を検討してみようとする。この部下は、できるだけ早く袋小路から抜け出したほうがよい、という。いまはわれわれに勝ち目はない。一時的に面子をつぶしても、ゆずるにこしたことはない。イエスが無罪なのは知っているが、それはわれわれの目にはそうだということで、彼らは有罪だというのだから、有罪だとするほかはない。混乱よりは不正のほうがましである。また、この部下は、この窮地からうまく逃げ出す、ずるい手順をも提案する。ピラトは感心する。しかし、このとき初めてはっきりと、自分が、犯罪をおかしてでも身の安全をはかる人間であると部下からも思われていることを、恥ずかしく思う。

この部下は、イエスの処刑を認めることは、平然とイエスを暗殺するのと同じほど罪深いことだということを、間接的にだが、はっきりと肯定したのである。ピラトは、原則としては、天が崩れようと、正義がおこなわれるべきだと考えていた。しかしピラトは、自分が強くないことを知っていた。義務を果たし、正義を公正に追求し、いさぎよい立派な振舞いをやりとげたとしても、それから得られる満足は、一時的で、曖昧なものである。犠牲がむくいられることはほとんどない。だから、みんながっかりして、利己的な行為をとりはじめるのである。しかし妥協することのうしろめたさだけは、強く感じている。多くの者は、芸術あるいは厳しさを求める何かほかの企てのなかにその代用物を見つけようとする。このような後退を、普通世間では、知恵と経験の結果だといっている。しかし心はだまされない。後悔は必ず残らずにはいない。

救世主の弟子だと名のり、しかも師を銀三〇枚で売ったのは自分だという、狂信的な男が、ピラトに直接話したいことがあると待っていた。ユダは、ピラトがイエスを助けるようなことがあれば、地上の人々は原罪ののろいから救われなくなる、という。世界の救いは、キリストのはりつけにかかっている。ピラトは何も知らないでいるが、ユダとピラトの二人が、キリストを十字架にかける役割を果たすことになるとすでに定められている。ユダは裏切り者、ピラトは卑怯者といわれるであろうが、神の意志を実現し、世界を救うために必要なことであるとすれば、それぐらいの悪口は何でもない。昨日の晩餐のとき、イエスは愛情をこめてユダにその特別の使命を教えた。ピラトも神の予言の成立を妨げないでほしい。ユダは一方的にしゃべっているうちに、てんかんの発作を起こして気を失い、運び去られる。

ユダの話は、ピラトには、まったくのうわごととしか思えない。人間の救いのために神が死ぬとはどういうことなのか。神は不死のものだということになっている。これは矛盾している。今夜、マルドゥクに話したら、彼は何と答えるだろうかとピラトは想像して楽しむ。

このとき、たくさんの人がやって来る物音がだんだん大きく聞えてきた。イエスの処刑を要求する司祭たちの主だった者が、ピラトに、外へ出てきて人々の前で取調べをしてほしい、といっているのだという。ピラトはこれをことわり、イエスの尋問を始める。答えは的はずれである。ピラトは微笑を禁じえない。彼は外へ出ていって、群衆に、イエスには何の罪状もない、と告げる。この男は、自分はユダヤ人の王だ、といっているかと思うと、また同時に、自分の国はこの世界にはない、と断言する。すべて矛盾だらけで、意味のないことばかりである。正気を失っているのだから、いわせておくしかないとピラトは考える。しかし人々は満足しない。ピラトは恐れ、時間をかせごうとする。ピラトは兵士たちにイエスを鞭打たせ、群衆をなだめようとする。人々はイエスをはずかしめ、笑いものにする。ピラトはこれで、人々の気持もおさまったろうと思う。しかし彼らは、なお声をからして、イエスをはりつけにせよ、と叫びつづける。ピラトには、理解できないことばかりである。

マルドゥクは、イエスというその予言者はエッセネ派の信者に違いないという。彼はエッセネ派の教義をピラトに説明する。彼らは正義をつかさどる者がやって来るのを待っている。彼らは、この正義をつかさどる者が人間の心をすっかり変えてしまうと考えている。彼らは暴力の使用を非難し、世界全体が兄弟のように愛しあわねばならないことを教えている。マルドゥクは、この宗派に非常に注目していて、このなかに人間の最良のものがあると考えているとさえいう。この宗教が勝利をおさめたときには、年の数え方も、正義をつかさどる者の生まれた年を基準にして、数えられることになるだろう。マルドゥクは、突然、ピラトの妻の夢のなかの意味に気づく。夢のなかの魚は、ギリシア語で「イエス－キリスト、神の子、救世主」という言葉の頭文字だ。マルドゥクの目には、新しい世界で展開する歴史が見える。彼はそれをピラトに物語る。すべての事件が鎖のようにつながり、何もかもが、一粒の目に見えない種子のなかに、あらかじめ組み込まれてしまっているかのように見える。

ピラトはマルドゥクの物語を、知識をもつ人のみが知る、ぜいたくな楽しみとして聞く。わずらわしいことを忘れるために、マルドゥクをたずねてきて本当によかった、と彼は思う。マルドゥクは、エッセネ派が政治的な力を獲得する可能性についても話す。暴力を排除した政治をうちたてるだろう。しかしそのときには、既存の勢力と対立することになるだろう。暴力で対抗しないとすれば、何で戦えばよいのか。予言者の昇天を確実にするためには、ときには殉教者の後光が必要なのではないか。マルドゥクは、この観点からユダの不可解な嘆願を解釈する。ユダは狂人のようだが、よく考えてみると、彼のいっていることには理屈が通っていないこともない。マルドゥクは、この狂人の忠告に従ったほうがよいかもしれないと思いはじめる。自分の権威を確立するために人間の不正や卑劣を必要とするような宗教を、ソクラテスは認めなかったと思う、とピラトは答える。

マルドゥクも神を信じてはいない。しかし、全能であり、愛そのものである存在の信仰以外に、人間にそのいやしい本能にうちかつ決心をさせるてこになりうるものがあるだろうか。ソクラテスの知恵はすばらしいが、知恵で世界を変えることはできない。マルドゥクは、理性に加えて、何か熱狂的な力が必要だと考えている。ピラトは安心もし、失望もした。彼はまったく人間的な秩序を守ることのほうに誇りを感ずる。人間の救いは人間のなかにしか存在しない。

しかしマルドゥクとの考え方の違いが哲学的に明らかになったとしても、ピラトが明日どんな決定を下せばよいかを解決する、何の助けにもなりはしない。自分のいまの地位や勤めのことが思い出された。みすぼらしい経歴、屈辱と自己嫌悪をいつも味わわねばならない、ピラトには向いていない、うんざりする仕事。彼はつねに妥協し、最も事なかれの方法ばかりを選んできた。ピラトは、手を汚さない人間であることに、自分があきあきしているのを感じていた。こんどこそは自分の正しいと思うことを断乎として押し通してみようか。しかしマルドゥクは、イエスを引き渡すこともまた、個人的問題を超えた原理のための崇高な犠牲だ、という。ピラトは、自分にとっていちばん楽な解決だからといって、最悪のものだとは限らないのだ、と思いなおす。ある瞬間には、国家の利益と個人の良心の問題だと考えて、イエスを釈放しようと決める。しかし次の瞬間には、もし本当に人類を救うのにイエスの死が必要なのだとしたら、ピラトには、それを妨げる権利も力もないはずだ、と考える。こうして、どうどう巡りの拷問がふたたび始まる。

勝利をおさめるために人間が卑劣な振舞いをすることを必要とするような宗教を、ソクラテスは本物だとは考えないだろうと、ピラトはマルドゥクに断言した。なぜだろうか、とピラトは考える。そして突然、彼は啓示を受けたような思いがする。神であっても、運命であっても、人間にその良心が禁ずることを強制することはできないからだ。人間が卑しいおこないをするとしたら、それは彼自身の意志によってである。神の力は人間の倫理の意志が始まるところで終わる。世界の救いが問題であろうとも、人間は自分のおかす悪を神のせいにすることはできない。また、たとえユダヤ人の神が彼の弱さをあてにしていたとしても、なお勇気をもつことは彼の自由であった。

長い不眠の一夜が明ける。彼は法廷で、騒ぐ群衆を前にして、イエスの無罪を宣言する。暴動が起こり、たくさんの死者が出た。ピラトは免職され、追放され、追放された土地で自殺する。しかしこれは絶望してではない。彼の主義の論理的帰結としてである。ストア派の哲学者は、いつでも、都合がよいと判断したときに、人生を捨てる自由をもっているからである。ピラトは満足して自殺した。他方、イエスのほうは、彼の予言を説きつづけ、成功をおさめ、聖者の評判を高くし、年をとって死んだ。しかしすべての期待に反して、勇気を示すことに成功した一人の男のために、キリスト教のいう神の救いは実現せず、キリスト教は存在しなかった。したがって、マルドゥクの推測した、キリスト教の成立を前提にした歴史も、起こらなかった。

カイヨワは、自由の問題についてだけではなく、宗教の問題についても、自分の態度をこれまでより、ずっとはっきりさせたように見える。マルドゥクの考えは、バタイユら、「社会学研究会」の人たちの意見を代弁している。カイヨワは、宗教が神の名において人間に要求する犠牲を、人間の名において要求する道を選ぶ。

また先に、こまごました説明を綿密に積み上げて夢の印象を見事につくり上げていくカフカの方法を、彼は『夢』のなかで指摘した。人間が決断をするに至る悪夢に似たどうどう巡りを、カイヨワは同じような方法を使って、この小説のなかで再現することを試みている。さらに、忘れてはならないことがもう一つある。ソクラテスやエピクテートスなどの哲学、その他たくさんの人たちの毅然とした立派な生き方の例から、ピラトがはかり知れない励ましを得たということである。人間の連帯性は時代を超えたところでも存在しているのである。

(13)　『美の全般に関する美学』*Esthétique généralisée*（一九六二年）

『メドゥサとその仲間たち』でカイヨワは、懸案のいくつかの問題を一方で解決したが、また新しい問題を抱えこむことになった。われわれは人間の芸術だけを特別に美しいと考えがちだが、チョウの羽や石や景色も美しい。形象的絵画の場合、比較は困難であるが、無形象的絵画の場合、絵の批評家が見ても、石や繊維や細胞組織の顕微鏡写真と区別がつかない作品が少なくない。そのような無形象的絵画と顕微鏡写真を公平に比べるとき、画家の絵のほうが無条件に美しいとはいいかねる。だれが作ったものであっても、美しいものは美しい。われわれは美の問題を、芸術に限定して考えがちだが、このさい、もっと広い視野で、あらゆる美しいものに共通する一般的な美について考察することが必要でないか。

芸術の美と自然の美、生物がつくり出す美と無生物の美の、どこが同じで、どこが違うのか。初めに、検討すべき対象をすべて枚挙しておく必要がある。『遊びと人間』で使った方法をここでも利用してカイヨワは、無限にある可能性を、いくつかの範疇に類別しようとする。美は目に見える形にまず結びついている。すべての形が美しいとは限らないが、美しいものはすべて形が美しいのである。形を数えあげれば、美の条件はそのなかに含まれていると考えることができる。分類の原理としては何が適当か。形が発生した原因を、彼は選ぶ。

形は、偶然・成長・企図あるいは鋳型によってつくられる。偶然によってつくられた形とは、さまざまなたくさんの原因が、でたらめに重なりあって生じたものである。夢のように意味のないものであるが、夢と同じ魅力をもつことがある。秩序も、均整も、反復も、リズムも知らない。それぞれがどうしようもないほど特異である。類似のものはあるかもしれないが、まったく同じというものは、奇跡でなければ存在しない。部分的には、他と交換可能なところがある。この部分だけをとり出すことはできる。しかしそうすることは、材料に企図と制作をつけ加えることになる。企図と制作を加えられた対象は、このときから偶然の範疇に属することをやめ、他のグループに移る。

第二のグループは、生物が、自己を組織する固有の内部法則にしたがって成長していくときにつくり出す形である。生物の未来の姿は染色体で初めから決められている。時間がたつにつれて、それぞれの種に定められた形が、際限なく反復して現われることになる。成長による形の特徴は均整である。上下・左右の均整だけではなく、成長という現象そのものがつくり出す力学的な均整、ラセン形も含まれる。結晶も生物体と同じように成長する性質をもっているので、対称的な構造をもっている。しかしその軸や面はけっして奇数にならない。第一のグループがもっぱら外部の圧力の、無差別で盲目的な一方的な作用にもとづく形だとすれば、第二のグループは、作者と作品が、生命の自動作用にしたがいながら一つにまざりあっている形だということができる。

第三のグループは、制作者が意図をもって自分の外につくり出した形である。人間の作品に限らず、クモの網や鳥の巣もこれにはいる。意図をもった制作の仕事には、計算や努力、成功や失敗がともなう。どんなやり方をするのも自由であるが、その形を求めたのは制作者であり、制作者に責任がある。この種類に属する形は無から生じるものではなく、すでにある他の形に刺激されたり、啓示されたり、霊感をうけたりしてつくられる。それゆえに芸術の分野では、これらの形はつねに新しい試みとして受けとられることになる。称賛をひき起こす場合は、大胆な企ての成功としてである。

ところで芸術作品は、魅惑されてそれを見る者がそこに提出されたのと違ったようには想像することができないとき、完全であるという印象を与える。問題は、この魔術がすべての人、あるいは大部分の人に、永遠に、あるいは長期間にわたって、同じように有効に作用するということをどのようにして信じたらよいか、である。この美のなかには、何か不安定な変わりやすい要素がある。広い範囲の人々の同意によって成立する美であるが、この同意は文化に左右されて、誤りをおかしやすいからである。しかし、芸術という、共謀によってつくられる形も、窮極的には自然から生まれたものである。それゆえに、様式はどのように違っても、この共通の起源と、何らかの卓越を求める野心とによって、たがいに同族的結合を保っている。この同族的結合を手がかりにすることによって、はじめて芸術全体と美との関係を問題にすることができる。

第四のグループは、工業の技術が鋳型を使って、無限につくり出していく形である。これは生命のない外面的な物体の転写作品であり、二次的な機械的作品である。これらの模造品は、第一および第三のグループの作品を、二倍に水うすめする。というのは、人工的手段は無生物しか復原できないであろうからである。これらの形は反復するだけである。新しいものはつくり出さないから、宇宙の目録には何もつけ加えない。生物も自分自身と同じ複製を作る。しかしこの場合、刻印は中心から由来する。

さて、前記の各グループの形のうち、あるものは美しいと評価され、あるものは醜いと判断される。大部分のものは無関心の状態で放置される。まず問題になるのは、人間が美しいと評価するものが必ずしもつねに同じではないことである。趣味によって、すなわち、土地により、時代により、個人によって違っている。人間はその心のなかの好みの傾向を生れつきのものと信じている。しかし実際は、各文化によってひそかに提供されたものであって、歴史や学校や流派に由来している。他方、それにもかかわらず、地球の反対側の土地の、あるいは別の時代の、明らかに正反対の選択にもとづく芸術にも、われわれの目が慣らされてしまうことがあるのは、なぜなのか。この満場一致の同意を支えているものは、何なのか。それは自然そのものだ、とカイヨワはいう。

要するに、人間の美の評価は二つのフィルターを通して現われるということである。いちばん下に自然があり、その上に各伝統の対照のきわだった、堆積物からなる層がある。自然はこの層の下でも、なお十分判読されうる力強さを持ちつづけている。このように自然から出発しているがゆえに、どの美学も、パズルの部品のように、おたがいに補いあう部分をもっているのである。美の考えうる唯一の源は、目に映るがままの自然の姿である。無理のない自然のままのもの、あるいは自然そっくりに似せたもの、自然のもつ形。調和・均整。リズムを再現するものは、すべて美しいと評価され、美しいと感じられる。人間自身が自然であるから、調和がとれていると人間に見えるものは、人間とすべてを同時に支配している諸法則を表示するもの以外でありえない。自然は無数の多様な外見をまとって現われるが、その中心にあるのはこの諸法則の釣合いのとれた働きであり、人間の目もまたそれに従属している。人間が何かを美しいと評価するとき、彼はこの宇宙の機構への参加を告白しているのである。美についての人間の深い合意は、ここから生じている。

それでは、醜いものとは何なのか。醜いものには二種類ある。一つは、第三のグループの形をつくり出すことのできる生物が、自分の考えで自然を変えようと企て、試行錯誤がうまくいっていないときに現われる。たとえばクマサカガイの貝殻は完全で非のうちどころのないラセン形をしているが、この軟体動物は、あらゆる種類の貝殻の破片や石灰岩の断片で自分の貝殻を飾る。このために、せっかくの美しいラセン形が台無しになっている。人間も、ものをつくるとき、同じように失敗しやすい。成功もするが、たちまち失敗もするからである。醜い花はない。しかし、人間がつくったパーロット種チューリップを除いてである。風景も、それ自体で醜い風景はない。しかし人間は、この上なく美しい景色のところに広告の看板や工場などを建てることによって、簡単に醜くしてしまう。

もう一種類の醜いものというのは、実際は醜くはないのに、神話によって嫌悪をもよおすものとされてしまったものである。たとえばコウモリ、クモ、タコ、ヘビである。これらのものを恐ろしくしているのは、不可解な連想の結びつき、あるいはまったく空想上の偏見であって、これらの動物の外見に調和が欠けているわけではない。タコはかつては装飾用に描かれる動物であった。これらの動物がひき起こす恐怖は、美学には属さず、まったく別の感受性の領域、心の奥深くにある動物的な防御本能から来たものである。

自然にあるものは、すべてが美しいというわけではない。しかし、醜いものは何もないということはできる。自然のすべてが美しいとしたら、人間が美を見分けることはなかったであろう。ごくわずかなもの以外は、注意をひくことなく放置されたままになっている。それゆえに、あまりに自然的すぎて隠れてしまっているものを、改良し、完成し、明白なものにして示すことは、野心をそそる試みとなる。大きさを釣り合わせ、色彩を配合し、選択し、組み合わせ、自分が主人であるかのように決定することは、最高に快いことである。ここから、人間の発意が生まれる。自然は誤ることはないが、人間のつけ加えるものは、すべて美を損いかねないものである。人間はそれを自分の責任でおこなう。こうして芸術およびその計算と賭けが始まる。

芸術の野心は自然の構造の追究にも向けられる。自然の外観は実際上無数であるが、この外観を支えている構造は無数ではない。無生物においては、分子の配置によってその構造は決定されており、理論上考えられる組合せは数百を超えない。五辺形およびそれから派生した均整のとれた構造は、生物とともに現われる。植物の世界や海の動物においては、こんどはもっぱら五辺形の氾濫である。貝類においては、ラセン形しかない。葉のさまざまな配列は、結晶の配列と本質的に異ならない。自然を構成している法則は、想像されるよりもはるかに少ない。それゆえに、線や色の組合せも、可能なものがすべて公平に自然のなかにあると考えるのは錯覚である。美を必然的に生み出す形・構造・釣合いもまた、自由に豊かにあるわけではなく、非常にわずかなのである。たしかに多くの知識と忍耐とが必要であるが、この美の不変の規則を、その完全さを何ひとつ汚したり隠したりしない根源的な純粋さのなかでとらえようとする試みが、さらに企てられることになる。

前記のことから、二種類の美が存在することがわかる。人間が自然のなかに自然の状態で見出す美と、人間が自発的につくり出す美である。

人間は、模倣することも、発明することもできる。画家が模倣するときは、彼の眼前にある、宇宙のいろいろな形を再現することになる。発明するときは、世界のなかに直接のモデルをもたない形を組み立ててつくることになる。これは純粋な思弁からひき出されたような形であって、極端にいえば幾何学の図形である。どちらを選ぶかは、選択した主題によって決まるのではなく、知覚と抽象作用の、どちらに同意するかの好みによる。

形を表示する芸術は、ただ類似だけを求めて自然の事物を再生するのではなく、正確さの上に、感覚的な生ま生ましさをおぎなう。よりいきいきと表現するために、対象をデフォルメしたり、あるいは、より多くの意味を与えるために、象徴を使ったりすることもある。これに反し、構成の芸術は、抽象的な形象を組み合わせる。それは、規則正しさによって、法則の秩序だった展開によって、快感を与えることを求める。理論的に考え出した形を使うが、目に見える世界から借りた形を利用するときは、それらを純化して、もとの事物とのつながりをもはやいっさいもたない、抽象的な要素にまで還元してしまう。明白な効力をもち、巧妙に配置された形象が組み合わされてつくり出す、絶対的な構図に比べれば、自然や歴史はすべて空しい偶然に見える。

反対に、形を表示する芸術のほうは、このはかない偶然にこそ持続性を与えたいと望んでいる。この芸術は、外に現われた形であれ、逸話であれ、対象としないものはない。夢や妄想の幻影をも描き出す。非常に多くの自由をもっているが、ただ一つだけ制限がある。すなわち、このような絵画は、反復や対称、あまりにはっきりした規則だった秩序を避ける。それは、唯一のものを描くか、描くものを唯一にしなければならないのである。思弁的な芸術は、これに反して、最初から反復を強いられている。ここにあるのは、アラベスクや花模様や渦巻き装飾などである。両者の間でいろいろな交流はおこなわれているが、形を表示する芸術と構成の芸術との分離は、方法においても、意図においても、絶対的であるように見える。

これら二つの方法は長い歴史をもっている。その移り変りはすでにしばしば叙述され注釈されている。いま新たに必要なことは、これらがそれぞれどこに到達しようとしているのかを論理的な極限までたどってみることである。まず、再現する芸術について。これは論弁的芸術と呼んだほうがよい、とカイヨワはいう。この芸術は、言語が単語を使って語ることを、イメージで表現するのだからである。単語と同じように、イメージが意味をもつことを妨げることはできない。しかしデフォルメしたほうが明らかに表現的になる。似せようとする熱心さより、デフォルマシオンのほうが、より強く芸術家の個性を表示する。しだいに人々の注目はデフォルマシオンのほうに移る。大胆なデフォルメが義務のようになる。それはつねに、前回の大胆さを上回るものでなくてはならない。ついには、最初の外観からあまりにも離れすぎて、作品が判読できないものになってしまうことがある。

一方、幾何学的芸術の場合、ややともすれば、単なる対称や、似たような要素の反復や、いくつかの中心のまわりの遠心的配置だけのものになってしまうことがある。これを避けるために、芸術家は巧妙ななげやりを導入することを学ぶ。ところどころ、説明のできない線や色が図案のなかに認められるという程度の無秩序だが、死んだ世界に、少しのしなやかさをとりもどさせることができる。しかしこれだけでは十分でない。反復の方式をこみいったものに変えたり、間をあけたり、たくさんの変数を課したりするようになる。これはやがて、行き過ぎたものになり、ついには迷路的な線しか認められないようになる。先入見をもたない精神には、数学者たちが超空間の曲線を描き出すのに使うプラスチックや真鍮の針金の模型と、現代彫刻とを、うまく見分けることはできない。

この驚くべき一致には、重要な意味がある。最も厳密な計算と自由な探究とが、まったく違った正反対の手続きによって、同じ外観に到達したのである。明白な規則を拒否しているものが、不意に、厳格な推論の先端と一致したのである。宇宙のあらゆる構造は美の観念を支配しているというカイヨワの説を、さらに裏づけたものといえる。とにかく、これまで求められてきた抽象的な形は、もはや必ずしも問題ではなくなる。抽象的な形は、その抽象作用そのものによって、目立ったものになりがちである。画家は、はっきりした形を分解し、破壊しなくてはならないと考えるようになる。再現の芸術においてと同様に、ここでも作品は、混乱以外のものを読みとることができないものになってしまう。

これは文学もまたたどった道程である。文章の歴史とイメージの歴史を同時に同じ言葉で語ることができるほどである。初めは、どちらも正確であることが求められた。次には、芸術とは、語ったり描き出したりする方法にあるのだと考えられるようになった。直接的な正確さは主要な長所と見なされることをやめる。暗示などの効果が発見される。こうして、大胆さと自由の存在理由が認められるようになる。お目こぼし的に許されていたこの自由は、芸術家によって特権的に要求されるものとなり、やがて義務的なものとなる。芸術そのものは、直接的表現や忠実な再現から遠ざかる。ついには、隔たりがあまりに大きくなって、理解可能なもの、識別可能なものは何ひとつ認められないというようになる。芸術家たちは、途中の困難な努力はいっさい省略して、電光を発する即興的作品を一挙にもち出すようになる。

絵画の場合、色と線は、文学においての言葉より、明確な意味に結びつけられていることが少ない。それゆえに、意味を放棄する試みは、目まいがするほど、いっそう遠くまで押し進められることになる。作品は暗号であることもやめる。さらに、作品は何も表現しないように見えるだけでは十分でない。何かを表現しているのでないかと推測されるようなことさえ、あってはならないのである。残された道は、偶然や痕跡にもどることしかない。こうして自然の美とのつながりが回復される。画家は自然のなかのきずあとや、彫りこまれたしるしをうらやましく思う。彼は、それらをつくり出した、気まぐれに屈するのではない。夢のようにとりとめのないイメージのもつ、太古からの魅惑に屈するのである。伝統的に認められている美は、人間の最高の能力の使用を要求した。これは徒弟奉公と訓練から生まれた。新しい芸術家は、この美にあきて、手をまったく加えない天然のままの美を対立させる。

彼は、自分の作品のなかに、あらゆる種類の奇妙な破片や断片や切りくずをとり入れることを思いつく。彼のこの行動はクマサカガイの行動と同じである。彼は、さらにいっそう完全に自然と結びつくために、自分の作品の発生を自分自身からまったく切り離すよう注意する。彼は目隠しして描いたり、絵具を力いっぱいぶちまけたりする。やり方が乱暴であればあるだけ、高く評価される。突然の爆発や、爆発的燃焼に類するものが、最も好まれるようになる。彼は筆のかわりに爆弾を使う。しかし彼が願っているのは、スキャンダルではなく、宇宙を支配している基本的な力の絶対的な完全な純潔に到達することである。循環の輪は閉じられる。求められた純粋さは、第一のグループの偶然の形にもどることによってとりもどされたように見える。

しかし、人間が長い間自己の栄光と正当性を見出していたあの古い野心への逆の郷愁ともいうべき、後味の悪い気持が残っている、とカイヨワは最後につけ加える。

(14) 『ベローナ、あるいは戦争の傾斜道』*Bellone ou la pente de la guerre*(一九六三年。国際平和大賞受賞)現代の社会で、未開社会の祭りに対応するものは、バカンスではなく戦争であると、カイヨワが『人間と聖なるもの』で指摘したのは、一九三九年である。一九四七年には、かつて学んだことのある「高等応用学術研究所」で、『戦争の目まい』という連続講演をおこなっている。『人間と聖なるもの』の第二版の付録として「戦争と聖なるもの」をつけ加えたのが、一九四九年。彼はさらにその後も、戦争について考えつづけることをやめない。

戦争は残酷で、すべてを荒廃させ、たくさんの人間を殺す。戦争は恐ろしく、ばかげていて、空しいものであり、人類が出会う不幸のなかの最大のものである。これらのことは、この上なく明らかであると思われる。しかしそれにもかかわらず、戦争の気配はいまも依然としてなくなったようには見えない。戦争を公然と求める者は、まださすがに少数であるかもしれない。しかし戦争をなつかしんでいる者は少なくない。戦争が近づいてきたとしたら、人々はそれを避けようと最大の努力をはらうだろう。しかしそれでも避けることができないとわかったとき、彼らは、まるで花嫁でも待つように、期待にうちふるえながら、戦争を待つようになるのである。人々は、殉教者が拷問に対していだくように、戦争に恐怖と欲情をおぼえるようになるのである。このとき、なおも戦争反対をとなえる者がいると、彼は卑怯者で裏切り者と見られることになる。軍役を拒否する場合は、たとえ法律で許されていたとしても、人々は、彼が男であることを決定的に捨てたのだと見なす。結局、ふたたび戦争の熱狂が国全体を支配することになる。このような成行きは、ほとんど必然的であるように見える。戦争の懐疑者のほうに正しい道理があるとしても、戦争にとりつかれてしまった人々を説得することはもはやできない。戦争には、人間を魅惑する不思議な力があるように思われる。

しかし戦争がこのような魅惑する力をもつようになったのは、一般の予想に反して、比較的最近のことなのである。戦争そのものは古代からあった。しかし未開社会での戦争は、戦争というよりも、むしろ狩りのようなものであった。はっきりと日常の生活と区別される「戦争の時期」というものは存在しなかった。いつでも平和であったし、また戦争であった。組織された軍隊はなく、よそ者と出会ったときには、一人一人が、そのつど、相手を殺すか、自分が殺されるかであった。略奪や仕返しのために、部族の男たちがそろって出かけていくことはしばしばあったが、相手が思いもよらぬときに不意討ちをかけたり、だましたり、待伏せをしたりして目的を達するのが常で、双方が戦うというイメージとは、まったくかけはなれたものであった。好戦的な部族は定期的にまわりの部族を荒らしまわったが、これは生活に必要なものを手に入れるためであって、彼らの日常生活の一部なのであった。それゆえに、戦うことを好まない農耕部族は、彼らから平和を買いとることもあった。未開社会では、戦争のために、人々が特別の熱狂状態に陥るということはけっしてなかった。

国家が形成されるころになると、部族の内部に、戦争や狩りをする者と、農耕や家畜を育てる者との分化が認められるようになる。これらは世襲化して、前者は貴族や騎士になる。新しい国家は近隣の諸部族を従え、領土を広げようとする。このとき、征服のための戦争がおこなわれることになる。しかしこの戦争も、二つの軍隊の衝突を連想させるような戦争ではなく、一種の警察行動のようなものであった。組織された強力な国家と、整備された制度をもたないばらばらの部族とでは、勝負にならなかったからである。力にたよるまでもなく、使者による話合いで併合が決まる場合が少なくなかった。この戦争は平和と文明をもたらした。広大な帝国が建設され、戦争の勝利そのものが戦争を消滅させる働きをした。くびきが重すぎる場合、反抗が起こることはあったが、この平和は現代の平和とは違って、長期にわたって安定したものであった。

帝国が解体したとき、同じような力の程度の国々があとに残った。新たに戦争がこれらの国の間で発生することになった。しかし封建的な国のあいだでの、戦いを職業とする特権的な階級によっておこなわれる戦争の特徴は、戦争というよりも遊びに近い、規則をもった闘技のようなものであった。すなわち、厳格な規則にもとづき、一定の時間、一定の空間のなかだけでおこなわれた。いくつかの攻撃は禁じられていた。武器を持っていない、あるいは気づいていない敵を、不意討ちしてはならなかった。相手を殺すことが目的ではなく、敗北を認めさせさえすればよいのであった。洗練された貴族的な文化が確立されていればいるほど、規則は完備されたものであった。一人の人間も、一頭の馬も死なない戦争もあった。遊びの興味は必要以上に高まることはなく、情熱的な熱中は存在しなかった。

中国の孫子・呉子の兵法も、こういう種類の戦争の、一つの理想を表現したものである。戦争はそれ自体が悪と考えられ、やむをえずおこなう場合でも、正義を目的とし、公正を法とし、秩序と熟慮にもとづいた行動をつねに心がけ、人間性の尊重を最も重視すべきことが説かれている。戦争を始める季節も定められていた。血を流さなくても、戦争に勝つことができればそれ以上のことはない。大量の軍隊は必要ではなかった。節度と中庸の徳が求められたが、兵士たちにそれを教える最も効果的な方法は、手本を示すことであった。それゆえに将軍たちの第一の義務は、部下に尊敬されることであった。戦争はこうして徳性の学校にもなった。しかし将軍たちがどんなに徳を積んでいても、戦争のなかにまきこまれてしまうと、自分を失ってしまうことがありうる。ある有能な君主は、彼らを盲目的に信用せず、哲学者や文人たちをも重用して、将軍たちに冷静さをとりもどさせる任務を与えた。このような洗練は徳の面だけにとどまらず、戦争や武器などの装飾にまで現われている。

西洋でも、中世からフランス革命までの間は、同じような理想が追求されていた。優雅な戦いは、封建制の社会での戦争の特徴である。貴族や騎士たちはおたがいに顔見知りで、平和なときには客や友人であることも少なくなかった。彼らは戦いはした。しかし憎悪や執念がからむことは稀れであった。

しかし、規則ではどんなに厳しく人間性を守ることが定められていても、戦争の本性のなかには、これに逆らって、流血に向かわずにはいないものがある。封建制の社会での戦争においても、その芽はすでに認められる。貴族や騎士たちのあいだでは、生命は尊重された。しかし国境での野蛮人との戦争においては、容赦のない虐殺がおこなわれた。国内でも、農民や村民を大量に殺したり、村や町を焼きはらったりすることは常のことであった。これらの人たちは、同じ人間だとは考えられていなかったからである。さらに、貴族や騎士に付き添っている従者たちも、戦いの人数のなかには数えられていなかった。相手の貴族や騎士の戦闘能力を奪うために、この徒歩の従者たちがねらわれて殺された。道をふさいだというので、味方の貴族や騎士に殺されることもあった。

貴族階級どうしの優雅な戦いは、剣の戦いの上に成っていた。大弓や鉄砲が登場し、歩兵が戦士の地位を獲得するようになると、戦争の性質が変わる。一般の民衆出身の歩兵たちは、相手かまわず、手加減せず撃ちまくった。最初、これらの新しい武器は、使用を非難されたり、法王によって禁じられたりした。しかし、農民暴動で農民たちが使ったり、宗教戦争で信仰を守ろうとする町民たちが鉄砲で武装したりするのを、防ぐことはできなかった。貴族たちは手痛い目にあう。王たちは鉄砲で武装した軍隊を求めるが、貴族たちは馬から降りることを望まず、新しい軍隊には、傭い兵や職人や貧乏貴族しか残らなくなった。世襲的貴族制度は、軍事面でも行きづまるようになる。

鉄砲の使用によって、戦えば必ず大きな犠牲が出た。しかし、地位の低い、給金の安い歩兵のなり手は少なく、短期間での補充は不可能であった。二つの軍隊が対陣しても、力を温存するために、戦闘はできるかぎり避けられた。それゆえに勝負は、最後の一回で決するか、対決なしで終わる場合もあった。

一方、二、三の王は、自分の土地や信仰を自ら守ろうとする農民や一般市民を、その権利を認めることと引換えに、軍隊に組織することに成功する。この王たちは強力な歩兵をもつことになる。その一人、スウェーデン王グスタフ–アドルフは、七ヵ月の間に三度の戦闘をおこなった。スペインとオランダ連合州とは六〇年間戦争状態にあったが、実際の衝突はただの一回だけであった。民主化された軍隊の戦闘力は驚くべきものであった。また真剣で、強暴であった。戦争はもはや遊びではなくなる。

十八世紀の初めに、セヴェンヌ地方の新教徒が反乱を起こした。この反乱は、確信をもって戦う民衆の軍隊がどのようなものであるかを暗示していた。彼らは狂ったようになって、相手方を情容赦もなく殺した。それと同時に、自分たちのほうも、自ら求めて虐殺された。フランス革命によって、王の臣民は市民となり、王国は市民の共和国となった。戦争は王の、政府の戦争ではなく、国の、人民の戦争となる。権利の、法の前の平等はまた、国に奉仕する義務の前の平等でなくてはならない。共和国を強化しようという自発的意志から、徴兵の考えが生まれた。この熱狂は軍事的なものではなく、はるかに愛国的なものであった。一人でも脱走する卑怯な者がいたら町全体の名誉をけがすものだという声が、民衆のなかから出はじめる。共和主義者たちは熱烈であり、信念は固い。その上、徴兵制によって、尽きることのない人数を動員することができる。オンドスコットの戦いでは、フランス軍の兵力は敵の四倍であった。もちろん、フランス軍は圧勝した。将軍ウシャールは、優雅な戦いの慣例で、敵を追撃しなかった。このために革命裁判所で死刑の宣告をうけ、ギロチンにかけられる。

戦争は各人の血だけではなく、金や労働をも要求した。戦争は以後は国全体をまきこむものとなる。ここまでの犠牲を民衆に要求することは、これまで、どんな王も考えることのできないことであった。民主主義のみがこれを可能としたのである。これまで黙って苦しむことにのみ慣らされてきたみじめな平民たちは、武器を手にした日に初めて自分たちの重要性と、貴族や特権階級とまったく平等であるということをはっきりと意識するようになった。フランス革命は、市民のひとりひとりを、自由の福音を広める使徒に変えた。さらに、戦争によって、彼らは自分の国や自由だけではなく、同時に自分の賃金と生活水準をも守ったのである。当然、戦争は情熱的なものとなる。

国家のほうはいよいよ権威を高め、管理組織を確立する。国家は、戦争によってその理想的な一致したまとまりに到達するように見える。このときから戦争は統治の一つの手段に変わる。戦争は、不必要なぜいたくな活動、外交の補助的手段であることをやめる。こうなると、敵方も同じような国の強化策を採用するようになるので、競り合いが始まることになる。戦争には必ず目的があると考えられていたが、やがて目的はもはやどうでもよくなる。戦争は独り歩きをしはじめ、いまや政治の一手段であることもやめ、反対に、政治のほうが戦争の道具であるかのようになってくる。

戦争が「聖なるもの」の姿を帯びるようになったのは、このころからである。戦争に情熱を感じる好戦的な人間は、いつの時代にも多かれ少なかれいた。しかし一般的には、戦争は無視されるか、軽蔑されていた。戦争の規模が大きくなり、だれもがその危険にさらされるようになるにつれて、戦争は強い感情をよび起こすようになる。人は戦争をのろうと同時に、そこに幻惑的な力を見出すようになる。人は戦争に哲学的な重要性を与えようとしはじめる。戦争がますます非人間的なものに、破壊的で残酷で、しかも頻繁にくりかえされるものになってきた、まさにこのときに、戦争はすべての人間を崇高にする洗礼的価値をもつものだと説かれるようになるのである。

この皮肉な一致は、「聖なるもの」の重要な一面を示している。すなわち、人間の本性と根本的に異なると見えるものほど、人間には「聖なるもの」と受けとられやすいということである。ジョゼフ－ド－メーストルは、つねにくりかえされる虐殺こそ宇宙の調和を成立させるものだと説く。人間は血で、その負っている罪をあがなうというのである。戦争のなかで人間は、自分を打ち砕く全能の力が自分をとり囲み、自分がまったく無力であることを感じる。これはまさしく、彼が「聖なるもの」の世界で感じる印象にほかならない。

ほかにも、すぐれたたくさんの作家が戦争を称賛するようになる。プルードンは、戦争にすべての栄光と豊かさを与え、戦争を文明の原動力であるとした。ラスキンは、戦争こそ偉大な芸術の源泉だという。平和は利己主義と不道徳、堕落と死しか生み出さない。ドストエフスキーは、戦争が現代の精神的雰囲気を一新させることを期待した。しかしプルードンは、過去の戦争の功績について述べただけで、今後の戦争については消滅を予言しているのである。ラスキンは、彼の時代にはもはや不可能になったと彼自身も認める型の戦争のみを称えたにすぎない。ドストエフスキーの見たクリミヤ戦争も、現代の総力戦と比較すれば、むしろ古い型に属する戦争であった。

政治革命は、百万人の軍隊という新しい戦争手段を提供した。しかし彼らが手にしていたのは十八世紀の武器であった。鉄砲といっても射程は短く、敵味方たがいに相手を識別できる距離で、戦いはおこなわれた。また、銃弾も高価であったから、使われる量は限られ、最後は双方入り乱れての個人戦になった。それゆえに、個人が自分の勇気や才能を発揮して、名前をあらわすこともなお可能であった。

技術革命は、戦争の姿をさらにいっそう大きく変化させる。十九世紀の終りに火器が決定的に完成された。遠くにいる敵を正確に攻撃し、大きな損害を与えることができるようになった。しかも同時に、弾丸などの大量生産が可能になった。いまや、すべては火器の威力によって決定される。人間は、投入される必要な火器を、計画された位置に運び、定められた方法で操作する、手軽な装置として取り扱われる。火器が主役で、人間はとりかえのきく、その付属品の地位を占めるにすぎないようになる。軍事訓練は、逃げようとする本能的な反射作用を、機械的に服従する反射作用に置き換えるだけのものとなる。

かつての英雄は、勇敢な行為で、隠れた名前をあげえた者であった。しかしいまは無名戦士が新しい英雄として尊敬される。完全に自分の名前を失い、その生きた跡をもかき消してしまった兵士、すなわち、体の形が最もなくなり、顔を見てもつぶれてしまっていて、まったくだれとも見分けのつかなくなった哀れな不幸な兵士に、最高の栄誉がささげられる。彼の栄誉は、戦争に参加したすべての人の無意識の奥に残る、共通の深い苦悩を表現しているのである。このような変化は、英雄的な戦争の時代の終りを確定的なものにする。戦争は気品のある競技という外観さえ失う。働きうる人間と生産手段のすべてを注ぎ込んだ全面的戦争において、高雅な心づかいが残ることを期待するのが、もともと無理なのである。戦闘は情容赦もないものになる。美学的・倫理的なあらゆる残りかすを取り去って、なんのためらいもなく、ただ勝つことのみを求め、敵を全滅させることに全力を集中するものになっていく。

奇妙なことは、戦争がこのような絶対的な形をとるようになっても、戦争の崇拝者は少しも減らないことである。かえっていっそう、その予言は激しいものになってきているように見える。もはや、戦争を何かの長所のゆえに称えるというのではない。無条件で、戦争をそれ自体として崇拝するのである。

たとえば生物学者ルネ－カントンは、男の戦う姿こそ最も自然なものだという。戦争は男を道徳的に美しくする。母性が女を美しくするのと同じように、である。それに反して文明は、汚れた、我慢のならぬ、人を堕落させるものである。それだけではなく、人類にとって非常に危険なものでもある。文明は出生率を下げる。一方、価値のない男をたくさん殺さずに助けている。祖国の呼び声は徒刑囚の心さえもうつ。男は理屈で戦うのではない。戦場は聖なる場所である。戦場の雰囲気は男に無限の感覚を抱かせる。彼は自分が祖国の犠牲になるためにつくられたことを理解する。彼はこうして、魂の崇高なたかまりを意識しながら、民族の偉大な賭けであるあの血なまぐさい競技に勇んで身を投ずるのである。しかしこれらのカントンの主張にはいくつもの矛盾がある、とカイヨワはいう。まず、近代戦は、適者生存の生存競争の要素を少しももっていない。弱者も強者も皆殺しにするからである。第二に、祖国への献身と人類への奉仕とは、まったく種類の違うものである。最後に、カントンは、戦争の価値は絶対的ですべての利害を超越しているといいながら、この価値のなかに彼の国家主義的情熱を含めようとしている。

エルンスト－ユンガーの場合は、ひきずられて戦争にまき込まれるよりは、熱狂的に戦ったほうがましだという前提にたって、議論を進める。ますます極端なものになっていく戦争のむごさ、恐ろしさこそ、戦争を偉大に純粋にするものである。もはや戦争には戦争以外の目的はない。戦争の到来は真理の顕現にほかならない。戦争はあらゆる嘘を追放する。戦争をいやいや生きる者には、このようなことはわからない。戦争のなかに活を求める者のみが、戦争のもつ冷酷な華麗さを味わうことができる、とユンガーは断言する。戦争が人間の水準を超えれば超えるほど、戦争を神格化しようとする誘惑は、いよいよ増していく。

全体主義的な政治制度の広がりとともに、戦争は国家の宿命のようになってくる。政府や国民が望むと望まないにかかわらず、国家の政治機構そのものが戦争に結びつき、戦争を組織し、戦争を準備する働きをするようになる。統制のゆきとどいた政治機構は、軍隊の機構を再現し延長したものである。政治は軍隊から、ためらわず不平をいわず従うという原理を借り入れる。こうして、さまざまな公共機関は、一つの巨大な管理システムのなかに統合される。これらの機関は、参謀本部の要求どおりに人間・資材・労働・知識を自由に動員できるようになる。戦争のたびに国家権力は強大になる。戦争中につくられた機関のいくつかは、平和になってからも、なくならず残る。行政機構はますます厳重に、完全に、大規模になる。他の国がこのように整備されてくると、最も平和的な国の指導者でも、同じ方策をとらざるをえなくなる。国家間で歩調を合わせるという場合には、最も攻撃的な国が基準となってしまう。

戦争に負けた国の場合は、敗戦がその国の弱点を教える。彼らはその遅れをとりもどすことに全力をかたむける。第一次世界大戦は、経済的自立と国民的訓練の重要性に光をあてた。軍国主義的教育がおこなわれ、軍人に特権と称賛と名誉が与えられる。戦争に対する心理的抵抗はそれだけ弱められる。やがて、戦争は恐ろしいものである以上に、魅惑的なものとなっていく。また戦争は、つねに、いたるところで経済を刺激する。戦争の需要は生産能力をいちじるしく増大させる。平和になると、この増大した生産力は、たちまち生産過剰と失業の危機を生む。困難を解決する方法としては、戦争の準備が最も手間がかからず、効果的である。戦争は国の健康のためだけではなく、機械の健康のためにも良いという説さえ現われるようになる。集団の生活を組織化する必要は、政治家の自由な意志とは無関係に、組織化をつねにいっそう押し進める方向に働く。革命でさえも、この進化の方向を逆転させることはできない。革命も、その権力の基礎を固め、これを維持するためには、集団の生活の組織化をさらに強化しないわけにはいかないからである。戦争は、社会のこのような条件と機能そのものから、自然発生的に現われるようになってきている。いまでは、戦争をことさら求める必要はない。

他方、戦争の暴力は、必要悪として認められたものであろうと、命じられたものであろうと、称賛されたものであろうと、人間の第一次的な本能を満足させる。組織的な破壊である戦争は、社会的な生産過剰によって提起された問題に、単純で根本的な解決を一時的であってももたらす。戦争は周期的におとずれる爆発である。この爆発の期間中、個人も社会も、自分が全能になったかのような、すなわち、真理に到達し、同時に存在の最高のたかまりにまで近づきえたかのような印象をもつ。この理由で戦争は、未開社会で祭りが果たしていたのと同じ機能を、この機械化された社会で果たすことになる。

今日では、戦争の重みは、他のすべてのものに絶対的にまさっている。文明の一般的な法則に戦争はもはや従わず、逆に文明のほうが、将来の戦争の条件に、全体をあらかじめ合わせておかねばならないようになっている。戦争がすべてを命令するようになっている。この事実に対応して戦争の神話も、戦争を、まず、あらゆる虚偽をためす試金石として示す。戦争の判決は幻影を一掃し、習慣としきたりによって生き残っているにすぎない過去の遺物を取り除く。患部を深くえぐって、戦争は世界に若さと強さと真実をとりもどさせる、とされる。戦争はくりかえし出産にたとえられる。出血と苦痛と新しい生命の誕生という意味においてだけでなく、社会の奥底、すなわち、知性では統御できない内臓の奥から出てくる、恐ろしい圧力を直接表現しているゆえにでもある。戦争は、社会の抑圧された生命が絶えず発酵しているあの地下の世界からの熔岩の噴出ということになる。それゆえに戦争の規範は、平和や、理性や、正義や、名誉とは何の関係もない。

実際に、軍の規律までもが、本能を解放する方向に働いている。この規律に従ってさえいれば、努力して予測することも、率先することも必要でない。人々は責任を完全に免除される。戦争は、社会生活の基礎となっているすべての禁止をとり除き、規則の尊重を不要のものとする。ちょうど、祭りがタブーに違反する「聖」であったように、戦争も「違反の聖」として、その魔術的な力を最高に表わし示すのである。兵士たちは自然に暴力と残酷に向かう。しかし、何をしても、非難も処罰もされない。それどころか、秩序や道徳を否定することで、名誉さえ得られるのである。本能を自由に解放して、しかも英雄になれるというのは、戦争の時しかない。彼らは、人を殺す使命と能力をもった半神に仕立てあげられる。殺される危険に殺す権利が加わって、兵士たちはこの上なく激しい興奮の世界に投げ込まれる。彼らは法悦に似た陶酔にとらえられる。この陶酔の魅力から免れうる民族はないように見える。

戦争も祭りも、たくさんの人が集まり、動き騒ぐ期間である。苦労をして手に入れ、営々として蓄えてきたものを、この期間中に人々は惜しげもなく浪費し破壊する。また、現代の戦争も未開時代の祭りも、どちらも社会全体が激しい感情に支配される時期である。日常のくすんだ静かな単調さを破って周期的におとずれる熱狂的な発作の時期である。個人的な、家庭的な関心は、集団的な執念にとって代わられる。戦争と祭りには、道徳の規律の根本的な転換がともなう。平和なときには、殺人といえば最も重大な犯罪だが、戦争となれば、人を殺すことができるし、また殺さねばならない。所有権も規則も無視される。祭りのときも同じで、いつもは神をけがす行為と見なされているあらゆることをすることができるし、しなくてはならない。人々はトーテムの動物を食べたり、同じ部族の女と交わったりする。戦争でも祭りでも、罪になるように、はめをはずして振舞うことが義務となる。戦争も祭りも、規範の休止であり、真実の力の噴出である。このことによって戦争と祭りは、社会の避けることのできない摩滅をもとどおりにする唯一の療法と見なされる。

子供が一人前の存在になるのは祭りのときである。割礼がペニスを完全なものにし、成人式と仮面の使用が正式に彼を大人の仲間入りさせる。同様に、兵役が若者を市民とするのであり、兵火の洗礼がかけがえのない威光を彼に与える。同時に、戦争と祭りは社会を徹底的にかきまわし、たくさんの犠牲をささげることによって新しい秩序をつくり、社会を若返らせる。個人にとっても、戦争や祭りに参加することは、主顕節や聖体拝受に匹敵する。彼はものごとの奥底をかいま見たと信じ、それによって、これまでとは違った人間に成長するのである。戦争の白熱状態のなかで社会はその栄光の最高の極限に到達する。社会の諸階級の間の協力、死者に対する忠誠の確認、全体をまきこんでいる興奮、集団と運命をともにする決意、絶えまない緊張からくる疲労、これらが、祭りに見られる宗教的熱狂をふたたびつくり出すのである。戦争はこれを利用している。戦争は最もきびしい運命として現われるが、これは戦争にとってより都合がよい。「聖なるもの」とは、まさにそういう盲目的で、不条理で、非人間的なものだからである。人間は自分の力を超えたものを「聖なるもの」と感じる。

しかし、祭りの現実や神話が戦争の現実や神話と一致しているからといって、未開社会に祭りがなくてはならない行事であったように、戦争も現代社会に欠くことができない現象だということにはならない。戦争と祭りは根本的にまったく違う。最も重要な違いは、祭りが本質的に、すべての人間が一つに融け合おうとする意志であるのに対し、戦争のほうは、何よりもまず、相手を傷つけようとする意志だという点である。祭りにおいても人が死ぬことがあるし、ひどいけがをすることもある。しかし、そのことに目的があったのではない。祭りは人々の心をおおらかにして高める。その興奮が最大に達して、とめようがなくなったとき、集団発狂の状態になって、自分を傷つけたり、おたがいに切りあったりするのである。しかし戦争では、相手を打ち負かし、従わせることを人々は求めている。戦争では、憎しみが祭りの協同にとって代わっている。二つの部族の同盟の代わりに二つの国民の衝突が位置を占めている。破棄することのできない結合を権威づけるのに役立っていたものが、今後は、つぐなうことのできない対立を永久に固定させるものとなるのである。

そのまとっている「聖なるもの」としての魅惑力をとり去って、戦争をありのままの姿で眺めることが必要である。そうすれば戦争は、人類にとって、けっして賢明な選択でないことがわかる。戦争にはいろいろな種類がある。それゆえに、法律家や、軍事専門家や、政治家が、無数のさまざまな定義を下しているにもかかわらず、そのほとんどどれもが、戦争の何らかの現実に当てはまることになっている。問題は現代の戦争である。

戦争が、戦争を独占的な職業とした階級によってではなく、「文民」によってほとんど全面的に受け持たれるようになったときから、戦争の「文化」はまったくなくなった。いわゆる武人の徳はその重要性を失った。戦争が今後、こまごましたきちょうめんな工場の仕事のようになるとしても、その規模や激しさや残酷さはますます飛躍的に増大する一方であろう。

現代の科学は空間の距離を縮め、広大な地域の効果的かつ同時的な統制を権力に許すようになっている。争いは地球の規模に拡大していく。いまは各国に、戦争か平和を自分の望むときに選ぶ権利も、どちら側について戦うかを選ぶ権利さえも、残されていない。二つの国だけがこの特権をもち、他の国は地理的位置とどちらが強いかの判断に従う。もちろん、国民がすべてそれに同意するとは限らない。帝国主義的対立に、イデオロギーの衝突が重なる。内戦の覚悟も必要である。

戦争はまず、戦略爆撃の交換という形で始まる。これは、相手の戦力をつぶすというよりも、生産力を破壊することを目的としている。原子爆弾やミサイルをもたない国は、政治的にだけではなく、軍事的にも、まったく無資格の状態におかれ、ただこの爆撃を受けるだけの役割を演じることになる。広い範囲を荒らすことが目的なのだから、だれかれ見さかいなしの皆殺しである。地球規模の戦いというのは、広がりや大きさのみでのことではない。速度と強度においても、そうである。車や徒歩で軍隊が移動している場合は、どれだけ大量に、あちらこちらで戦争がおこなわれているといっても、戦いが通過していく後先には平和が根強く生き残り、またよみがえる。しかしこれからは、いたるところ同時に戦争というようになる。

武器を発明したり、技術を開発したり、軌道を計算したり、そのための専門家を組織したり、ミサイルを発射するボタンを押したり、それを決定したりしているのは、つねに個人なのである。それにもかかわらずこれらの決定が、めいめいの慎重な意識と責任ある反省にゆだねられているという印象を、人はもつことができないでいる。あの社会的な恐るべき重力が、現代の戦争の絶対的な根源にあるからである。この社会的な重力とは、現代社会を組織し管理している無数の歯車装置の、重圧と厳格さが生み出したものにほかならない。戦争をのがれる解決法としては、この社会の機構を、いわば破壊して、もっと一段とゆるめられた集団生活の様式にもどる以外にはないのではないかと思われる。

しかしこれは進化の方向を逆転させようとするものである。この上なく空しい願いかもしれない、とカイヨワはいう。しかし巧みに自分を抑え、よく考え、手段を講ずれば、あの基本的な圧力をも、最後には和らげることができるのでないか。いまはとくにこの努力以上に必要なものはない。

機械はそれ自体としては危険なものではない。巧妙に組み立てられた金属にすぎない。恐ろしいのは、自分の能力を超える複雑な機構を、頭を使って、苦心してつくりあげていく人間の、立ち止まるところを知らぬ、かけがえのない勤勉さと器用さである。これを治療することは、細かな心づかいと無限の忍耐とを必要とする仕事である。すべてのものごとを根底から考えなおすことが、その前提となる。人間に関することでは、教育からやりなおさなくてはならない。このような積み上げのみが、「遊び」が欠けていて危険になっている世界に、いくらかの「ゆとり」をいつかはとりもどさせることができるだろう。しかしながらいまは、こんどこそは確実に世界を破滅させる絶対的な戦争と、速さを競わねばならないときである。このような時間のかかる歩みで間に合うのかどうかが気がかりだ、とカイヨワはいう。

⒂『幻想的なものの核のなかに』*Au cœur du fantastique*（一九六五年）

カイヨワは神秘的なものに心を奪われる。しかしこのことは、空想物語の魅力や詩の不思議なまばゆさに彼が手ばなしにおぼれているということを意味しない。彼は理解できないものを、理解できないままに放置することを好まない。理解できないものに出会うと、最上を尽くして、何としてでもこれを解こうと熱中する。しかし一般によくある神秘愛好は、これとは違って、少しも不思議でないものを片っぱしから理解できないものに祭りあげて、盲目的にその前で酔っぱらおうとするものである。この違いは、どんなに強調しても強調しすぎることはない。カイヨワの場合は、奴隷としてひざまずいて神秘をあがめるのではない。好敵手として、尊敬し愛するのである。あまりに他愛のないものを、区別もなく神秘と認めることは、相手をはずかしめることにもなる。

それでは、一般に神秘的なものといわれているもののなかでも真に神秘的なものというのはどういうものなのかが、当然新しい問題となる。彼はこの基準を幻想的な絵のなかに探ろうとする。幻想的な絵の作品集を手にしながらカイヨワは、そこに集められた絵のほとんどが、彼をまったく驚かさないことに驚く。集められているのは、安易な、わざとらしい絵ばかりなのである。カイヨワが知っている最も幻想的な作品と思われる、ジョヴァンニ－ベリーニの『煉獄の霊魂』（フィレンツェのウフィチ美術館蔵）が、ほとんどつねに無視され、ジェローム－ボッシのこれ見よがしの鬼芝居のような絵が最も尊重されている。カイヨワの困惑はここで最高限度にまで達する。彼は、自分の信じる幻想的なものをいたるところから探し集め、これを一般にもてはやされている幻想的なものと対比し、真に幻想的なものは何かを明らかにしようと決心する。

第一の原則として、彼は故意につくった幻想的なものを除外する。さらに、制度に由来する幻想的なものも省く。神話や伝説、宗教や魔術から来たものは、すべてこれに属する。奇妙な風俗や信仰に関係したものも避ける。これらにある神秘性は、いわば神の絶対的な命令によって存在しているのであって、ここではすべてが神秘的であることが決まりとなっているのである。不思議であることがあたりまえなのである。不思議でないものがつけ加えられていることがあるとすれば、この不思議でないものこそ、これらを幻想的なものに変える要素となる。

幻想的とは、カイヨワにとっては、まず不安と規則の破壊とを意味する。そのなかでも彼は、永久的で普遍的な幻想的なものを求める。このために、はっきり宣言された幻想的なものよりは、こっそり隠れた幻想的なものを、彼は断乎として探し求めることになる。彼はそれが、原則あるいは義務による幻想的なものの核のなかに、その場にそぐわない奇妙な要素として存在しているのを見つけ出す。いわば幻想的なものに対比しての幻想的なもの、第二次的な幻想的なものとして存在しているのを探し当てるのである。

一般的に幻想的なものとは、現実の写実的再現から遠ざかったもの、という消極的な定義を受けている。しかし、画家の技術がまずいがゆえに現実からはずれたにすぎないものは、幻想的なものとはいいがたい。花や魚を組み合わせて人間や顔の形をつくったアルキンボルドや、それに類する絵は、精神錯乱的な外見で強い印象を与えはするが、これは面白さをねらった遊びで、幻想的なもののなかに含めるには軽すぎるように見える。ジェローム－ボッシは、多くの人が最高に幻想的な画家と認めている。しかしボッシの絵から感じられる奇妙さの印象は、われわれの心に執拗に残るものではない。積み上げられた不思議さの要素は、首尾一貫した統一を構成している。ボッシの世界は組織的な世界である。理性をおびやかすところはない。

それゆえに、幻想的な芸術の領分の境界を定める場合、最もゆるやかな基準に従っても、アルキンボルドは含めることはできない。さらに、最もきびしくすれば、ボッシさえも除かねばならないことになる。幻想的な印象は絵の主題にも画家の意志にも関係がないことを、このことは示している。しかしこれでもなお範囲が広すぎて、漠然としている。絵の伝える意味がはっきりしているかどうかは、幻想的な印象を生む条件と関係があるように見える。この結びつきを分析して確かめてみれば、幻想的なものの領域を確認する、別の新しい手がかりを見つけ出すことができるかもしれない。

カイヨワは四つの場合を考える。画家にも、見る者にも、意味が明らかな場合。通常は幻想的なものとは結びつかない。作者の知らない間に、その意に反して、理由もなく、幻想的な印象が現われるように見えるときは、その作品の質による。

画家には意味は明らかだが、見る者には曖昧な場合。わからないうちは神秘的だが、わかってしまえばそれまでである。しかし、ことさらねらって意味を曖昧にしている場合もある。たとえば寓意画の場合、教訓を伝えながら同時にそれを隠すところにその技巧がある。伝説と結びついていることがはっきりしている寓意画でなく、どこにかぎが隠されているのかわからない芸術的価値の高い巧妙な寓意画は、幻想的な芸術と深いつながりがあると思われる。

画家にとっては曖昧だが、注意ぶかい鑑賞者には、意味が解明されうる場合。極端な例をあげれば精神分析学者が画家の絵からその精神分析をする場合がある。そこまでいかなくとも、画家の作品のなかに一種の神話のような意味が露出しているのが見られることは少なくない。これは幻想的なものにつながる。この場合、この神話のような意味は、解釈者が対象に投影した、解釈者自身の心の奥にある考えであることもありうる。そうであっても、この幻想的なものの性質は少しも損われない。曖昧さが重なって、かえって強められるほどである。根本的な曖昧さのゆえに、どんな答えを出しても、すぐ必ず疑いの余地が現われるというところに、最も本質的な幻想的なものの領分があるように見える。

最後に、画家にも、見る者にも、意味が不明の場合。このなかには、さらに非常に異なる三つの場合が含まれる。必然的にそうなる場合、自由意志でそうなる場合、同時に両者である場合。必然的にそうなる場合というのは、好んで謎や曖昧な寓意の形で表現される予言を、原文のとおりに絵にした場合である。画家が、自分でも理由や意味はわからないが、強い印象をうけた場面や事件をそのまま厳密に表現して、見る者に同じような混乱した神秘的な印象を与えようとする場合がある。これは、必然と自由意志で意味が曖昧になる場合に属する。前者の場合にも、たしかに神秘的なものはあるが、軽信と軽信の利用が密接にからみあっていて、絵そのものは粗雑で底が浅い。しかし後者の場合には、解きがたいものを解こうとする強い欲求と結びついた秘密の喜びをともなって、神秘が見る者をとらえる。簡単に解かれてしまえばそれまでだが、解かれない場合は、この魅惑は永続する。

しかし、多くのシュールレアリスムの画家たちが、断乎とした決意をもって追求しているのは、初めからどんな答えも存在しない、理解しがたいものである。自由意志で意味を曖昧にしている場合にはいるが、答えをできるかぎり困難にした問いを提出しているというのではない。あるのは、まったく内容のないイメージである。神秘的な内容があって神秘的なのではなく、見せかけただけの神秘にすぎない。驚きと感動をもって打たれるというわけにはいかない。このほかにも、一枚だけでは神秘さはないが、二枚とか三枚の絵をつき合わせてみると、不思議さが現われるもの、方向を変えて見ると、隠された意味が見つかるものがある。しかし、これらにともなう幻想的なものは、水うすめされたり、遊びの域を出ないものであったりすることが多い。

一般に幻想的と認められている作品はほとんど、前記の分類のなかに含まれるように見える。次の問題は、このおぼろげながら浮かび上がってきた幻想的なものの領域を実際に巡回して、そこから真に幻想的な作品を具体的にひろい出すことである。

そのまえに、すでに明らかになっている、幻想的なものを規定する条件を整理してまとめておくと、次のようになる。おもしろさをねらっただけの遊びであってはならない。人を驚かせる要素で統一されていて、わざとらしいもの以外は何も含まれていないという絵も、幻想的とはいえない。経験や理性にとって許すことのできない、全体の統一を乱す規則違反が、含まれていなくてはならない。しかも、違反の意味や理由が根本的な曖昧さで包まれていることが必要である。さらに、この隠されているものを、作者は真剣に解き明かそうと願っているのでなくてはならない。そうであってはじめて、この謎が何かわからない暗闇のなかから出てきたものであるように見える。自分の意志ではどうにもならないが、気にかかって仕方がないという、深い本当に神秘的な印象が、幻想的な絵にともなうことになる。また、絵の神秘的な印象は、絵そのものから出てくるのでなくてはならない。絵のもとになっている物語や偶然の事件そのものが、どんなに神秘的でも、絵が神秘的とは限らない。反対に、物語は平凡でも、絵が幻想的であることは可能である。

こうして、十五世紀の終りから十七世紀にかけて流行した象徴画を、カイヨワはまずとりあげる。象徴画あるいは寓意画というのは、最初は教訓物語の挿絵として生まれた版画である。言葉に代わって絵で直接意味を表現しようとする野心によって、高度の象徴性をおびるようになった。幻想的なものの宝庫であるように、一見、見える。ここでは絵が言葉の役割をつとめている。ある単純な画家の場合、詩人が「その目は炎を発していた」と書くと、そのまま、ゆらゆら燃える炎が目から出ている絵を描いている。言葉の描き出したものを形象化するというのではなく、一言一言をそれに対応したイメージで忠実に置き換えていくという様式が支配的であった。こういう絵が、もとの伝説から切り離されると、たちまち気違いじみたものに見えることになる。しかし、このような種類の幻想的なものは、本質的なものとはとうていいえない。

やがて、同義語の反復を避けるという理由で、本文と絵は別のものを表現するようになる。さらに、神の啓示する知識は通常の文字とは折り合わず、目に見える単純で安定した像と結びついているという説さえ唱えられるようになる。象徴画は抽象的な思考へ向かう。こうして象徴画は寓意の寓意的表現、すなわち、謎の謎のようなものとなる。これと並行して、一般によく知られている知識を思い出させるための版画も流行していた。現代では、解くかぎがなくなっているから、この図も幻想的に見える。しかしこれらのいずれの場合の難解さも、かぎが失われているゆえのものにすぎない。それぞれの内部は、厳格な規則で支配され、規則違反に属する要素はそこには認められない。それゆえにこの難解さも、厳密な意味での幻想的なものには結びつかない。

神聖なものは通常の文字をきらうという確信は、さらに発展させられて、あまりに明快なイメージもまた秘密を示すのには無力であるという考えに行きつく。意味のまったくわからないイメージが、ますます多くつくられるようになっていく。この場合の曖昧さも、これらのイメージが伝えようとする秘密そのものから来た曖昧さである。判じもののように表現されたものを、そのまま象徴に置き換えたという本質は変わっていない。種類は豊富である。しかしいつも同じ象徴の単純な置換えの絵からは、単調さが生まれるだけで、神秘さは伝わってはこない。

要するに、錬金術的な象徴画のなかにある幻想的なものは、いわば足かせをはめられた種類のものだということができる。これに反して、きまった記号体系をそれほど強制されていない絵のなかに、むしろ幻想的なもののもっと自由な表われが、あるように見える。たとえば、よろいを着た騎士と裸の女を描いた絵は、絵画の歴史にくりかえし現われる。画家たちはそれぞれ何らかの伝説をもとにして、この結びつきを描いているのだが、なかには何の根拠ももたないものもある。しかし、とにかく、この取合せは奇妙であり、背景にある物語とは関係なく、必ず多かれ少なかれ強い印象を与える。最ももろいものと全能のもの、誘惑とそれに対する抵抗、白い肉体と黒い金属、柔らかさと堅さ、等々。説明はいろいろできるが、人間がこの相反するものの生み出す効果にひかれることは、偶然ではないように見える。

異質のものの組合せは、それがわざとでない場合には、つねに容易に幻想的な効果を生む。たくさんの作品が、切りとった首を扱っている。しかし、そのなかでも、若く美しく清純なサロメとバプテスマのヨハネの首を描いたものは、とくに強い不安をよびおこす。ギュスターヴ－モローのサロメは、入れ墨をした野性的な女で、他と扱い方が反対だが、両立しない要素が融け合っていて、非常に幻想的である。しかし異質のものの組合せといっても、ただ時間や場所をずらせたというだけの組合せでは十分でない。理性では理解できない、何かわからない予感をともなったものでなくてはならない。ジャスパール－イザックは、スウィフトの生まれる一三年前に死んだ人であるが、眠っている間に地下の小人に襲われるヘラクレースを描いている。

動物と人間の役割をひっくり返した場合も、永続的な、落ち着かぬ違和感を生む。たとえば、ニコラ－プッサンの『タンクレードとエルミニ』に出てくる馬は、彼だけが事件や登場人物の心の動きを知っているかのように、少し離れたところから全体を眺めている。画家の美学的な配慮で、馬がこのような形でこの場所に置かれたという説も成り立つ。しかし、出典になった物語のなかには、馬の話は何も出てこない。象徴画のなかには幻想的なものがひしめきあっているが、真の幻想的なものはない。前記のような作品のなかにはいっている幻想的なものは、うっかりすると見落とされてしまうほど控え目なものだが、反対に深く重い。この対照をよく示しているのが、アントニオ－サラマンカの『愛の寓意』という版画である。無数の謎めいたものが全体をうずめていて、かわるがわる人の注意をひく。しかしそのなかに、ただ一人だけ絶望に沈んだ女がまじっている。そしてその控え目な存在が誇張された全体を圧倒している。

すべてが驚くべきもので、それが無限に存在するという場合には、どんな奇跡も人を驚かすことはできない。限られた可能性にもとづいて、不動のものと深く信じられている秩序のなかに、この法則を破るように見えるものが現われたとき、これは人を不安にせずにはおかない。逆にいえば、可能性が定まらず、秩序が確立していないところには、幻想的なものは存在しないということである。カイヨワはこのことをとくに強調している。

十五世紀から、純粋に装飾的な絵が現われる。しかしこれらの絵にも、何らかの二次的な意味が秘められる傾向がすでに認められる。造形的な配慮を優先させながらも、プラトン哲学の影響をうけて、十五世紀の終りごろから、芸術家たちは、裸体の美しい人物と彼らをとりまく神秘的な雰囲気とで、隠れた真理を伝えようと専心するようになる。しかし同じ目的を追ったこの芸術家たちのなかにも、神秘的なものを画面のなかにたくさん盛り込む道を選んだ人たちと、それほどでない人たちがいる。版画家ではマルク＝アントニオ－ライモンディ、画家ではジョヴァンニ－ベリーニが、あまり材料を詰め込まない道を、最も断乎として最も遠くまでおしすすめた。

ヴェネツィアノとライモンディに、『地の底から出て来た巨人たち』という同じ題の作品がある。ヴェネツィアノの作品もすばらしいものであるが、もとになった物語により密接に結びつき、それを説明する材料を多く使っているために、ライモンディの版画にあるような神秘さはもっていない。

同様に、『ラファエロの夢』という題の版画が、ライモンディとギジにある。ギジの版画のなかにあるすべては、見る人を途方に暮れさせるために考え出され、作品全体の神秘性を深めるのに協力しあっているように見える。まったく魔法の世界のようである。しかしこれは、ヴェルギリウスの詩の忠実な翻訳であることが知られている。謎が解かれると、幻想的なものもたちまち消える。これに反しライモンディの『ラファエロの夢』には、目をひくものは何もなく、ほとんど虚ろで、本当の夢のように見える。超自然的なものとしては、三匹のおかしな形の虫がいるだけである。あとは、すべてが奇妙だといえばいえるし、ありうるといえばありうるものばかりである。いろいろな解釈が可能で、しかも、いずれも疑わしい。もう一歩のところで解けない。意味がなくて解けないのではなく、意味が見えていて、解けないのである。

同じように寓意的な飾りにたよらず、それにもかかわらず謎に満ちた作品として、コペンハーゲン美術館にあるリュカス－クラナックスの『憂鬱』をも、カイヨワはあげている。

しかし彼がこの種類の作品の最高傑作と考えるのは、最初にも触れた、ジョヴァンニ－ベリーニの『煉獄の霊魂』である。ベリーニの絵には激しいものや、包み隠したものは何もない。劇的な要素は含まれている。若い男が両手を後ろで縛られて立っている。彼は毅然としているが、その胸の上部とひざとには、矢がまっすぐ平行に突き刺さっている。しかし絵全体はおごそかな静けさの雰囲気のなかにひたされている。この絵については、ごく最近に至るまで、四五〇年以上にもわたってさまざまな解釈がおこなわれているが、まだ謎を決定的に解くものはない。絵そのものも、高い絵画的価値をもつものである。たとえば、ドガはこれを模写している。『詩法』のなかで、形を変えることができないと同時に内容の汲み尽くせないことを、カイヨワは詩の完全さの基準としてあげた。『煉獄の霊魂』はまさにこの基準に一致した作品だと彼は断言している。しかしながら、この最高に幻想的な作品が、ライモンディの『ラファエロの夢』とともに、幻想的な芸術について書かれた研究書から、たいてい落とされているのである。

ほかにもたくさん無視されている作品がある。ベリーニの作品のようには有名でない、地味なもののなかに

ギジの『ラファエロの夢』

ライモンディの『ラファエロの夢』

も、真に深い幻想的な作品が存在することを示すために、フランドルの版画家フィリップ－ガルの『スティックス』をカイヨワはあげている。「スティックス」というのは、恐ろしい死の川の名で、憎しみと怒りを意味する。しかし絵そのものは、夢想にふける一人の裸の女が中心に大きく描かれた、まったく特徴のない目立たない絵である。よく注意してみると、遠くに炎につつまれた宮殿の建物が見える。おそらく地獄であろう。このことに理性がつまずいたときから、すべての様子が変わる。

こっそり姿を現わす異常さ、油断のならない、あるいはそっと紛れこまされた幻想的なもの——それこそが最高の品質の、長持ちのする幻想的なものである。粗悪な、人を驚かせる衣裳で飾りたてたり、子供っぽい手段で平凡さを表面的にかき乱したりしているだけの、幻想的なものとは区別することが必要である。しかしこれ見よがしの装飾の後ろにも、この秘密の幻想的なものが身をひそめていて、過剰のためにかえって中和された魔術の山の下からふたたび姿を現わすこともある。神話や宗教画のなかに、幻想的なものが現われる場合である。神話や宗教画は、もともと超自然的なことや奇跡を描くためのものであるから、ここでは、それらがすべてを支配していることが自然なのである。それゆえに、神話のなかでの超自然的なもの、宗教画のなかでの信仰の対象は、幻想的なものとはなりえない。

宗教画のなかから、ジャック－ベランジュの『三人の妻』を、カイヨワは幻想的な絵として選ぶ。なかが空の墓を、きさくで美しいいたずらっ子の若い女の天使が守っている。そのまわりに、一人は遊女の透きとおった部屋着、一人は凝ったぜいたくな服、もう一人は相応な身なりをした、三人の女が洗練された優雅な様子をつくろいながら立っている。瞑想が厳格な規則になっている神聖な世界のなかに、軽々しいものが不法に侵入しているのである。しかしこの銅版画のなかに冒瀆の意図があったとは信じられない。神話にもとづく絵のなかからは、ルネ－ボァヴァン－ダンジェの『三人のパルカ』が、幻想的な絵として選ばれる。彼女たちは革具やひもや厚い布などで、よろいをつけたように厳重な身ごしらえをしている。しかし、いたるところしっかり留金をかけ、くくり、ボタンをはめているのに、腹や胸がはみ出しそうになっている。この卑猥さととりつくろいの奇妙な衝突から、幻想的な効果が生まれている。

『三人の妻』も『三人のパルカ』も、十六世紀終りから十七世紀初めの作品である。十七世紀の半ばから、わざとらしい、激しい、ロマン主義的な作風が全体に広がるようになる。突っ飛なものはまったく姿を消す。神話から追放された幻想的なものは、最も予想されないところにふたたび現われる。初期の解剖学や、金属精錬術や、砲術の挿絵のなかに、である。現実にひたすら忠実であろうとしている作品のなかに、である。想像力にすべてがゆだねられて、自分の好きなように空想を働かせることが許されているときよりも、想像力が自由でないときの作品のほうに不思議が芽を出すことが無限に多いように見える。好き放題は、想像力にとって何の益にもならないのでないか。規律とまではいわないが、想像力に抵抗するものが、何かは必要だということだ、とカイヨワはいう。

どの分野の科学の絵を見ても、幻想的なものが仮面をかぶって、こっそり入りこんでいるのが認められるが、とくに数が多いのは、古い医学や外科学の書物の挿絵である。しかし少しでも間違ったことを教えると、致命的になりかねないのだから、これらの挿絵ほど、正確さを要求し、気まぐれを拒否するものはない。そのまじめな絵がとりわけ人を夢想にさそう。もっとも、区別なくすべてというわけではない。骸骨や皮をはいだ人間を、親しみやすく、また自然に見せるように表現した挿絵がある。愉快そうに、あるいは謹厳そうに描いている。ユリウス－カセリウスの人物は、腹の皮を前掛けのように、あごのところまで持ち上げている。トーマス－バルトリヌスの本の扉に、はがれた人間の皮が描かれている。両肩で釘にかけられ、広げられて、古着のようにつり下げられている。恐ろしいのはそのことではない。この皮は完全にはがれた皮ではなく、頭や手足はもとのままの生ま生ましさで残されているのである。しかしこの表現方法も、誇張されると、恐怖をよび起こすことはなくなり、不思議も長続きしないものになる。

異常なものの混入から幻想的なものが露出するということはすでに明白である。しかし、これらの挿絵にある神秘さと、ボッシの場合を比べてみると、異常は異常でも、人間の世界に関係のない要素からは、しつこくつきまとう真の幻想的なものは出てこないということがわかる。これらの挿絵の幻想的なものは、生命の本性そのものにぶつかり、生と死を分離している境界を、一時的に廃止するような錯覚を与える矛盾から生じている。また、同じ解剖学の挿絵で、同じ種類の異常さを扱いながら幻想的なものに結びつかなかった、誇張された場合と比較してみると、幻想的なものの発生する条件がさらに正確になる。すなわち、幻想的なものとは、すでに知られている秩序の破壊であり、日常生活の不動の規則正しさのなかに容認できないものが不法に入り込むことであって、現実の世界を、奇跡のみで成り立っている世界ですっかり置き換えてしまうことではないということがあらためてわかる。

十八世紀の教訓物語や遠い国の見聞談の挿絵にも、幻想的と見えるものが少なくないが、前記の条件に合う真の幻想的なものはあまりない。見聞談の挿絵のなかから、カイヨワは、ベナールの描いた『クック船長の旅行記』の挿絵を二枚とりあげている。一枚はタヒチ島の風葬を扱っている。死体を置いた高い仮やぐらの下で、男と女の二人が嘆き悲しんでいる。その後ろから、異様な幽霊のようなものがゆっくり近づいて行っている。しかし彼らは気づいていない。もう一枚は、仮面をつけた人たちが、急いでボートをこいでいる絵である。ベナール自身も当惑していたにちがいない奇妙さが、正確に画面に描き出されている。

カイヨワはさらにもう一枚の絵をもち出す。一九四六年にベルリンの古本屋で偶然彼が手に入れた、十九世紀の初めに出版された青少年向けの本のなかにあった、塩の鉱山の絵である。まったく鉱山らしくない、うす暗い、がらんとしたところに、八本の柱が立っている。高い天井の中央に穴があいていて、ぼんやりした光がさし込んでいる。人物は手前に三人、柳で作ったかごをとりかこんでいる。労働者のようではない。遠くのほうに山の連なりと、何人か働いているのが、小さく見える。地下のはずなのだが、それが外の広がりと同じほど続いている。

科学や技術や記録の作品のほうが、芸術家がとくに求めて神秘さをつくり出そうとした作品より多くの夢をもたらし、驚かし、不安にさせているように見える。作者の意に反して、彼らの知らないうちにわき出してきたように見える幻想的なものが、最も強い説得力をもっているようである。このような種類の幻想的なものこそ、精神を、まだ知られてはおらず、ただ予感されるにすぎない現実の方向に向かわせるものだからである。それがかい間見せる世界は、心のさまざまな憧《あこが》れや、願いや、失望の入りまじった世界である。取り去ることのできない暗闇が、この世界を消滅の危険から守っている。言葉も形象も、この内部の現実をはっきりと見分けることはできない。形も安定ももたないからである。表現しようとする場合は、遠まわしの言い方にたよるほかはない。

幻想的な芸術も、詩と同様に、この曖昧なもののもつ豊かさを利用したいと望んでいる。問題は、これを飼い馴らすために持ち出す手段である。間接的な方法ということははっきりしているが、具体的には明らかでなかった。現在は、詩人も画家も、いわゆるイメージによって表現する方法を模索している。この着想そのものは間違ってはいない。しかし有効なイメージは、無限定のイメージと枷《かせ》をはめられたイメージの中間、すなわち幻想的なものの核のなかにある。それが理解されていない。象徴画に使われていたような、拘束されたイメージのなかに、神秘は存在しなかった。同様に、多くのシュールレアリスムの作家たちの、無限定のイメージのなかにも、神秘はない。

しかし、例外と見えるものはある。彼らがどんなに自分たちの方法に忠実でも、つねに純粋というわけにはいかないからである。知らない間に、かたよった正直な好みが現われずにはいない。これはすぐに見失われる。しかしくりかえされ、他のものと結びつくと、意味を表わすようになる。これらの散らばった信号は、隠された地下の統一を暗示するほのかな伝言を、無限定のイメージに託すことになる。このとき、無限定のイメージは、類推を誘う比喩的なイメージに変わることになる。

　ジェラール－ド－ネルヴァルの『キマイラ』は、錬金術的なかぎを使って解釈されてきた。ネルヴァルが厳密な記号体系にもとづいてこの詩を書いたとは思わない、とカイヨワはいう。ネルヴァル自身は書いたといっているし、可能性も否定できない。しかし『キマイラ』を解釈するときに、このことはそれほど重要ではない。ネルヴァルは、詩に与える意味を最初から決めていて、これを変装させて満足したのでもないし、理解される不名誉から詩を守るために、でたらめに書いたのでもないはずだからである。伝えたいと願っていることを、作者自身もはっきりとは理解していなかった。それゆえにこそ寓意の迷宮に助けを求め、地下の統一によって養われた十分な力を一つ一つのイメージがそこから汲み出してくることを、期待して信じたのであった。

　しかしこの地下の統一というのは錯覚で、何の現実にも結びついていないのではないかという疑問は残るかもしれない。しかしその場合でも、統一は統一であり、秩序を表現しているから、この秩序を見つけるために迷い歩いたことはむだにはならないだろう、とカイヨワはいう。秘密をさぐる精神の興奮は、精神の機敏さや感受性を育てずにはいない。このような、われわれを富ませる働きを除いて、芸術から得られる恩恵はないはずだからである。

⒃『イメージ、イメージ……』*Images, images……*（一九六六年）
　昆虫の本能的行動に対応するものが、人間の神話であった。人間も昆虫も同じ自然の一部であって、自然を支配している基本的な力に等しく動かされて生きている。昆虫はこの圧力を、体の固定した形や機械的行動でそのまま直接外に表わす。昆虫には自由はない。しかし人間は自由である。この力のままには動かされていない。想像力の働きによって人間は自然の圧力を、イメージというクッションでまず受けとめる。このイメージは自然の圧力の第一次的な産物であるから、人間を魅惑する力をもち、人間の自主的な判断力を麻痺させて、

自然の圧力に従うように誘う。強い意志と知性がなければ、結局は本能の力にひきずられていってしまうことになる。しかしこのイメージのクッションは、少なくとも瞬時の間だけでも人間にためらうことを許す。このわずかのすき間が、人間にとっての自由のチャンスになっている。

人間は絶えずさまざまな圧力をうけ、またそれとたたかって生きている。ということは、絶えずさまざまなイメージをつくり出し、無数のイメージにかこまれて生きているということである。圧力がとるに足らないものであるときは、つくられたイメージもあまり注意をひくことはなく、やがて忘れられる。異常に強いものであるときには、イメージも異様なものとなる。人間はこの力を理解しようとして次々に新しいイメージを積み重ねていく。こうして、雪だるまのように大きくなって固まったものが、たとえば神話である。ときには、圧力は大きくないのに、想像力が先走って、人間をかえって混乱させるということも起こる。イメージの内容も多様だが、イメージの働きも一通りでないことがわかる。警戒信号を発しているイメージもあれば、不必要に不安をつくり出しているイメージもある。戦争の神話のイメージのように、人間を破滅に導きかねないものもある。それゆえに、イメージを全部いっしょにして論じるのではなく、良いものと悪いものを区別することが必要である。カイヨワは、イメージの分類の最初の試みとして、三つの種類をあげ、それぞれについて役割や効力や変遷を明らかにしようとする。

まず、妖精の物語、十九世紀に流行した幻想的な怪奇小説、現代の空想科学小説に現われる幻想的なイメージがある。人間が現にできることとできたらと願っていること、いま知っていることと知ることを禁じられていること、これらの間に存在する緊張から生まれる願望や恐怖のイメージである。いわば、これらのくぼみをうめる働きをするイメージであり、人間の条件に忠実なイメージである。

前記のいずれの分野においても想像力にはすべてのことが許されていて、その気ままな動きを制限するものは何もないように見える。それぞれ別々に発達をとげたものであるから、当然、重なりあう部分があってもよいように思われる。たしかに、どれも超自然的で常識を驚かせるイメージである。しかしその奇跡や魔術は同じではない。どの部分が違うのか。たがいにどのような関係をもつのか。違いはどこから来たのか。想像力の自由は予想されるほど広くはない。前記のような点を明らかにしていけば、想像力の未知の何らかの法則を新たにつかむことができるかもしれない。

妖精物語と幻想的な小説はしばしば類似のものであると混同されているが、まったく違う。妖精物語には妖精や小人が登場し、幻想的な小説には幻影や幽霊が登場する。妖精物語のつくり出すおとぎの世界は、現実世界の統一を少しも傷つけず、そこにつけ加えられ共存する世界である。これに反して幻想的な小説は、現実の世界のなかに現われた、ほとんど容認することのできない秩序破壊をとりあげる。妖精物語では、魔術が日常茶飯の世界で展開する。幻想的な小説では、超自然的なものは宇宙の統一を乱すものとして姿を現わす。ここから、第二の重要な違いが生まれる。妖精物語では、幸福な結末に向かうことが多い。しかし、幻想的な小説では、ほとんど必ず、主人公の死などの不吉な事件で終わる。これによって、世界の秩序が権利を回復することになる。

両者の相違を最も良く示す例として、カイヨワは、『三つの願い』という民話と、これを悲劇的に変えたW・W・ジャコブの『サルの脚』を比較する。木こりが妖精を助けた。お礼に、三つの願いをかなえてあげるという約束を得る。喜んだ木こりは早速、家へ帰って、女房と相談する。しかし軽率にも、まずしい食事を見て、大きな声で、一オーヌのソーセージがほしい、といってしまう。その願いはすぐに実現された。女房は怒って、食いしん坊の人でなしの鼻にぶら下がればよい、とどなる。たちまち、この願いも聞きいれられる。木こりの鼻のソーセージを取り除くために、最後の願いが使われる。

『サルの脚』においても、三つの願いは同じである。平和でしあわせに暮らしている夫婦には、さしあたって願わねばならないようなことは、何もない。小屋の借金が残っていたので、一〇〇〇リーヴルを手に入れることを選ぶ。翌日、彼らはそれを手にする。しかし彼らの一人息子が工場での事故で死に、その賠償金としてである。三ヵ月がたった。母親は悲しみで気が狂い、息子がもどってくることを願う。間もなく、戸をたたく音がした。入ってきたのは息子の幽霊である。最後の願いは、この幽霊をもとにもどすのに使われる。

『三つの願い』においては、魔術は他の秩序を動かさず、独立して現われる。『サルの脚』においては、一〇〇〇リーヴルの金は忽然と現われはしない。しかるべき理由がともなわなければならない。奇跡は、現実の秩序のなかに、一人息子の死という、かすかな、しかし恐ろしい裂け目をつくり出して出現する。幻想的な小説は、現実の世界が動かしがたい法則で厳重に固められた世界だという前提の上に成立している。このような認識は、当然、科学的な、合理的な考え方、あるいは、原因と結果の必然的な結びつきにもとづく決定論が、勝利した以後のものである。人々はもはや奇跡は起こりえないと信じている。その確信が強ければ強いほど、これを裏切る超自然的なものの出現は、人々に単なる驚きではなく、恐怖を与えることになる。妖精物語は最初から、魔法使いや森の精や悪魔の住む架空の世界を舞台にしている。幻想的な小説は、現代社会の管理された特徴のない世界を背景にして事件が発展する。

しかしどんなに現代的な道具立てのなかに移し変えても、肝心の神秘が戦慄を与えるのでなければ、幻想的な小説とはいえない。神秘が相変わらず因果関係を無視している場合には、時代錯誤のおとぎ話と見なされるにすぎない。他方、ある小説では、幽霊だと信じられていたものが、じつは人間が仕組んだ芝居にすぎなかったということが、最後に明かされる。夢や幻覚や精神錯乱で説明されることもある。また、巨大なクモやアリの登場する場合もある。これらは突然変異や、悪魔的な学者の実験によってつくられたものである。とすれば、いずれも異常なものではあるが、科学の規則を破る異常さではない。さまざまな科学のつくり出すもののなかには、この上なく神秘的な驚くべき結果を生むものがある。しかしそれらのもとにあるものが科学であることがはっきりしている場合には、いずれも不可能なものの現れということにはならない。したがって、驚きはあるが、ぞっとする恐怖はない。これらの偽幻想的な小説も、世界の厳格な合理性を前提として受け入れている。しかし、これらはあくまでもその規則性のなかにとどまるのに反して、幻想的な小説は、より深刻な混乱を起こさせるために、宇宙の不動の秩序を予想している。似ているが、根本的に違う。

幻想的な小説が現われるのは、どの国においても、奇跡のない世界というイメージが定着したのちのことである。ヨーロッパにおいては、十八世紀以前にはほとんど見あたらない。啓蒙時代が終わると、行き過ぎた合理主義の反動として、迷信や不思議なものや魔術的なものが爆発的に氾濫した。幻想的な小説は、そのなかから非常にゆっくりと姿を現わす。ポウやホフマンらの傑作が生まれるのは一八二〇年から一八五〇年ごろにかけてである。科学は人間の条件を変え、その領域をいちじるしく広げたが、このことは逆に人間の力の及ぶ境界をより明確にし、その越えがたいことを認めさせることにもなった。自分の力が保証されればされるほど、その力の及ばない向うの闇は、危険な恐ろしいものとなる。

この境界がはっきりしていなかったとき、人間は自分の実現不可能な願いを、妖精物語の不思議な魔術で、空想のなかで、何でも手軽に満たすことができた。妖精物語に現われる奇跡は、彼らの単純な願いを表現している。しかしこれからはそうはいかない。闇のなかにいるのは幽霊である。幽霊は最も予期しないときに現われて、生きているものをとらえようとねらっている。それゆえに、幻想的な小説における不思議なものというのは、すべてあの世のしるしをおびているということになる。こうして、幽霊を扱った物語が、幻想的な小説の大半を占めることになる。死が人間にとって越えることのできない境界であるということは、生命のあるものと、ないものとの根本的な区別に導く。人形や仮面が生命をもったものの特徴を示す場合には、混乱をひき起こすものとなる。逆に、われわれの目に見える、確かに生きている人間が、われわれの知っている性質をもっていないときも、同様である。

隠れみのの話に表現されている、だれにも見えない存在になりたいという願望は、最も古くからあるものである。民話や妖精物語のなかでは、みのや魔法の帽子をかぶればよい。幻想的な小説のなかでは、それほど簡単に事はすまない。みのそれ自体は見えるのかどうか。着たときにはじめて、なかの人間といっしょに消えるのか。その人間の占めていた空間はどうなるのか。こういう疑問が無数に出てくる。いまは合理的には解決できない。あの世との契約による以外にない。しかしそれは、人間であることを永久に放棄することを意味する。この絶体絶命の選択から戦慄が生まれる。しかし、さらに一段と進歩した新しい科学が、いままで知られなかった方法を発明して、悲劇的にではなく、この問題を解決することはありうる。ここから、現代の空想科学小説の前駆的作品が現われることになる。

妖精の物語、幻想的な怪奇小説、現代の空想科学小説は、初めに述べたように、単に同じ根から出たというだけのものではない。幻想的な小説は妖精物語のあとをつぎ、空想科学小説は幻想的な小説にとってかわるというように、系統的につながったものである。このことから、三つの野心が生まれる。第一は、これらの物語に表現されている人間の願望や恐れをすべて枚挙し、分類して表に並べることができれば、人間の心の太古以来の不変の相と、それがまとう衣裳の移り変りとを、一目に見わたすことができるのではないかという野心である。第二は、物質と生命を支配している基本的な法則の数が無限でないとすれば、絶対的に起こりえないと考えられる場合の数も無限ではありえないと思われる。この不可能の例を、同様に枚挙することはできないか。それができれば、幻想的な小説あるいは空想科学小説で、未開拓のまま放置されている題材を、容易に発見できることになる。第三の野心は、空想科学小説が企てられはじめてから、まだいくらもたっていないが、妖精物語や幻想的な小説に起こったことから推量して、その将来の方向を予測することはできないかということである。

カイヨワはここでは、これらの野心の正当性を指摘するだけにとどめている。しかし空想科学小説については、なおいくつかの考察をつけ加えている。まず、科学や技術の発明や発見を先どりする種類の空想科学小説がある。たしかに、人の目をうばう。しかし科学や技術の進歩は非常にはやいので、現実は作家の想像に簡単に追いつき、追い越してしまう。そのときには、これらの小説はもはや驚くべきものではなくなる。社会諷刺に使われている空想科学小説もある。これはすでに教訓小説であって、超自然的な印象は与えない。驚かせるためのものではなく、科学の発達について行けない苦悩を表現するためのものもある。原子爆弾で人類がほとんど死んでしまったとき、科学や産業をいっさい拒否していたジプシーたちが、世界の支配者となる。人々は自分たちの娘を差し出して、彼らの教えを受ける、という筋書きのものである。また、生物学的な発見によって、新しいすぐれた能力をもつ人間が作られ育てられる。しかし彼らは、その長所のために、かえって不幸になっていく、というテーマのものもある。

これらはどちらも悲壮なものである。しかし物語そのものが驚くべきものなのではなく、予期しない状況が現実に起こりそうだということが恐ろしいのである。純粋に空想的な恐怖ではない。より深い驚きは、時間や空間の概念を問いなおして、われわれが先天的にもっているこの知覚さえ、疑わしいものにしてしまうような作品のほうにあるように思われる。空間についての探究はまだ始められたばかりである。時間に関していえば、たとえばタイムマシンが考え出されている。旅行者を過去でも未来でも、好きな時点に運んでいく。利害に関係のない、姿の見えない、単なる見物人として、彼がそこで行動する場合は、問題になることは何もない。しかし、過去のどの一点にでも、彼が介入しようとするときから、事情は複雑になってくる。ある男が時間をさかのぼって、自分の父親を殺す。彼がまだ生まれていないときに、である。この殺人の瞬間に、この殺人者は存在しているはずがないことになる。存在していないのだから、彼が父親を殺すために時間をさかのぼるということもありえない。

作家たちは、このようにしてひき起こされた歴史のゆがみを直すのに、苦心をしている。是正を受け持つ専門家たちをつくることも一つの方法だが、困難はそれで解決するわけではない。事件が最初の軌道からそれたのをどうして見分けるかも問題だし、その正確な時点を決めることも容易ではない。これらを解決しても、さらに矛盾はいくらでも出てくる。修正するのはよいとしても、修正されるまえの世界はどうなってしまうのか、等々である。どんな解決法も、この時間の旅行者がこしらえた裂け目を、完全には繕いえないように見える。彼はどこにでも出入りして、原因と結果のつながりを乱していく。科学は、想像できないものから人間を守る砦《とりで》であることをやめ、それ自身が、混乱と神秘をもたらすものとなる。

空想科学小説から得られる真に深い驚きは、科学の力、とくに科学自身のなかにある曖昧さや矛盾をつきめて行ったところから生まれるように見える。この矛盾が、常識や想像力に衝撃を与えることになる。信頼された秩序の破綻という点で、洗練された幻想的な小説と通ずるものとなる。空想科学小説についてのカイヨワの予言と忠言である。

第二の種類のイメージは、夢のイメージである。人間に一方的に押しつけられるイメージだが、人間を魅惑する力をもっている。目的はさまざまであるが、西洋の哲学者も東洋の哲学者も、たくさんの哲学者たちが、夢と目ざめを区別することは困難であるということを証明するのに、非常な苦心を惜しまなかった。聖書から新聞小説にいたるまで、夢は作家たちにつねに題材を提供してきた。他方、夢占いは、歴史の初めから現代まで、形を変えながらではあるが、繁栄を続けている。まったく驚くべき特権が夢には与えられている。

ところで夢占いのほうは、起源は古いが、内容はきわめて単調である。夢の中身は、いろいろなものがつまっていて、ごちゃごちゃに入りまじっている。夢占いは、一つ一つの行為を切り離して扱わざるをえない。結果は、クマの肉を食べた夢をみた者は反逆をおこす、というような文句が無限に連続することになる。これは時代や場所が変わっても同じである。このような問題に関しては、人間の精神は驚くべきほど保守的であるように見える。人間の本性が変わらないのであるから、当然であるともいえる。何でも、どんな奇跡でも、夢みることのできないものはないが、実際に実現するものはほとんどない。人間の短い一生に起こりうる事件の種類は多くはない。せいぜい一ダースほどのものである。夢に現われる無数の行為を、このわずか一ダースの運の判断に割り当てればよいのである。失敗することはありえない。

聖書のなかでは、予言者たちが夢の解釈をしている。その後の文学においては、夢そのものは重要ではなく、大切なのは解釈だという考えが現われるようになる。ある女が、屋根裏部屋の壁にひび割れが入った夢をみた。子供が生まれるだろうといわれる。実際にそうなった。また同じ夢をみた。また、子供が生まれるだろうといわれ、そうなった。三度目に同じ夢をみて、解釈者のところへ行くと、留守であった。弟子たちに話すと、夫が死ぬという。そして、実際にそうなった。女の嘆きを聞いた解釈者は、弟子たちに、彼女の夫を殺したのはおまえたちだと叱ったという。夢そのものより解釈者の解釈のほうが実現するというこの話から、二つのことがわかる。人々が信じやすく、影響されやすかったということが一つ。しかし、よりはるかに重要なことは、彼らが予言を、超自然の存在から、直接自分にあてられたものだと想像して、内心得意に思っていたところがあるということである。夢占いのこのような性格と説得力のからくりとは、現代の精神分析学に至るまで少しも変わってはいない。

夢に関するもう一つの問題は、夢と目ざめの対立から来るものである。夢のイメージが何を意味しているかではなく、夢をみるという事実そのものが何を意味しているのかが問題になる。夢の世界は目ざめとは別の世界である。どちらが本当なのか。未開といわれている人たちは、夢と目ざめとを区別しない。両者に同じ価値を与えている。しかし夢の残した印象が強い場合には、夢のほうにより大きな価値さえ与えられる。目ざめているときには注意をひかなかった場面が、夢のなかで忘れられない強い感動をともなう場合、夢にこの感動をつけ加えたのは、外部からの未知の力だということになるからである。

この未知の超自然的な力との結びつきのゆえに、夢のなかでみられたすべてのことは、信じられる価値があると見なされるようになる。夢のなかで貸した金を、目ざめてから取り立てても、拒まれることはない。パラグアイで、ある伝道師が土人に殺されそうになった。この土人は伝道師に鉄砲でうたれる夢をみた。幸い助かったが、ふたたびそのような目にあわないようにと考えてのことであったという。夢をみた人が自分でやった行為でなくてもよい。ある人が一〇人の男が池の氷の下をくぐる夢をみた。翌日、彼は一〇人の友人たちを招いて、夢の話をした。人々は池に行き、氷に穴をあけて、次々に飛び込んで別の穴から出てきた。しかし一〇人目の男は命を落とした。夢は現実の前触れと信じられるだけではなく、現実に対する一種の借りのようにさえなるのである。ヒュロン族の人たちは、夢は隠れた欲望を表わし、満たされない欲望は毒に劣らず危険なものだと考えている。このような言いわけは濫用されるようになる。夢で実際にみなくても、都合のよいことを夢に仕立てればよい。若い娘と結婚しようとするときには、彼女と結ばれた夢をみたといえばよい。

これらの例では、夢を解釈することは少しも問題になっていない。夢は文字どおりに受けとられる。夢は予言ではなくなって、強制的なものになる。戦争のまえには、勝利の夢をみることがぜひとも必要になる。未来は未知で不安定なものであるが、夢にみられることによって動かしがたいものとなる。これこそまさに夢の力である。当然、政治権力の基礎を固めるのに夢が利用されるようになる。夢は制度のなかに組み込まれる。夢のなかでも、くりかえしみられた夢や、同時に多くの人によってみられた夢には、特別の価値が与えられる。よい夢は代々伝えられてお守りになったり、売買されたりするようになる。

夢と現実をめぐる問題は、文学の古くて新しい、くりかえし際限なくとりあげられているテーマでもある。基本的な問いを整理すると、次のようになる。夢のなかの人物はだれなのか。自分なのか、他人なのか。夢の世界から何かをもってくることはできないか。夢のなかで目ざめたり眠ったり、実際に目ざめたり眠ったりを次々にくりかえすと、どれが本当の目ざめかわからなくなるのでないか。夢を本当でないと疑ったり、無視したりしているが、夢が現実になることもあるのでないか。現実では、人々は共通の経験をしているのに、夢では、ひとりひとり、とりかえしのつかない孤独のなかに閉じ込められてしまう。何人かの人が同じ夢をみることがあってもよいのではないか。最後に、夢をみている者は、自分が夢をみているということを知らないということからくる疑問。この代表的な例が、荘子の問いである。自分がチョウになっている夢をみた。いまは哲学者として、この夢のことを思い出しているのだが、いまが夢でないという証拠はない。いまが夢だとすれば、自分は本当はチョウだということになる。

紀元前四世紀のパピルスの文書のなかには、オヌリス神がイシス神に、自分の神殿はまだ出来上がっていないと嘆いているのを、ネクタナボ王が夢でみる話がある。王は調査して、それが事実であることを知る。夢は神の世界に近づくことを許すと信じられていた。メソポタミアでは、アシュルバニパル王の軍が激流を前にして渡ることを恐れていたとき、イシュタールの女神が兵士全員の夢に現われてはげましたという。プトレマイオス一世は、夢でみた神像を部下に探させて手に入れる。ギリシア神話のベレロポンテースは、パラスが馬の魔法のくつわをくれる夢をみる。目がさめると、それがそばにあった。中国にも、遊女のところへ行った夢をみて、目がさめると、女の香りが残っていたという話がある。

夢が現実に先行する例としては、夢のなかで親しくなった少女に、数年後、再会して、結婚するという話が中国にある。この例は現代のアメリカからも報告されている。ニューヨーク州の治安判事オースチンは、二人の子供をつれた訪問者の夢をみた。その翌日、実際に彼らが現われて、夢のなかと同じ会話をかわす。三〇〇キロも離れたところに住んでいて、まったく一度も会ったことのない人だという。夢のなかでみた夢を同じ夢のなかで語り解釈する話は、メソポタミアにもあるし、バビロンのナボニド王のみた夢にもある。十二世紀のインドの物語のなかには、見知らぬ遠い国の王と女王とが、おたがいに結ばれる夢を同時にみ、さまざまな事件ののちに実際にめぐり会う話がある。第一の人のみた夢のかぎが第二の人の夢のなかにあるという、いっそう複雑な夢の最も見事な例は、『千一夜物語』のなかにある。モハメッド＝エル＝マグレビは、ペルシアで幸運に出会うという夢をみる。苦労してたどりつくが、盗賊と間違えられて牢屋に入れられる。カイロから何のために来たのかと問われて、夢の話をする。役人は笑って、自分もカイロのある家の庭に宝物がうめられているという夢を三度もみたが、そんなばかな話を信じていないとつけ加える。マグレビは帰ってこの宝物を見つける。日本の民話には、この変種として、夢を買った男の話がある。

自分の行く先のことを夢でみて、やろうと考えていたことを思いなおしたり、自分の過ちに気がついたりするという話はいたるところにある。夢のなかで、夢から目ざめる夢をみた。すると、そこでも、いままで夢のなかでみていたと同じことが、つづいて起こっていた。それからふたたび眠りにおち、また同じ夢の続きをみた。ペルシア王タマスプ一世が、一五五四年一月二十三日にみたのはそのような夢であった。インドの詩人ツルシダスは、ハノマンとそのサルの軍隊の叙事詩をつくった。数年ののち、詩人は暴君にとらえられ石の塔のなかに閉じ込められる。詩人は夢をみることに全精神を集中する。その夢から、やがてハノマンとそのサルの軍隊が現われ、詩人を救い出す。中国の文学には、これらのほとんどすべての種類の夢が存在する、とカイヨワはいう。そのなかでも彼がとくに高く評価するのは、『紅楼夢』のなかで語られている宝玉の循環する夢である。

これに反して、西洋の作家たちによる夢の利用の仕方を見ると、夢の力を正しく取り扱っているものは少ない。哲学的な仮説を述べるのに使ったり、罪をおかした人に悔い改めさせるのに教訓的な夢の話を与えたりしている。ロマン主義文学は、単なる題材として夢を利用するというよりも、詩的な感動が自由に飛躍する夢のような文学をむしろつくり出そうとした。しかし実際には、彼らのほとんどは、自分の夢を書きとめるだけで満足している。これでは、夢は、目ざめとともに消えてしまう妖精物語の域を出ないことになる。東洋の夢のような、知的で複雑な、からみあった要素を何ももってはいない。

夢についての研究が盛んになるのは、十九世紀の後半にはいってからである。中国と古代ギリシア－ローマの影響をうけて、夢の系統的な研究が始められるようになる。シャルル－ノディエやジェラール－ド－ネルヴアルの作品は、そとにはなお欠点が見出されるが、とにかく、夢に新しい重要性を与え、夢の文学の例外的な発展の道を開く。夢の不確実な疑わしい性格に、ふたたび注意が向けられるようになってきている。何千年もまえからある問題に新しい物語が見事な飾りを織り込むのに成功している例は少なくない。ベレロポンテースの馬のくつわと同じテーマを扱ったものに、たとえばヴィリエ－ド－リラダンの小説『ヴェラ』がある。夢は未来の事件をまえもって生きさせるという古くからある確信を、悲劇的な小説に結晶させたのが、ルイス－ゴールディングの『青いシャツ』である。サルの軍隊を出現させたツルシダスには、ホルヘ－ルイス－ボルヘスの苦行者が対応する。カイヨワはまだほかにも、たくさんの作品の名前をあげている。

さて、以上をふりかえってみて、これらの例からだけでも、人間の精神を誘惑し迷わせるのに夢がどんなに大きな力をもっているかが十分にわかる。しかし夢は、結局のところは、内容のないイメージの混乱した連続にすぎない。その夢に、魔術的な不思議な力があると、これほど執拗に信じられるに至った原因はどこにあるのか。

この幻影はすべて、眠っている人の想像から来たものである。しかし眠っている人は、意識的にこれに働きかける手段をもたない。一方、夢のほうは、彼の承認をまたずにひとりでに展開していく。それゆえに彼は、自分が原因者なのだとはほとんど考えない。しかも、謎めいているので、余計に意味をせんさくせずにはおれない。眠っている人は、夢が自分の内部から来たものではなく、外部の、自分を超える力から発せられたものだと信じることを好む。同時に彼は、この信頼が自分だけに向けられたものであることを疑わない。このように夢の魔術は、一方では、こばむことのできない啓示を待ちのぞむ固定観念や妄執に由来する。他方では、それは文学的創造と結びつく。夢をみている者とその兄弟のような代理者の関係は、小説家とその登場人物の関係に似ている。また、夢は、夢をみて眠っている者と目ざめてそれを思い出す者との共有の場になるが、小説も、作家と読者の間で同じような調停の役を果たす。すなわち、夢は作家と読者の両方に満足感を与えるのである。まやかしであると知っていても、想像力のつくり出す世界をときに訪れることを喜ばない者はいない。いや、それだけではなく、飾りやイメージや夢がなくては、人も物も、出現したり存在したりすることはできないのだ、とカイヨワはいう。夢において、個々の精神は、世界を創造する神のような全能の存在にさえなるのである。

第三の種類のイメージは、推測にもとづくイメージ――工夫し発明された、その場その場の一時的なイメージである。この代表的な例に、人間が石について考え出した無数のイメージがある。

最初はまず奇妙な石が人間の注意をひいた。自然の法則に反するように見える、異常な性質をもつ石である。中国では、十六世紀、十七世紀のころ、人や動物やものの姿を髣髴《ほうふつ》とさせる石が珍重され、竹や梅の枝の形がなかに見える水晶の玉が、家宝として親から子に伝えられたりした。ローマのプリニウスはその『博物誌』で、すでにピュロス王のメノウのことをとりあげている。この石のなかには、九人の詩の女神にかこまれてアポローンが竪琴をひいている像が認められたという。その後、何世紀にもわたって、たくさんの人がこのメノウのことを論じた。しかしそれを見た者はいない。十六世紀にジェロム＝カルダンは、この現象についての理論的な解釈を発表する。初め、この場面を大理石に描いたのは、画家である。この大理石が偶然うまい具合にメノウがつくられる場所にうずめられ、大理石が絵の色や線を残したままメノウに変わったと彼は推測した。このカルダンの説は、その後、約四分の三世紀にわたって、定説とされた。一六二九年にガファレルが、自然こそこの傑作の作者であると主張する。ひとりよがりの想像力が、石のなかに見分けられないような形は何もない。川の流れ、波、森、顔、犬、魚、等々。要するに、この広い世界に存在するすべてのものの姿を、鉱物の模様は多かれ少なかれ正確に描き出しているように見える。

漠然とした類似性だけが問題だとすれば、論議はそれほど複雑にはならなかったであろう。しかし別に化石も存在する。化石の像は動物や植物に当然いっそうよく似ている。しかも、たとえば、魚の化石が山の頂上で発見されるようなことが起こる。石の像の類似は自然の気まぐれ、まったくの偶然の結果と考えられるようになる。人々は化石と他の石が違うことを知らなかった。アリストテレスは、生命のない物質は、種子や芽がなくても、植物や動物の形をつくることができるのだと信じていた。石の閉じた厚さと関係があると考えたからである。この説はのちに一部修正されて、種子は風によって運ばれてきたというようになる。山の上に海の動物の化石が見つかるということは、ノアの洪水の結果だと説明することも可能である。この解釈は教会の支持を得る。しかしノアの洪水を架空物語だと見なしている学者もいた。多くの化石の動物は、一般に知られているどんな動物にもまったく一致していないことに気づいている学者もいた。科学が確信をもって、すでに絶滅した動物や植物の刻印と、偶然の類似によるものとを区別するようになるのは、十八世紀の半ばからのことにすぎない。以後、後者は好事家の趣味の水準に追放され、もはやピュロス王のメノウのことを語る人はいなくなる。

科学では、原因が明らかになれば、問題は決定的に解決されたことになる。しかし「類推の魔」が仕掛ける誘惑は根強いので、一つの判決ぐらいでは力は弱まらない。二十世紀の初めのジュール＝アントワーヌ－ルコントの場合は、その一例にすぎない。ルコントは、当時流行していた交霊術の理論にかぶれ、道の石をひろい集めて、そこに複雑で感動的な場面をおびただしく見つけ出した。これらの像は、精神の発する光が石のなかに定着してつくられたものだと彼は説明した。他の人がそれを見分けられないことについては、練習が欠けているからだといった。彼は、ある石に、ナポレオン一世の幽霊を認める。その石がナポレオンのまえからあったという事実は、この解釈者を少しも困らせはしない。彼は皇帝の精神の発光作用のほうを信ずるからである。反対に、他の石に、二台の客車をひいてトンネルから出る機関車の姿を見たときは、別の世界の記憶から生まれたものだと述べている。彼の説明は、石の像だけでなく、目にふれるあらゆるものに広がっていく。対象に承認を与えるこのような誘惑は、最も普遍的に存在するもので、精神の機能の一部とさえなっている。この誘惑にとらえられたことはないと公言できる者はだれもいない。それどころか、詩はこの誘惑の上に成立している。科学もまた、ときにはその恩恵をうけることがある。心理学は、精神のこの抑えがたい傾向を、性格テストに利用している。

雲や煙もあらゆるものの形をつくる。しかし、移り変わる像は奇跡の印象を与えることができない。これに反して石のなかに隠されている像は、人を驚かす力を高度にもっている。石の像の形は曖昧であっても、石そのものと同じように、人間や芸術の力の及ばぬところに厳然と存在している。巧妙に、しかも断乎としてつくられた作品という印象が、人を面くらわせる。ここから、石の「絵」や「彫刻」に特有の「自然の幻想的なもの」が生まれることになる。自然や現実から遠ざかった想像の産物を、一般的に「幻想的なもの」と呼んでいる。それゆえに「自然の幻想的なもの」というのは、一種の矛盾した表現になる。しかしここでの「幻想的なもの」は、カイヨワ自身が定義した意味での「幻想的なもの」を指すことはいうまでもない。すなわち、驚きや不安を生む、異質な二つの分野の要素のまざりあったものをいう。

人間の参加を信じさせる生命の分野と、生命をもたない鉱物の分野の不法なまざりあいに、石の「幻想的なもの」の秘密が存在する。この魅惑する力が効果をもつためには、石のなかの像とモデルとの類似は、すべての人に受け入れられるような客観的な類似であると同時に、純粋に幸運な偶然の一致によるものでなくてはならない。同じ形のものがほかにもいくつもある場合は、人を驚かさない。また、あまりにモデルに忠実すぎている場合も、魔術はそこなわれる。想像力はそこに、ほとんど何もつけ加えるものをもたないからである。単純なテーマがまじると、それだけ平凡になる。複雑なものでも、石の組織そのもの、あるいは何かの必然性から生じたと見えるものは、最初は驚かすことができても、すぐに魅力を失う。石の描く像は、要するに、明確で、複雑で、唯一のものであることが望ましい。

このような観点から、さまざまな石の像を検討してみたとき、セプタリアの塊りのなかに方解石が入り込んで描き出した多様な像はまったくずば抜けていて無限である、とカイヨワはいう。セプタリアというのは、方解石を含んだ硅石の塊りを総称したものである。考えうるあらゆるものの形が、セプタリアのなかにはすでにある。何かの現実を反映していると信じないではおれない、鮮明な輪郭が浮かび出ているが、はたして何を表わしているのかと考えると、曖昧で不安定である。精神はこの現実をつきとめないかぎり、落ち着かない。セプタリアの造形的な豊かさは、「類推の魔」に対する絶え間ない挑戦であり、人をあきさせることがないように見える。どの主題も自由で、独創的で、けっして同じものはない。セプタリアの絵の効果的なものは、むだな線の少ない、枯れたものであるように見える。

一方、最も雄弁とまではいわないが、最も多くの情報を提供する作品は、イタリアのトスカナ地方の石灰岩のなかに見出される。まだほとんど知られていないが、非常にきめの細かなこの石に描かれた像の出来のよいものは、画家の作品に最も近い、とカイヨワはいう。風景や肖像は、石をふちどっている濃い色のわくで、額縁にはいったようになっているので、それだけいっそう本当の絵に似ている。ときには、鉱物の表面全体に細い線で三角形の網の目が描かれ、それがしだいに薄くなっていっている。あたかも、画家が、並木や顔の上で光が分解するような効果を出そうとしたかのようである。魔術は、それ自身ではあまり意味のない要素の、きわめて稀れな結びつきから生じている。精神は、宇宙の秘密がまさに明かされようとしているのだと信じて有頂天になる。

これは錯覚にすぎない。秘密は隠されてはいない。しかしながら詩がさぐり当て、危険をおかして持ち出す、イメージのこわれやすい結びつきも、予見をしないではおれない同じ偏見から生まれたものである。この片意地な傾向は、人間に普遍的に存在する基本的なものであるので、最も厳密な科学もその支配を受けている。科学もまた類似性を求める。表面的な大まかな類似を、よりとらえにくい、より抽象的で精密な類似で置き換えていくところに、科学の歩みがある。落ちるリンゴと落ちない星とを関係づけたことがニュートンに万有引力を教えた。石の像にひきとめられて遅々として進まぬ夢想は、もっと高い目的にも役に立つ能力の訓練されていない状態での姿である。本当らしさにしたがって、あるいはそれに逆らって、何でも片っ端から解釈しようとする、この永久的な病癖がなかったら、知識の進歩はなかったと思われる。知識の歩みはこの病癖から、それが必要とする推進力と、その成功を保証する方法の最初の手がかりとを、同時に得ているのだからである。

(17)『石』*Pierres*（一九六六年）
『石が描いたもの』*L'Ecriture de pierres*（一九七〇年）

一九五二年にカイヨワは、多彩な輝きをもつ鉱物を、偶然、買った。石に対する彼の関心はこのときに始まる。なぜこの石がこのような美しさをもちえたのかということと、石の美しさにこれほどひきつけられるのは彼だけなのかが問題になる。ほかにも美しい石がたくさんあり、しかも、その美しさは、現代の同じ傾向の画家たちの作品よりも、すぐれていることが明らかになってくる。また、現代のヨーロッパでは無視されているが、中世以前や、中国や日本では、珍しい石や美しい石や巨大な石が、一般にもてはやされ、あがめられていたことも確かめられる。彼の石に対する関心は、けっして一時的な気まぐれのものではないことがわかる。人間と自然との深い結びつきから来た客観的なものである、といちおう信じてよいといえる。彼は『メドゥサとその仲間たち』で、美しいという点では、鉱物の結晶も現代の抽象画家の作品も同質のものであるという大胆な考えを初めて持ち出す。『美の全般に関する美学』では、さらに一歩を進めて、美についての判断と美をつくり出す方法とをはっきり区別する必要をとなえる。これまでは、美と芸術がしばしば同一視されて論じられた。しかし芸術は、人間が意識的におこなう美の制作活動を意味し、美しい形がつくられるいろいろな過程の一つにすぎない。美の判断は芸術を超えたものである。芸術よりも自然の作品のほうを美しいと感ずることがあっても、間違っているとはいえない。

やがて彼は、石の魅力の根源にあるものと、「幻想的なもの」の魅力の中心にあるものとが、同じものであることに気づく。無生物のなかに生命の最も高度に洗練された意志の現れのようなものを見出す驚き。しかも、この「絵」そのものが深い神秘につつまれている。宇宙の生成の秘密をこっそりともらしているかのように見える。自然を支配している基本的な力が最も純粋な形で直接働いて、つくり出されたものだからである。しかし微妙なところに偶然がからんでいて、単純な規則性を、気づかれないところで破壊している。それゆえに、どんな解釈も最後は疑わしくなる。そのうえ、石は人間が現われるはるか以前から存在し、人間や生命が滅んでしまったあとも、何もない地球の上に、同じように残りつづけるように見える。この気が遠くなるような持続性が、人間に目まいを与える。「類推の魔」に訴えるところは、詩や幻想的な絵と同じだが、啓示の内容は無限のかなたの永遠の真理にかかわり、形は不変である。形によって不変のものとなり、イメージによって汲み尽くせないものとなるという、偉大な詩や芸術に欠かすことのできない条件を、より完全に実現しているといえる。

中国では、石はお守りに使われた。ある不思議な石は、あらゆる病気をなおし、森に行くときにもてばトラも従い、妊娠した女の性器のなかにそのかけらを絹の袋に包んで入れておくと胎児は男に変わる、と信じられた。石をめぐる奇跡の言い伝えは世界じゅうのいたるところにある。

宋の米芾《べいふつ》は珍しい石を愛した。ある日、彼は礼服に着かえて、住居の庭に立てた石の前に進み、「長者どの」と呼んで、お辞儀をしたという。この好みが高じて、地方総督としての仕事を怠るようになり、ついには中央政府の査問を受けるまでになる。また、米芾は画家でもあり、書家でもあった。草書と風景画を書いた。しかし何を表現しているのかわからないような作品であった、という。紙の上に墨をぶっかけて、そのしみを絵だといったと伝えられている。彼は基本的な、根源的な調和を追求していたのである。しかしどんなにしてみても、目の前の石の太古以来の色や模様以上に自然で議論の余地のないまだら模様を、手に入れることはできなかったにちがいない。米芾ほど派手な思いきった振舞いをする勇気はないが、石に対して自分も同じ尊敬を感じているし、他のだれによりも米芾に対して特別の親近感をいだいている、とカイヨワはいう。

石を眺めていると、人は不思議な感動にとらえられる。黙って、心のなかでそれに耐えていることはできない。たとえば、洞穴がさまざまに入り組んだ、硅石や水晶やメノウのまじりあった石のこと、あるいは、メノウの石塊のなかの水晶が群がった部屋のなかに閉じ込められている水のこと、すなわち、見かけよりも軽いこの石塊を耳もとで振ると、かすかに音が聞こえる、地球が生まれた時のままの水のこと、これらの驚きをひとに語らずにいることはできない。表面に何の文字も象徴も刻まない巨大な石をただ立てただけの古代人の遺跡がいたるところに存在するが、同じような感動を表現しようとした遠い昔の人間たちの、これは最初の試みではなかったか。巨大な石をまっすぐに立てることは、動かすことよりもはるかにむずかしい。このうえなく長い、このうえなく重い石を、それにもかかわらず彼らは競って立てたのである。

石の神秘さ、いいかえればその「唯物的神秘さ」を伝えるためには、シュールレアリスムの作家たちがその夢についておこなっているように、無秩序に書き写していくだけでは十分でない。米芾のように、紙にインクや絵具を発射する方法でもどうにもならない。米芾はおそらく最後には絵を書くことをやめてしまったのではないか、とカイヨワは推測している。この神秘さを正確に厳密に描く以外にない。カイヨワは、この用途のために、特別の文体を発明しなくてはならないと考える。かつて詩が音楽からその富を奪おうとしたように、詩から、詩が曖昧さと安易さを得るために愚かにも捨てた富を、とりもどして回復しようと彼は企てるのである。こうしてつくり出された散文は、その深さによって、その方法と野心によって、豊富なイメージの使用によって、このうえなく詩的なものとなった。石を語る、石の確かさと透明さをもった一連の文章によって、カイヨワは、詩集と名づける作品を一冊も発表したことがないにもかかわらず、すぐれた詩人として遇されることになる。

⒅『碁盤の目』*Cases d'un échiquier*（一九七〇年）
『蛸』*La Pieuvre*（一九七三年）

一九七〇年にはもう一冊、『碁盤の目』が出版されている。これは、全体が一つの問題にささげられた書物ではなく、カイヨワのこれまでの多様な作品の補遺にあたる短い論文、随想、考察、叙述、さらに、新しい試みである短篇の架空小説などを、まとめたものである。すでに見たように、カイヨワは、彼の専門の学問分野とか世間一般の分類をまったく無視して、興味のままに、たがいに何の関連もないように見える問題に、次々にひきつけられ、これを解くことに没頭してきた。彼自身は、すでに何度も、自分の探究にはつねに一貫した関心が存在するとくりかえし述べている。しかし、よほど注意ぶかく全作品を通読するのでないかぎり、それを理解することは困難であった。

『碁盤の目』におさめられた、さまざまな小品は、彼のはなればなれの作品のすき間をいくらかうめ、つながりの可能性を少なくとも証明してくれるだろう、とカイヨワはいう。『碁盤の目』というのは、世界が隠しているその歯車機構や法則を探し求めて、広い網の目を縦や横に進んできたあとを、いまふりかえって眺めてみると、コマがまばらになった碁盤の目が連想されるということによる。また、その白と黒の目は、交互に熱狂と制御、陶酔と抑制をくりかえした思い出にも通ずる。さらに、碁盤の上では、他のコマに影響を及ぼしたり、全体の状況を変えたりしないで、一つのコマも動かすことはできないが、彼の連続した好奇心についても同じで、それらが緊密に連結されたものであるというイメージをとくに強調するための題名でもある、とカイヨワはいう。カイヨワ理解のために非常に重要な文献である。しかし内容の細部については、すでに関連した作品の説明のところで適宜にとり入れているので、ここでは触れない。

このあとに来るのが、本書『蛸』である。『蛸』については冒頭で述べた。

(19)『反対称』*La Dissymétrie*(一九七三年)

一つの宇宙を真に理解できたというためには、この宇宙を構成している動かしがたい要素と、この宇宙の根本的な構造とを、すべて確実につかみえていなくてはならない。現代の科学はますます細かく専門分化され、専門家たちは、ある一点については、あらゆることを知っているが、他については、ほとんど何も知らないというようにさえなってきている。しかし全体に通ずる法則を発見することができなければ、部分的にどんな成功をおさめていても、この成功はいつ突然くずれるかわからず、せっかくの努力は空しいものとなりかねない。『メドゥサとその仲間たち』で「対角線の科学」を提唱したカイヨワは、こんどは、無生物から人間に至るまでの宇宙のあらゆる存在に認められる多様な対称性に着目する。彼は、現在のままでは両立しないように見える、物理学におけるカルノーの熱力学の第二法則と、生物学における進化の法則との接点を、対称と反対称の交互出現の機構のなかに見出そうと試みる。いいかえれば、宇宙の力学、宇宙の創造の秘密を、各段階における反対称の働きのなかに読みとろうとするのである。

しかしまず言葉の定義を明確にすることから始めなくてはならない。一般に対称的といわれているものに、二種類ある。一対の手袋も、振子時計を支えている両側の装飾した柱も、同じように対称的と理解されている。しかしこの二つの対称の間には決定的な違いがある。振子時計の柱のほうは、位置をずらせば簡単に重ね合わすことができる。しかし、対であるのは同じでも、手袋のほうは、完全に同じものであるにかかわらず、左右があるために、どんなにしてみても重ねることは不可能である。これらを混同しない注意が必要である。他方、反対称《ディシメトリ》と非対称《アシメトリ》も微妙に違う。どちらも対称がないことを意味する点では同じである。カイヨワは、これらを次のように区別している。非対称は、対称が確立される以前の無対称の状態を表わす。反対称は、対称が破壊された後のそれを表わす。

ギリシア人たちは、部分と全体のあいだの調和・均整を重んじた。この影響で、最近まで対称は均整を意味した。今日では、対称は、一つの図形の内部で、ある軸、面、あるいは点を中心に向きあった各部分の大きさや形が、正確に一致している状態を指す。また、広がりが限定されていない場では、同じ形が規則的に配置されていることをいう。物理学や数学では、一連の変化の過程のなかに不変の要素が永続的に現われることを示す。一般的な受取り方では、対称は依然として純粋に幾何学的なものにとどまっている。いろいろなタイプのものがある。まず、一定の間隔をおいて同一の要素が反復する場合、移動による対称ということができる。この場合、くりかえされる図形は重ね合わすことができる。一点を中心にして回転させるとき、ヒトデの腕のように、一定の角度でもこの図形に重なり合う場合は、回転による対称である。車輪や球や円柱などは、重なり合う位置が無限にある。

対称は鏡の像によってもつくることができる。鏡の面を中心にして、同じ形のものが向き合う。しかしこの場合、物体それ自体が対称的であるときは、物と像を重ね合わすことができるが、そうでないときは、右手と左手が重ならないように重ね合わすことができない。物と像とはまったく同じでありながら、同じでない。この奇妙な特性は、多くの哲学者たちの注意をひかずにはいなかった。その代表的な例はカントである。

厳密な意味での対称は、この逆説的で普通によくある対称に限定したほうがよいのではないか、とカイヨワはいう。これ以外の対称は、同じ一つの要素の秩序であり、連続であり、くりかえしにすぎない。鏡による複製、たとえば、寺院の正面の外観のような、縦の中央の軸を中心にした対称こそ、おそらく最も注目すべきものであろう。人間はこれを特別のものと見なす。人間自身も同じ型の構造につくられているからである。それゆえにニワトリの模様を同じ向きに並べた布は全体的に均整がとれており、移動させればたがいに重なりあい、理論的には対称といえるが、われわれには対称とは感じられない。この織物が対称的に見えるためには、中間に見えない鏡があるかのように、二羽の鳥が向きあうか背中合せになっていなければならない。回転の場合にも、一つの要素の規則的な繰り返しがある。この繰り返しは無限に続き、その模様の形は動かせば重なる。しかし回転は回転でも、レンズを通して全体を逆転させて回転させた像は、単純な反射像の場合と同じように、もとの物体とは重ならない。厳密な意味での対称において決定的な役割を果たしているのは反射であり、反射が同じ物体を、重ね合わすことのできない別のものに変えるのだということがわかる。

鏡を軸とする型の対称は重力の結果生じたものである。左右のこの対称によって、すべてのものは平衡を保っている。いろいろな種類の対称のなかで人間が期待している唯一のものは、この型の対称である。これがないと、人間は落ち着かず、異常な感じをもつ。左右の対称に、前後の対称がつけ加えられることも少なくないが、前後の対称は補助的なものにとどまる。上下を逆転させる、横断面を中心にする対称もありうるが、まったく自然に反するものであるから、この対称には人間はあまり敏感でない。水面の反射像がこの対称を見せるときに気づくぐらいである。重力が生物も生命のない物質も支配している。しかし生命の本質は発展であるから、平衡と成長とを組み合わせなくてはならない必要を生じさせる。回転と移動を組み合わせたラセン形は、幹にそって並んだ葉の配列の法則を表現している。カタツムリなどの貝も、規則正しいラセン形に成長する。生命の必要に対称を適応させた形式である。星雲のラセンもこれに属する。

作業を進める上で必要な前提として、同じ力は同じ形を生むという仮定をカイヨワは採用する。先に見たように、対象となるエネルギーや物質の組織の階層序列や規模を問わない。ところで、物質もエネルギーも、粒子あるいは波動としての、それぞれの固有の存在様式を確立する以前の状態にあるときは、どちらも曖昧で、科学も区別をつけることをあきらめているように見える。この根源的なもののなかから有形の物質が現われ、少しずつ分化し、生命をもつようになり、最後に自由と意識とをかちとるに至った。この有形の物質が複雑さを増していくのにともなって次々に新しい対称がつくり出され、こわされ、ふたたび生み出されていく。この上昇の過程を検討し、対称が平衡であり、安定であり、持続の条件であると同時に、発展のブレーキの働きをもしていることを明らかにしようというのが、カイヨワの意図するところである。

対称は、あらゆる進化を妨害するものとして、周期的に現われる。最初の現実は無対称の状態にある。しかし無対称というのは無限の対称でもある。というのは、表面に現われた状態は絶対的な無定形であるが、顕微鏡に見える微小な結晶は、秩序の最初の発生を示している。原子がそこでは規則正しく配列されている。移動による対称が認められ、無限の箇所で重ね合わすことが可能だからである。この最初の不完全な対称は最初の反対称でもある。この対称は、一体であった塊りのなかに特権的な軸を持ち込んだのであり、この軸から割れることが起こるようになるからである。対称が、回転を含むより高度な水準に達したとき、真の結晶が現われる。結晶の対称はもはや無限ではない。

対称を破壊する反対称が増加して、対称の中心や面や軸が少なくなることは、有機体にとっては、退化を意味するものではなく、解放を印づけるものである。下等な生物である放散虫類の放射状の骨格は、球に近い多面体の構造をしている。この対称面の数はほとんど無限になる。しかしウニの殻やイソギンチャクの触腕の冠になると、重力の影響をうけて、対称の最も重要な軸の一つ、水平に切る軸を捨てることになる。しかし、さらに脊椎動物や、植物界で同じような位置を占めるラン科の花になると、ただ一つの対称面しか残らないことになる。頭と尾、背と腹とはもはや類似性を失う。左右の対称が最後のとりでになるが、この対称自体がすでに異質のものになっている。すなわち、回転によるものではなく、反射による対称である。

人間は立った姿勢をとることによって、この対称をも超える手段を見つけた。人間は前足、すなわち手を自由にしたが、この左右の手は同じ価値をもたないものになっている。左右の手のこの対称破壊は、高等動物の間では、人間だけである。カイヨワはこの現象を、自然界に普遍的な反対称の力の一つの現れと見ている。しかし古代から現代にいたるまで哲学者や社会学者たちは、むしろ他に原因を見つけようとしてきた。プラトンは乳母のせいにした。心臓を守るために盾をつねに左手で持つ習慣から来たという説もある。太陽ののぼる方向に向かって祈る姿勢と関係があると考えた人たちもいる。北半球で東を向けば、右側が南になり、太陽の恩恵を受けることになる。しかし南半球では、この説は成立しない。右手の優位は、現在知られている最も未開の部族に至るまで、南半球・北半球に関係なく、共通である。全員が左利きであるという民族はいない。左に宗教的・制度的・道徳的特権が与えられているという文明はない。中国や聖書の世界では、左も尊重されていることは事実である。しかし、けっして左優位を意味しない。

生理学に原因を求める試みもおこなわれている。脳の左半球へ送られる血液の量がより多く、右半球より発達がうながされることになるので、右手の優位を生んだというのである。左半球は人間の体の右半分を支配し、同時に言語機能をつかさどっている。しかしこのような説明では、問題は解決されない。右手の優位こそ、左半球の特殊化と行き届いた血液の供給をもたらしたと、逆にいうこともできるからである。左半球の優位と右手の優位のどちらが原因で、どちらが結果かは、ここでは問題ではない。人間の左右の対称のなかに、これを破壊する反対称が明らかに存在するということと、これが文化や地理的な条件から来たものではなく、もっと根源的な傾向から生じたものだということが、重要なのである。

左右の手の単なる不釣合いという例であれば、シオマネキというカニをあげることができる。このカニのハサミは、一方が大きく一方が小さい。右のハサミが大きいものと、左が大きいものとの比率は同じである。また、ハサミがとれたときの再生能力も、大小に関係なく、左右等しい。大きいほうのハサミでこのカニは信号を伝えることができる。しかしこの左利き右利きは、不釣合いなハサミを操る必要から来た、同じ動作のくりかえしの結果である。シオマネキ全体は左利きでも右利きでもない。自然のなかに、左右というこの最後の対称を破壊しようとする多くの試みが存在することは確かである。しかしシオマネキのハサミの場合ほど誇張されると、対称を前提とする反対称の枠を越え、進化の原動力とはなりえなかったのだと考えられる。

左右の対称を破壊しようとする力は、少なくとも、人間という広く分散した動物の一種族全体に、普遍的に作用しているのであるから、当然、自然の全体にも働いている力であろうと思われる。その影響は漠然としていて、強い強制力はもっていないとしても、人間以外のところ、生命をもたない物質のなかにさえも見つけ出すことができるのでないか。この影響は、ある持続性をもって一定の方向に働いていると考えるべきである。でなければ、人間の右利きは単なる偶然ということになる。実際に調べてみると、人間以外の動物のなかにも、人間と同じほど右を好むものが少なくないことがわかる。たとえば腹足類の軟体動物の貝殻は、いくつかの例外を除いて、すべて右に巻いている。性器は中心線上にあるのが普通だが、タコの場合は右第三腕にある。平衡が破られることは簡単ではないが、破られた場合には、ほとんど必ず右が勝つように見える。植物の世界においても同じである。研究されたツルクサの九〇種類のうち七〇種類までは、たとえばホップは、そえ木のまわりに右に巻きつく。

一八四八年にパスツールは、ブドウからとれる酒石酸の結晶のなかに二種類のものがあることを発見した。一方は右に、他方は左に傾いた多面体の、たがいに相手の鏡像のようになった、重ね合わすことのできない対称的関係にある結晶であった。無生物物質では、同じ物質の分子はすべて同一であることが確認されていた。生物物質の分子も同じであると考えられていた。しかしパスツールによって、生物物質の異性体は同じ組成の分子の構造の違いから生まれ、各異性体の原子一つ一つは対称的ではないことが、明らかにされたのである。パスツールは、生命とともに分子の反対称が始まると考えた。彼は反対称をつくり出す謎の力を発見しようと試みる。一八八〇年にパスツールは、世界全体の体系は反対称的なものであると書き、反対称の存在を、宇宙を支配する何らかの力から由来したものとしている。

原子を構成している粒子の水準の世界に、これまでだれも考えたことのない重要な反対称が存在していることを、ディラックが計算して予言した。最近になって、この反対称的物質が加速器を使って実際につくり出された。人工的につくり出されたこの反粒子は、自然の粒子と同じほど実体をもったものであり、鏡の像のように似たものである。他方、原子の水準での対称をパリティという。これは、個々の原子内部の空間的な対称を意味するものではなく、原子物理学の世界での、巨視的な目盛りでの左右の平衡を示す。これまでパリティは保存されると信じられてきた。観察しうる現象はどれもその鏡像的等価物をもち、左右の片よりが起こることはないと考えられてきた。反粒子が発見されても、パリティ保存の法則は破られてはいなかった。一九五七年に楊振寧と李政道とにノーベル賞がおくられる。弱い相互作用のある種の現象においては、パリティは保存されないということを、彼らは初めて証明したのである。反粒子・反物質でつくられた反宇宙を想像しうるように、反対称は宇宙の全体の輪郭に関して存在すると同時に、宇宙の内部の機構のなかにも現われるということがわかったことになる。

現在のところ、粒子が最終のものと考えられている。粒子段階に存在する対称は、統計的な無秩序のなかに孤立し分散したもので、この無秩序全体は対称がまったくないともいえるし、無限の対称と定義することもできる。どんな組織体でも、それが発生するためには、組織体内部の釣合いが要求される。対称的な構造をもつものが、当然、絶対的に有利である。いったん確立された緊密な結びつきは、こんどは最もうち破りがたいものとなる。それにもかかわらず反対称は現われる。しかし例外的な偶然のものとしてである。この反対称のつくり出した梯子を一段ずつ登っていくことによって、中央に中心をもち対称面や軸が無数にある物体が、高等動物あるいは植物の構造に到達した。初歩の粒子の水準での左右の違いは、いくつかの無限小の相互作用の現象における、パリティの単なる不在であった。人間においては、この断絶は両手の力や器用さの違いから、脳の両半球の機能にまで及んでいる。

しかしこの左右の不均等を、精神は容易に承認しようとはしない。上下・前後の不釣合いを認めるのをためらう人はいない。重力が落下を強制するという単純な事実があるにすぎないのに、さまざまな対立する概念が上下の極に結びつけられ、しかも、だれも不思議に思わないでいる。一方には理性や超越が、他方には卑しいすべての欲望や肉欲が位置づけられている。前後の対立にもとづく分割は、さらに広い範囲に及んでいる。前には未来や進歩が、後ろには過去や後退が結びつけられる。このような例はいくらでもあげることができる。右と左に関連する対立概念の広がりそのものは、さらに遠くにまで達している。言葉のなかだけではなく、習慣や制度のなかにも認められる。右は幸運・強さ・巧妙さ。忠実・正義を象徴する。左はその反対である。しかし左右のこれらの精神的な主従関係は、自然の現実的裏づけを最も欠いたものであると見なされている。

上下や前後の違いははっきり目に見えるが、左右の違いは目には見えない。それゆえに左右の不平等は教育や文化に由来すると、とっさに考えられるのも無理はない。しかし、文化はさまざまだが、右利きは普遍的であり、人類以外の世界にまで広がっていることは、先に見たとおりである。基本的・根本的な反対称の力から来たものである。世界は中性ではない。その証明はすでに得られた。左右の反対称は、いまのところまだ流動的で、例外も許されている。あるいは、原子段階では実際は左利きで、進化した生物の段階で右利きに変わるのだということが発見されることになるかもしれない。しかしいま重要なことは、不均衡が永続的に存在しているということである。人間が遅れて仲間に加わったときには、ゲームはすでにずっとまえから始まっていた。人間は残りものの福を引き当てるのである。

人間は、最初は、動物界のいくつもの王朝の一つにくっついた、みすぼらしい、まばらなこぶのような存在にすぎなかった。しかし非常に短期間に地球をおおい、それを自分の都合のよいように変えるものにまでなっている。この歩みのなかで特別の位置を占めるのが、計算と発明の役割である。人間はこんどはこうして、しだいに自然から遠ざかりつつある。ここから、次のような疑問も成立する。人間を現在の位置まで導いてきたのは、対称と反対称の相互作用であったかもしれないが、自然から遠ざかってしまった今では、この働きが人間の行動に入り込む余地は、もはやなくなっているのではないか。しかし上下・前後・右左の両極に、吉凶・善悪・幸不幸を象徴的に割り当てる慣習は、すでにこの圧力の反映である。

対称も反対称も、人間の想像の世界にまで、その法則を押しつけている。たとえば、未開といわれる社会における、部族間の食物や性の相互給付にもとづく、タブーの支配する均整のとれた安定した世界と、タブー違反にすることが「聖」となる祭りの世界の対立は、対称と反対称の対立にほかならない。絵や音楽や詩においても同じである。美の感情は一部は規則性と意外性の強固な結びつきに依存する。まず全体の対称がうちたてられる。しかしどんなに巧妙に組み立てられたとしても、対称的な構造には機械的なところが入り込み、それが単調な印象を与えることを避けることはできない。計算された反対称を導入する必要が生まれる。破格は詩の隠れた律動をより効果的にする。詩のイメージの力も、同じような対立するもののぶつかり合いから生じる。

人間は自然から離れる方向に進んでいる。それだけいっそう反対称の方向に強く傾いた姿勢になっている。それゆえに、調子が狂って理性や知覚が目まいにとらえられたような場合、対称が彼には最後の支えになってくる。ビンスワンガーによれば、分裂病や鬱病の患者たちは、対称的なものに驚くべきほどしがみつくという。対称は安定をもたらすが、その結果、発展のブレーキになる。反対称は革新的な活力の要素だが、危険と冒険を意味する。両者のおたがいの位置づけと役割が、これらのことからもよくわかる。

以上の全体をまとめると、次のようになる。まず、対称がまったくないともいえるし、無限の潜在的対称があるともいえる状態があった。この無対称状態は自然に安定の状態に向かい、有効な対称を発生させた。確立された対称のなかに、こんどは、それを部分的に破壊する反対称が現われた。この反対称が、それを内部にとり込んだ組織を豊かにし、新しい特性を与え、有機体の最も高い水準にまで到達させた。

熱力学の第二法則を補う、これと対になるものがなかったら、宇宙は絶対的な平衡の状態に沈み込んでいき、やがては静止してしまうことになる。熱い水と冷たい水とがまざって、生まぬるい水ができるというように、避けがたく、とりかえしのつかぬ落下があるだけになる。しかし、明らかに、この法則に反対する力の働きが認められる。この力のために、統計学の予測が規則的にくずされる。すなわち、有機体の成長と複雑化をおし進めている力である。しかしこの力は、実際は第二法則に反するものではない、とカイヨワはいう。エネルギーの低下は絶えず起こっている。このとき回路の外に分散したエネルギーを反対称が吸収し、集中したのがこの力だからである。反対称はこうして、決定的な点で、稀れに全体の流れを変えるのに成功するのである。とくに、われわれをとりまいている世界のような開かれた系のなかでは、この可能性は想像できないことではない、とカイヨワは考える。

III　カイヨワの方法

　ところでカイヨワは、以上のような思想を、真空のなかからとり出し、また真空のなかで主張するのではない。彼が直感する真実はことごとく時流と対立した。彼は時代の傾向を正しいとは信じない。しかし時代の制約と影響に逆らって自分の思考の自由を守ることは、容易ではなかったはずである。自分の思考の正当性を信じれば信じるほど、たたかおうとする相手が強大であると認めれば認めるほど、読者が容易に理解してくれないと恐れれば恐れるほど、カイヨワはいっそう自分の確信を強化し、その説得力を増す方法を開発し、整備したいと願うことになる。彼の作品、とくに彼が新しい主題に取り組む種類の作品には、共通する目立った特徴がある。内容と様式は切りはなせないと原則的にはいえるが、カイヨワの作品の場合、その道具立てがまず人を圧倒し、内容への抵抗力を奪ってしまうということも少なくないように見える。この特異な魅力について触れることなく、カイヨワを語ることはできない。それは次の三つの要素から成り立っている。

1　読者はまず、カイヨワの全著作の主題の広がりを上回る、カイヨワの問題をとらえる知的スケールの大きさに驚かされる。カイヨワが丹念に集めていく事例の量ももちろんだが、とくにその事例は、普通考えられる特定の一、二の分野からのものではなく、予想もつかぬ広い範囲のさまざまな分野のものを網羅したものである。それは、ギリシア・中国の古典から、人類学、民俗学、昆虫学、動物学、鉱物学、地理学、数学、等々のあらゆる分野に及ぶ。カイヨワは一つの問題を解くのに、これらのすべての方向から同時に総攻撃をしかけるかのような具合に、豊富な知識を総動員して、曖昧なものを何ひとつも残さないように解き明かそうとするのである。しかしこれがカイヨワの単なる百科全書的博識だけを意味するとしたら、いたずらに煩わしく、ときには退屈なものでもありうるであろう。カイヨワの場合、この大スペクタクルにはもう一つの見どころがある。彼が「対角線の科学」と名づけているものである。芸術を石やチョウの羽の模様との対比によって説明するというような具合に、「類推の魔」を最高に行使してのみ発見しうる、奥深い、しかもこの上なく意外な結びつきが存在する分野の知識が、つねに動員されるのである。この段階ですでに、読者は、かなわないと思うに違いない。

2　しかし事例は必ずしも、ただ多ければ多いほどよいというわけのものではない。どんなに多く並べてみても、無限にあるなかの有限では、せっかくうち立てた理論の普遍的な妥当性を要求するのに十分ではない。考察したものが、枚挙しうる有限の事例のすべてを、文字どおり網羅したものであることが、同時に証明されなくてはならない。この難問に解決のヒントを与えたのが、メンデレーフの周期律表である。既知および未知の、存在しうるあらゆる事例を、系統的に分類してしまう分類法を、カイヨワは主題ごとに見つけ出していく。カイヨワは、自分はまず分類学者だと自任しているが、このさい発揮される独創的な着想も、彼の独擅場のものである。「遊び」を例にあげれば、無限にあるように見える遊びが、四つの動機で見事に区分けされてしまう。

3　カイヨワはさらに、こうしてうち立てた理論を、いっそう思いがけない他の分野の問題に適用するために拡大しようと試みる。これは彼にとっては検算に当たるものである。より正しい理論はより広い宇宙の統一を説明することができるという確信から来ている。とにかく、遊びの動機になっている四つの本能の組合せで未開と文明が定義づけされたり、祭りの理論で戦争の魅惑が説明されたりする。最初はいくらか疑いの目で見ていた読者も、単に説得されるというだけでなく、深い感動と喜びと興奮をさえ感じないではおれなくなる。

Ⅳ　要約

カイヨワの著作はいずれも念入りで規模が大きく、彼が注目すべき作家であることはすぐにわかる。しかし人を不安にするのは、その主題の、広い範囲にわたる、移り気的とも見える多様性である。神話、聖なるもの、遊び、夢、戦争、幻想的なもの、擬態、石、蛸、等々。これらはどのような関係にあるのか。二、三冊を任意に読んだだけでは想像がつかない。

彼の作品を初期のものから順を追って読んでみると、明らかに一貫したもののあることがわかる。彼の関心は、まず、人間の責任ある生き方とその前提となる自由に向けられていた。彼は人間の本質を自由ととらえているが、ありのままで人間が自由であるとは考えていない。人間は知性と意志によってその自由を実現する。現代の好みに投ずる思想は、反対に、自由になるために、めまいを起こさせるものに盲目的に身をゆだねることをすすめている。しかしそれは、人間を本能の奴隷と化するものでしかないと彼は考える。

人間にめまいを起こさせるものの構造を解明する、飽くことを知らぬ合理主義者としてのカイヨワが、ここに登場する。合理主義者といわれる人たちは、カイヨワ以前にも珍しくない。彼らとカイヨワの違いは、彼らが不合理なものの世界の存在を錯覚として認めないのに対して、カイヨワはその存在を、合理的なものの世界の実在と同じほど確実なものとして肯定していることである。カイヨワがシュールレアリストと結びつくのは、この不合理の世界の体験を共有するところにおいてであり、のちに別れるのは、カイヨワがこの世界の合理的解明をあくまでも指向したのに、シュールレアリストはそこに没入することを目ざしたからである。

この不合理の世界の解明において有力な手がかりを与えたのが社会学であった。遠く離れた地方の社会現象を比較考察する社会学の方法は、さらにかけ離れた分野の自然現象を比較考究する、「対角線の科学」と名づける、より徹底した厳密で普遍的な方法に、のちに発展させられていくことになる。

人間は真空のなかに生きているのではない。厳しい法則の支配する自然界で、昆虫や鉱物と共通の運命を生きている。昆虫や鉱物は器官や組成の固定的変化、すなわち擬態や結晶という形でこの法則を受けとめた。カイヨワは、人間だけがこの固定化をまぬがれ、自由の可能性を保ちえていることに注目する。それは想像力の働きのおかげである。

カイヨワは最初は想像力に疑いをかけていたところもあるが、その役割を積極的に評価するようになる。想像力の働きは不合理と考えられているが、筋道のとおった論理さえ内在していることがわかる。異常なイメージは、異常な状況に立ち向かう想像力の抵抗の産物である。自然がその法則を強制して、長い年月を通じてつくりあげた傑作が、石やチョウの羽の美の世界だとすれば、この異常なイメージでつくりあげる、幻想的な詩や芸術の世界が、それに対応する想想力の美の世界だということに彼は気づく。彼の関心はいま世界創造の秘密の新しい解明に向かいつつある。

I　カイヨワの主題と各作品の主な役割分担

主題	作品
1　人間、生物、自然そのものを自然のなかにもどして考えなおす。	『メドゥサとその仲間たち』『反対称』
2　自然と人間の自由な意志との接点としての想像の世界。	『神話と人間』『イメージ、イメージ……』『蛸』
3　盲目的な力と人間の意志の一進一退。	『人間と聖なるもの』『夢に起因する不確実性』
4　不幸な選択。	『詩のごまかし』『バベル』『美の全般に関する美学』
5　盲目的な力の上に築かれた壊れやすい文明。	『状況』『本能と社会』『ベローナ、あるいは戦争の傾斜道』
6　問われる倫理。	『シーシュポスの岩』『詩法』『ポンティウス－ピラト』
7　自然との調和、洗練された想像の世界。	『サン＝ジョン－ペルスの作詩法』『遊びと人間』『幻想的なものの核のなかに』『石』『石が描いたもの』

II　カイヨワの作品の相互関連図

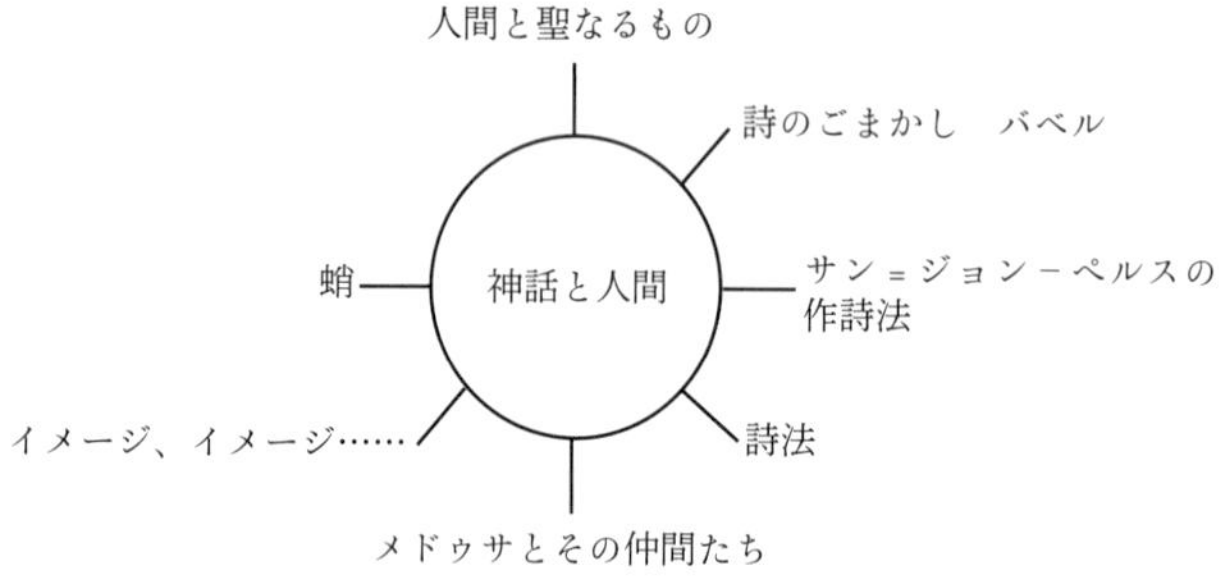

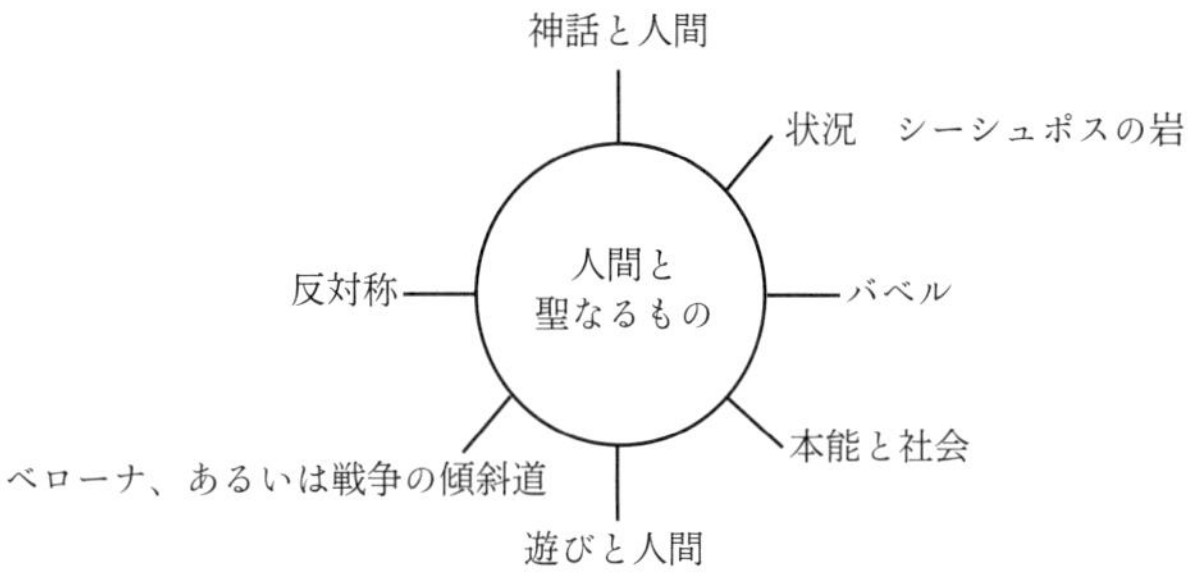

神話と人間
状況　シーシュポスの岩
人間と
聖なるもの
反対称
バベル
本能と社会
ベローナ、あるいは戦争の傾斜道
遊びと人間

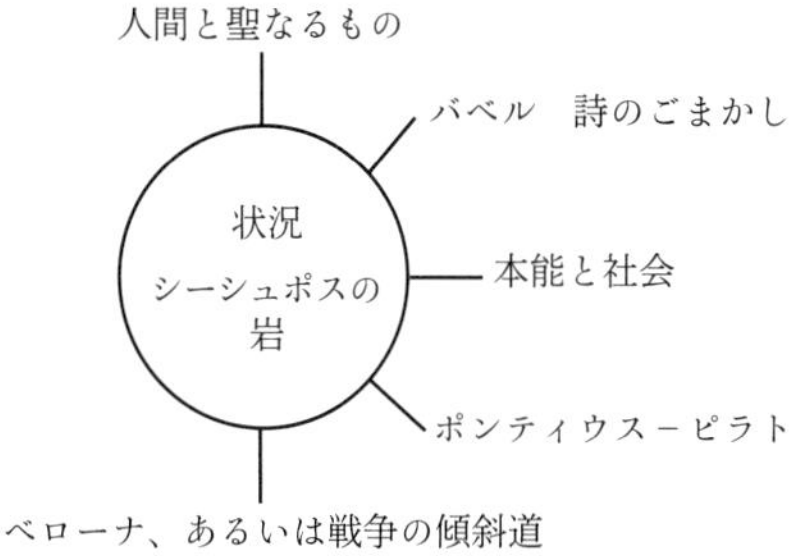

人間と聖なるもの
バベル　詩のごまかし
状況
シーシュポスの
岩
本能と社会
ポンティウス－ピラト
ベローナ、あるいは戦争の傾斜道

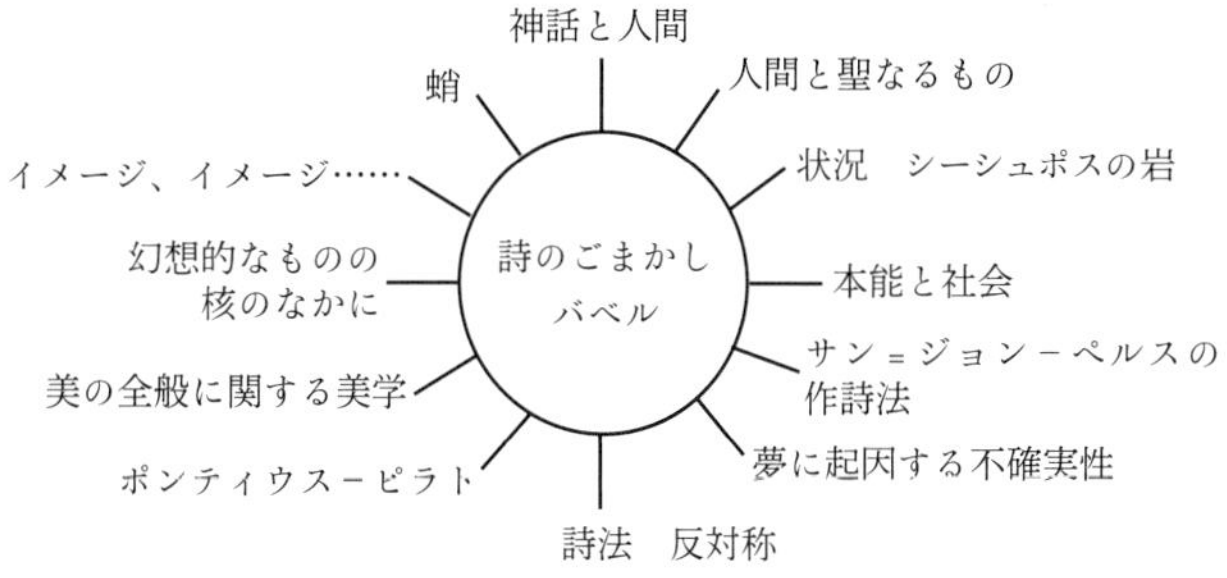

神話と人間
蛸
人間と聖なるもの
イメージ、イメージ……
状況　シーシュポスの岩
幻想的なものの
核のなかに
詩のごまかし
バベル
本能と社会
サン＝ジョン－ペルスの
作詩法
美の全般に関する美学
ポンティウス－ピラト
夢に起因する不確実性
詩法　反対称

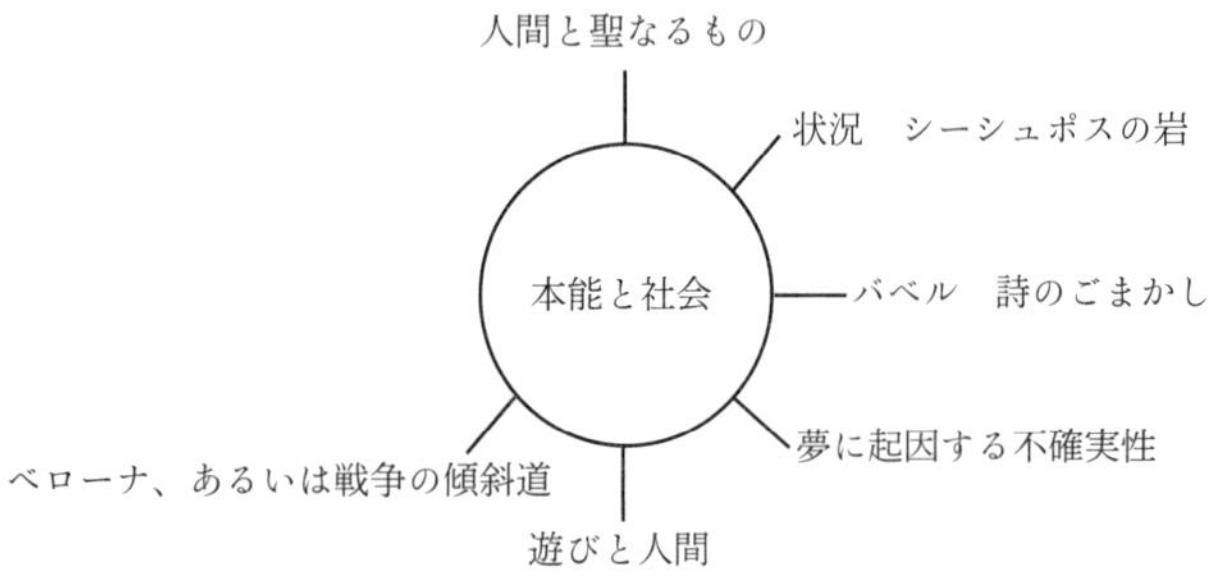
人間と聖なるもの
状況　シーシュポスの岩
本能と社会
バベル　詩のごまかし
夢に起因する不確実性
ベローナ、あるいは戦争の傾斜道
遊びと人間

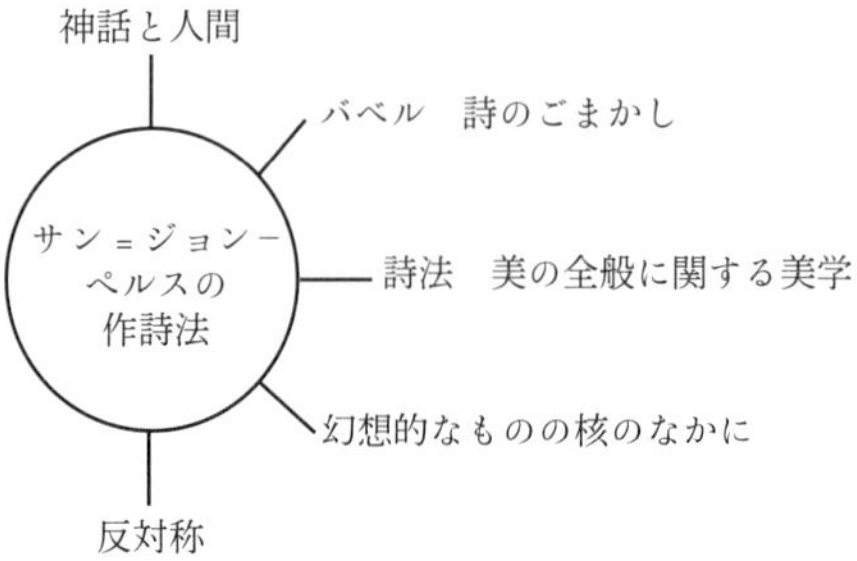
神話と人間
バベル　詩のごまかし
サン＝ジョン－ペルスの作詩法
詩法　美の全般に関する美学
幻想的なものの核のなかに
反対称

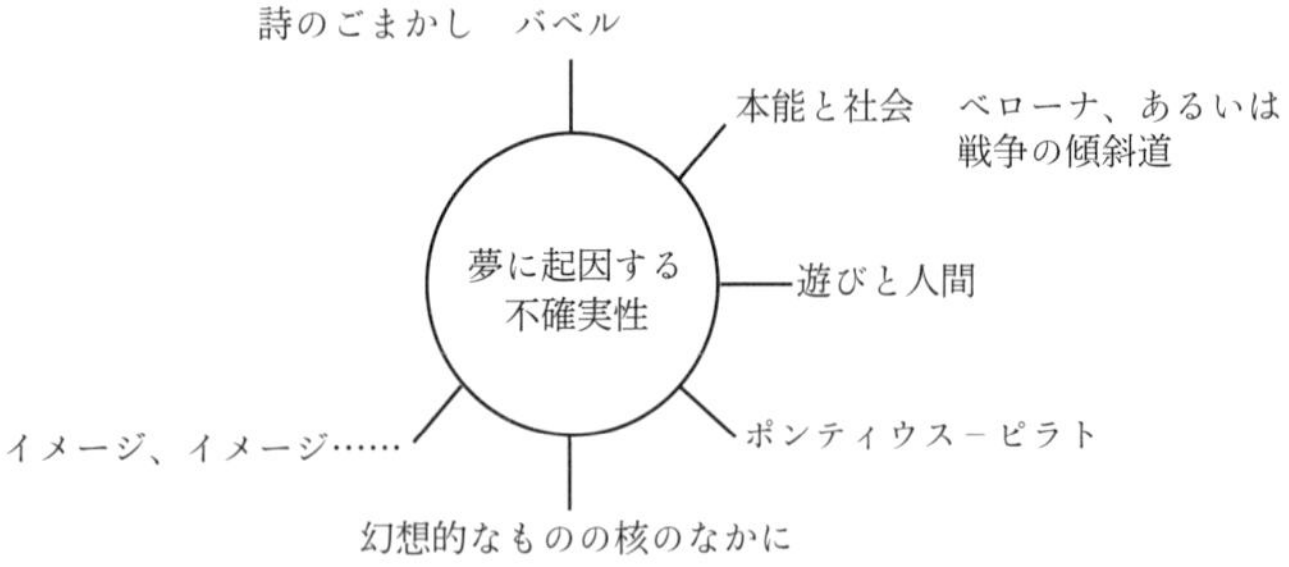
詩のごまかし　バベル
本能と社会　ベローナ、あるいは戦争の傾斜道
夢に起因する不確実性
遊びと人間
ポンティウス－ピラト
イメージ、イメージ……
幻想的なものの核のなかに

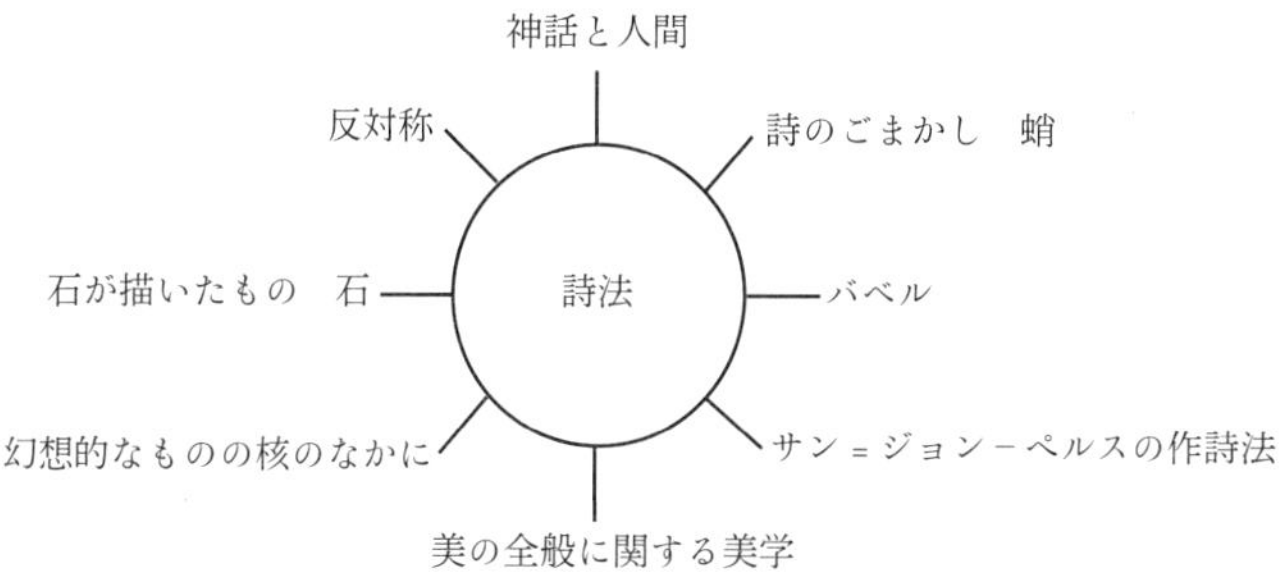
神話と人間
反対称
詩のごまかし　蛸
石が描いたもの　石
詩法
バベル
幻想的なものの核のなかに
サン＝ジョン－ペルスの作詩法
美の全般に関する美学

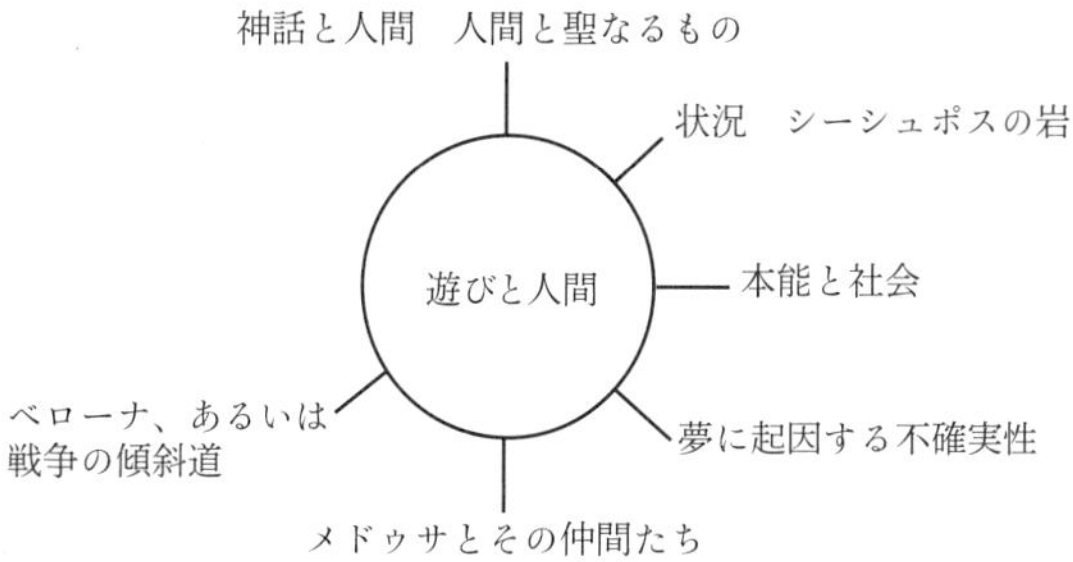
神話と人間　人間と聖なるもの
状況　シーシュポスの岩
遊びと人間
本能と社会
ベローナ、あるいは
戦争の傾斜道
夢に起因する不確実性
メドゥサとその仲間たち

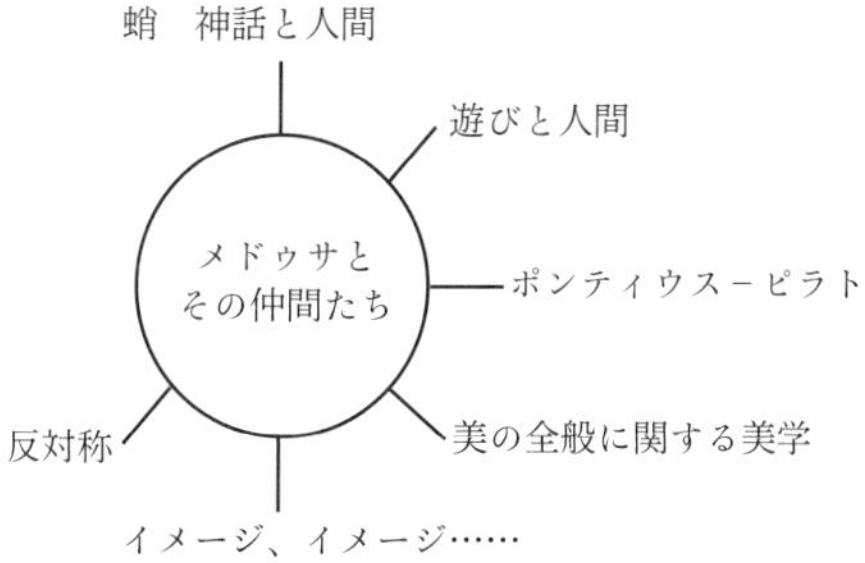
蛸　神話と人間
遊びと人間
メドゥサと
その仲間たち
ポンティウス－ピラト
反対称
美の全般に関する美学
イメージ、イメージ……

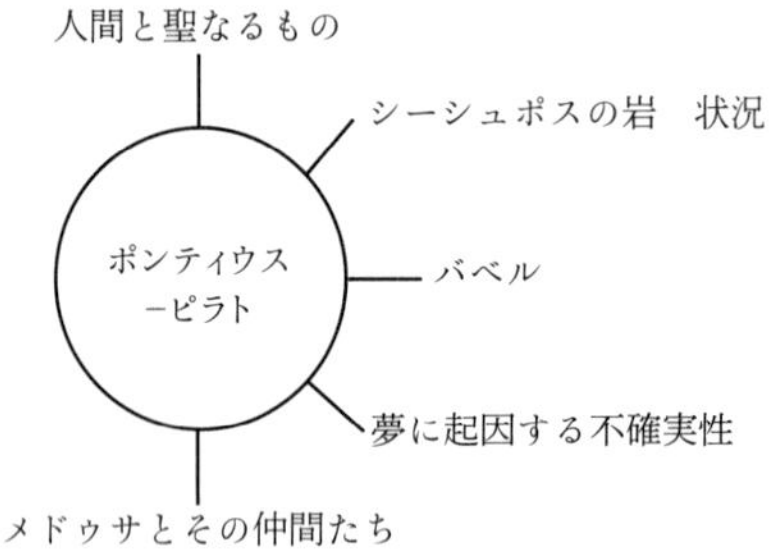
ポンティウス
－ピラト
人間と聖なるもの
シーシュポスの岩　状況
バベル
夢に起因する不確実性
メドゥサとその仲間たち

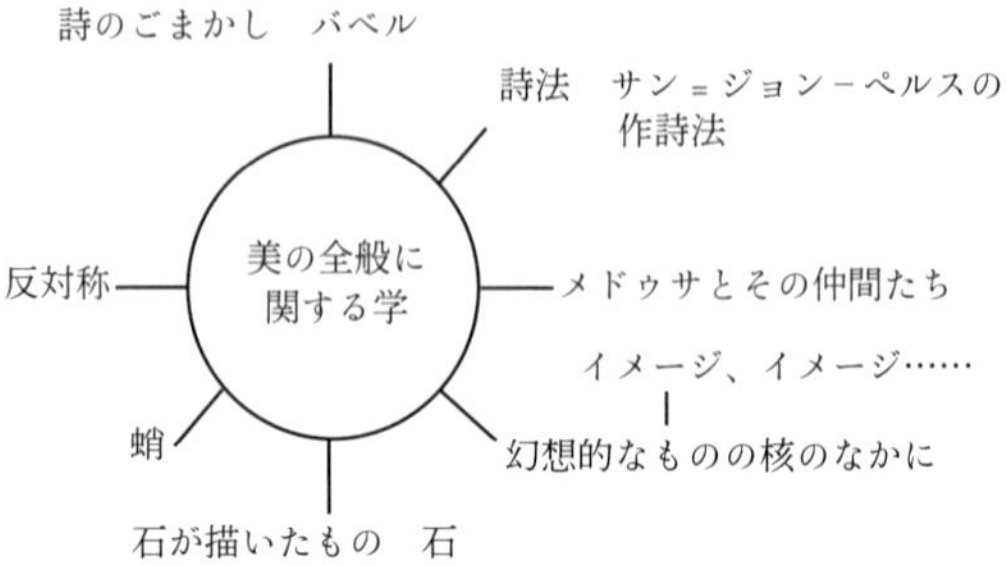
美の全般に
関する学
詩のごまかし　バベル
詩法　サン＝ジョン－ペルスの
作詩法
メドゥサとその仲間たち
イメージ、イメージ……
幻想的なものの核のなかに
石が描いたもの　石
蛸
反対称

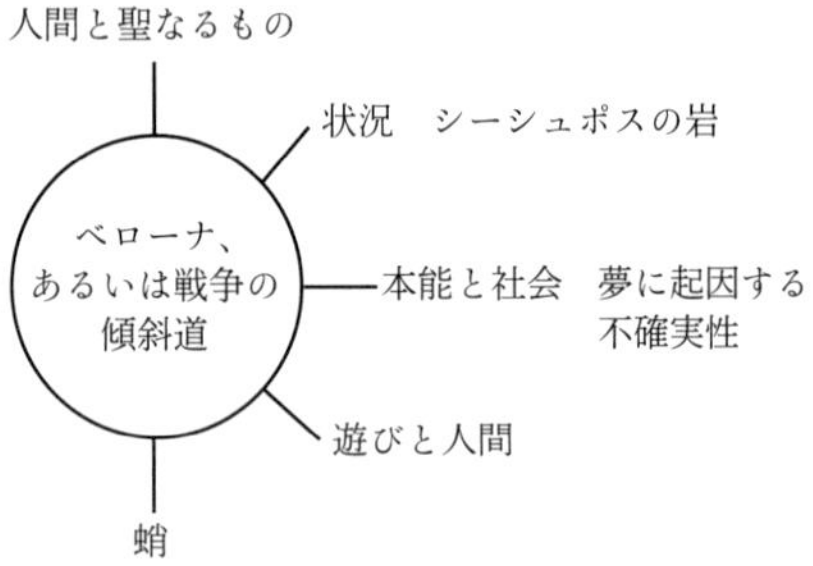
ベローナ、
あるいは戦争の
傾斜道
人間と聖なるもの
状況　シーシュポスの岩
本能と社会　夢に起因する
不確実性
遊びと人間
蛸

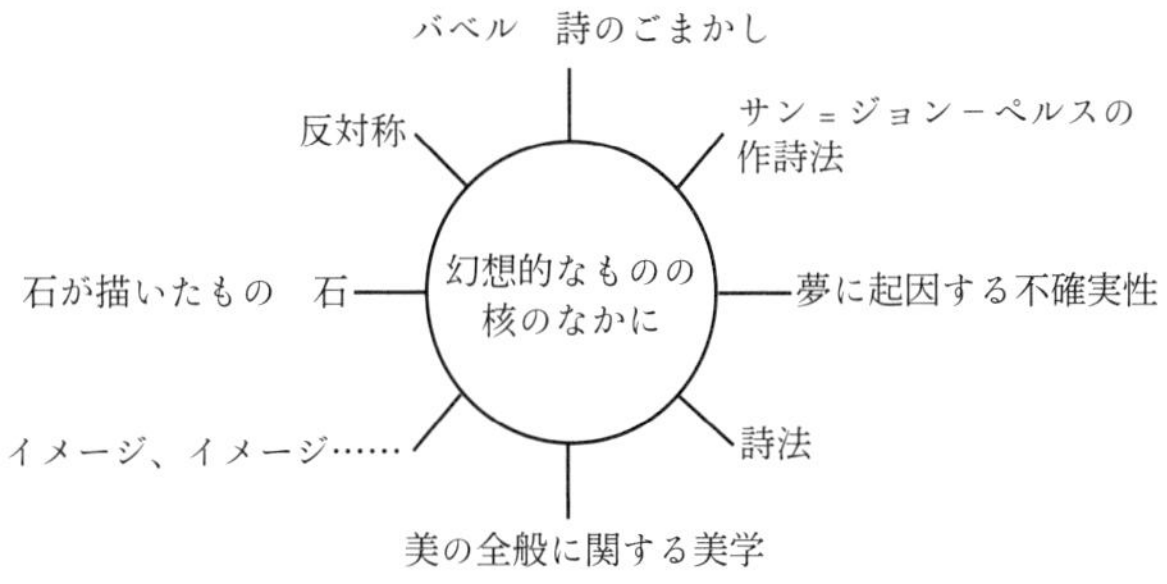
幻想的なものの
核のなかに
バベル　詩のごまかし
サン＝ジョン－ペルスの
作詩法
夢に起因する不確実性
詩法
美の全般に関する美学
イメージ、イメージ……
石が描いたもの　石
反対称

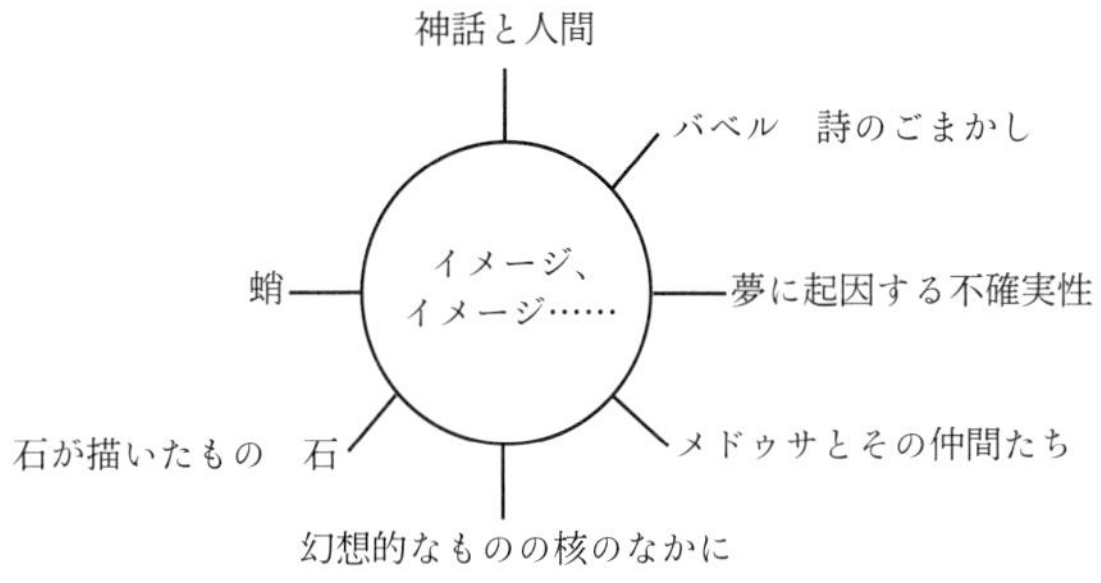
イメージ、
イメージ……
神話と人間
バベル　詩のごまかし
夢に起因する不確実性
メドゥサとその仲間たち
幻想的なものの核のなかに
石が描いたもの　石
蛸

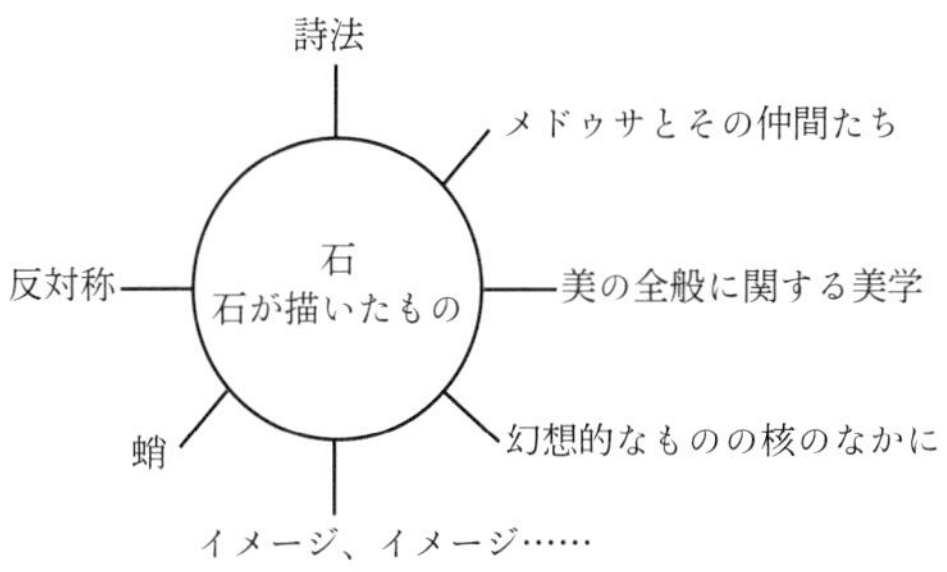
石
石が描いたもの
詩法
メドゥサとその仲間たち
美の全般に関する美学
幻想的なものの核のなかに
イメージ、イメージ……
蛸
反対称

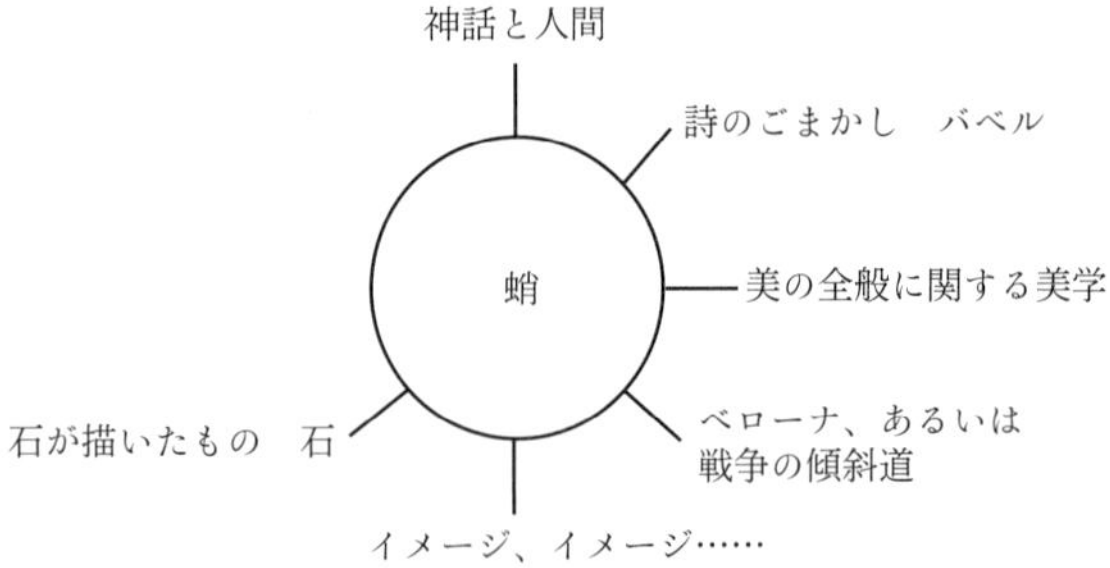
神話と人間
詩のごまかし　バベル
蛸
美の全般に関する美学
ベローナ、あるいは
戦争の傾斜道
イメージ、イメージ……
石が描いたもの　石

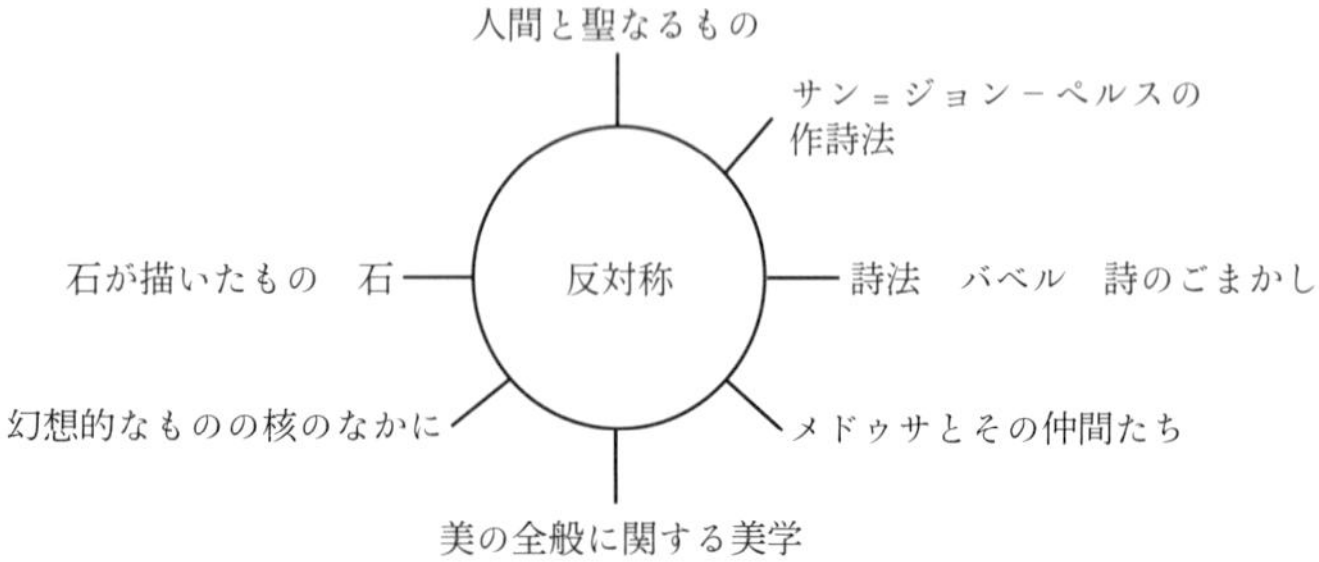
人間と聖なるもの
サン＝ジョン－ペルスの
作詩法
反対称
詩法　バベル　詩のごまかし
メドゥサとその仲間たち
美の全般に関する美学
幻想的なものの核のなかに
石が描いたもの　石

なお、常識はずれに長いこの「解説」について、読者のご寛恕をひたすら祈りたい。すでに何度も繰り返したが、カイヨワほどの広がりと深さをもった知性は、これまでもこれからも滅多にないと信じている。もう一度だけいわせていただく。一九三四年にプラハでガストン－バシュラールにロートレアモンを読むよう説得した人は、同時に、ジョーゼフ－コンラッドとサン＝テクジュペリの断乎たる支持者である。彼はこの統一の稀れな実践者である。このさい何としても、読者の注意をこの点に喚起したかった。

＊

終わりになったが、「無限小の部分について」わずかのことしか知らぬ訳者の、わずらわしい質問にそのつど親切に答えてくださった、各方面のたくさんの方々に心からのお礼を申しあげたい。とくに、神戸市立須磨水族館前館長の井上喜平治氏には、どのようにお礼を申しあげてよいかわからない。再三にわたる蛸についての詳しいご教示のほか、ご著書『蛸の国』のなかの記述を自由に使ってよいとのお許しさえいただいた。訳注で利用させていただいた。しかしこれらのご好意にもかかわらず、なお怪しいところがあるとすれば、訳者が自分の無知を自覚していなかった部分のものにちがいなく、責任は訳者にある。私事に属することかもしれないが、原著者カイヨワ氏に対する謝意と敬意をも、ひとことここに記すことをお許し願いたい。この翻訳が訳者に託されたのは氏の指名による。非常に光栄だと思っているが、せっかくの信頼に十分こたえたか心配である。最後に、けっして最後のものでない感謝を、カイヨワ氏の指示により、氏との連名で、この書物を出版してくださる中央公論社に。

一九七五年三月

塚崎幹夫

『蛸』——新版のための解説

船を襲う海の巨大な怪物として恐れられる一方、ギリシアの壺や絵に描かれて広く親しまれた、人々一般の愛すべき友人。荒唐無稽の伝説や真偽の疑わしい噂など、錯綜する情報の茂みを一つ一つ丹念に切り開いていく。興味深いのはこの時点での疑念はまったくない。だからといって以後も同じとはいかないこと。神話はまた復活する。この議論のあとの始末は著者にゆだねることとしよう。それを言うのにこの全体が必要だったのだから。

蛸は海の文化人。蛸についての著者のイメージ。その高い文化の詳細を語り、話は日本の蛸に及ぶ。著者が日本に来たとき、その全開された好奇心に捉えられたものは、アニメやマンガにとどまらず、各地の薬師如来、北斎「湯女とたこ」、根付けの様々なたこ、大阪城の蛸石まで、様々。「湯女とたこ」は非常に卑猥なもので日本では一般に知られてない。特に蛸石については、いわれなどすぐに説明できる人は一人もいなかったという。読者は知らぬ間にみんななかなかの蛸通になる。

そんなカイヨワという人はどんな人かが、当然次の疑問となる。

何冊もの著書がある。それぞれ中身を知るのに十分なあらすじが添えられている。非常にばらばらで、一貫したものがないように見える。文系のものと理系のものの混在。趣味に属するものも入っている。全も、すべてはつながったものであり、どの一冊から入っていっても、言いたいことはただひとつ、この宇宙にあるものはすべて同じ原理で支配されている。宇宙は有限であり原理は繰り返されている。

チョウの羽と人間の絵とが同じ自然の本能に対応したものだという「対角線の科学」など、宇宙を包括する原理の探究者、カイヨワの思索はなおとどまるところを知らないが、『蛸』の解説としては、既に充分であろうと思われる。他はすべて割愛。

二〇一九年八月

塚崎幹夫

著者　ロジェ・カイヨワ　Roger Caillois

批評家、哲学者、社会学者。1913年、フランス北部のランスに生まれる。1933年、高等師範学校に入学。1937年、ジョルジュ・バタイユ、ミシェル・レリスなどと「社会学研究会」を設立する。1939年、フランスを離れ、第二次世界大戦後までアルゼンチンにて過ごす。その間、執筆と編集を通じて戦争やナチズムに向き合う。1971年、アカデミー・フランセーズに選出。1978年、パリにて死去。

主な著書に『神話と人間』『人間と聖なるもの』（せりか書房）、『文学の思い上り——その社会的責任』（中央公論社）、『聖なるものの社会学』（ちくま学芸文庫）、『遊びと人間』（講談社学術文庫）、『戦争論——われわれの内にひそむ女神ベローナ』『幻想のさなかに——幻想絵画試論』（法政大学出版局）、『イメージと人間——想像の役割と可能性についての試論』（思索社）、『斜線——方法としての対角線の科学』（講談社学術文庫）、『反対称——右と左の弁証法』（思索社）、『アルペイオスの流れ——旅路の果てに』（法政大学出版局）など。

訳者　塚崎幹夫　つかさき　みきお

1930年生まれ。京都大学仏文科卒業。同、大学院修了。富山大学名誉教授。

主な著書に『やってやるかやられるか〈現代に生きる〉』（池田書店）、『星の王子さまの世界』（中公文庫）、『名作の読解法——世界名作中編小説二〇選』（原書房）、『右と左のはなし——自然界の基本構造』（青土社）など。

訳書にカイヨワ『反対称——右と左の弁証法』『イメージと人間——想像の役割と可能性についての試論』、共訳書にカイヨワ『文学の思い上り——その社会的責任』『遊びと人間』など。

蛸（たこ）　想像の世界を支配する論理をさぐる

2019 年 10 月 1 日　第 1 刷印刷
2019 年 10 月 10 日　第 1 刷発行

著者——ロジェ・カイヨワ
訳者——塚崎幹夫

発行人——清水一人
発行所——青土社
〒 101-0051　東京都千代田区神田神保町 1-29　市瀬ビル
［電話］03-3291-9831（編集）　03-3294-7829（営業）
［振替］00190-7-192955

印刷・製本——ディグ
組版——フレックスアート

装幀——大倉真一郎

Printed in Japan
ISBN978-4-7917-7182-0　C0010